21世纪面向工程应用型计算机人才培养规划教材

UNIX/AIX操作系统基础教程

冯裕忠　冯　将　编著

清华大学出版社
北　京

内容简介

本书较完整而系统地讲述了UNIX操作系统和IBM AIX操作系统的基本知识以及UNIX系统日常操作维护的相关实用知识，是作者数年的工作和讲授UNIX操作系统等方面的经验总结，适合于IT行业相关专业的本(专)科生学习，为独立院校计算机应用专业的学生和金融(银行、保险和证券)、税务、电信等利用UNIX操作系统作为业务处理平台的部门培训提供了适宜的技术教材。

图书在版编目(CIP)数据

UNIX/AIX操作系统基础教程/冯裕忠，冯将编著. —北京：清华大学出版社，2010.11(2023.1重印)
(21世纪面向工程应用型计算机人才培养规划教材)
ISBN 978-7-302-23126-4

Ⅰ. ①U… Ⅱ. ①冯… ②冯… Ⅲ. ①UNIX操作系统－高等学校－教材 Ⅳ. ①TP316.81

中国版本图书馆CIP数据核字(2010)第114480号

责任编辑：魏江江
责任校对：梁 毅
责任印制：宋 林

出版发行：清华大学出版社
http://www.tup.com.cn
社 总 机：010-83470000
投稿与读者服务：010-62795954，jsjjc@tup.tsinghua.edu.cn
质 量 反 馈：010-62772015，zhiliang@tup.tsinghua.edu.cn
地 址：北京清华大学学研大厦A座
邮 编：100084
邮 购：010-62786544
印 装 者：三河市少明印务有限公司
经 销：全国新华书店
开 本：185mm×260mm **印 张**：19 **字 数**：470千字
版 次：2010年11月第1版 **印 次**：2023年1月第14次印刷
印 数：7201～7700
定 价：35.00元

产品编号：038165-02

前言

foreword

计算机操作系统是最核心、最基础的计算机系统软件，也是计算机系统资源的管理者。计算机操作系统的设计原理与实现技术是计算机专业人员必须掌握的基本知识。当前最为流行、应用最为广泛的计算机操作系统是Windows和UNIX。前者是单用户/多任务/分时操作系统，主要用于PC等个人处理机；后者是多用户/多任务/分时操作系统，主要用于大、中、小型计算机的业务(诸如银行、证券等)处理。

UNIX操作系统就是计算机操作系统中最典型、最有代表性的计算机操作系统，它从开发到现在短短的三十多年中，得到了快速发展和广泛应用，为人们把计算机系统应用于工作、学习和生活等诸多方面提供了不可或缺的运行和操作环境。

UNIX/AIX操作系统是一个非常庞大而复杂的软件系统，涉及多方面的知识。目前，UNIX操作系统有多种版本，也有很多讲述UNIX操作系统的书籍，但还很少发现有一本论述UNIX和AIX操作系统的书籍。编者就是鉴于这种情况，参阅了多方面的数据和信息，把两个版本的操作系统放在一本书中分别阐述，以便读者更方便地阅读本书，了解自己感兴趣的内容。

本书分为两个单元，共20章。第一单元共8章。其中第1章对UNIX操作系统的运行环境等做了阐述；第2章阐述了它的文件系统和文件的组织、分类，并对链接文件和管道文件做了较详细的论述；第3章阐述了UNIX系统的日常命令；第4章着重讲了UNIX系统中文件的访问权限；第5章讲述了Vi编辑软件的使用；其余各章对UNIX系统的shell和系统维护做了较详细的阐述。第一单元所属各章末尾附有习题，读者可以根据自身的情况进行利用。

第二单元主要描述AIX操作系统的内容，共有12章。分别对AIX系统的实用命令、文件的操作、shell和shell变量、环境设置等进行了详细阐述。本单元内容参考了IBM AIX系统的培训资料，做到了理论、例题、图表和习题、答案相结合。这样可使读者在阅读本单元内容时，减少乏味感，随

时检测自己所阅读的知识。本单元各章的习题都集中在本书后面的附录中。

本书在附录中收集了与一、二单元内容有关的资料。附录中为读者提供了诸如在UNIX系统下安装TCP/IP运行版软件、UNIX操作系统下安装打印机和终端等实际操作所需要的一些资料。

本书主要是针对独立学院计算机专业有关的学生而编写的。有理论教学又有上机实习，把理论与实际操作很好地结合在一起。

在本书的编写过程中，得到了电子科技大学成都学院等的大力支持。在审稿工作中，得到了电子科技大学计算机学院副教授、电子科技大学成都学院副院长王晓斌的指导和帮助。在整个编审工作中，得到了出版社的极大帮助。在此，编者对给支持本书的同行和朋友深表谢意。

编　者

2010年5月

目录

contents

第一单元　UNIX 操作系统

第二单元 AIX操作系统

第一单元

UNIX操作系统

本单元主要介绍UNIX操作系统的系统结构、系统功能以及日常所应用的相关命令等内容。书中带有/*…*/字符的内容是注释。

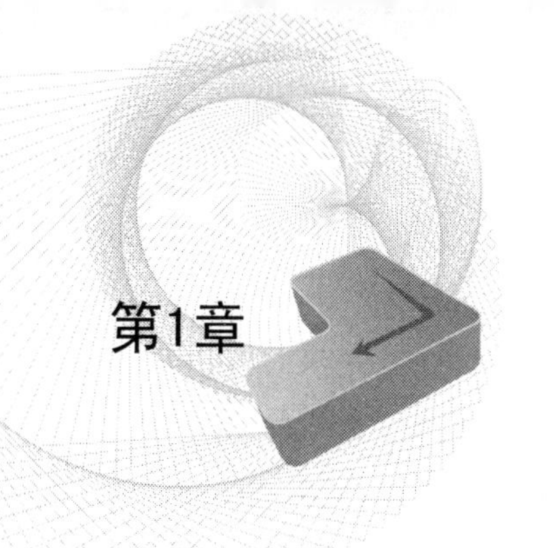

chapter 1

UNIX操作系统的简述

UNIX 系统是一种多用户、多任务和分时的计算机操作系统，是当今世界应用最广泛和深入的大型计算机系统软件。它有不少的版本。但这里所讲解的内容是以 AT&T 贝尔实验室、加利福尼亚大学伯克利分校开发的 BSD 版本为基础。

1.1 UNIX 操作系统的发展过程

1969 年美国 AT&T(电报电话公司)贝尔实验室的两位研究人员 Ken Thompson 和 Dennis Ritchie 开始开发 UNIX 操作系统。当时，Ken Thompson 正在开发一个称为“太空旅行”的程序，该程序模拟太阳系的行星运动。该程序运行在配备了 MULTICS 操作系统(MULTiplexed Information and Computing System，多路信息与计算系统，该操作系统对后来的计算机操作系统的发展起到了重要作用)的 PDP—7 小型计算机环境上(PDP—7 是数字设备公司——DEC Digital Equipment Corporation 生产的系列计算机中的一种，该机功能较弱)。

该系统是一个非常简易的仅有两个用户的多任务操作系统。整个系统完全用汇编语言编写。没有引用更新的技术，主要是对 MULTICS 的技术做了科学合理的删减，取名为 UNIX 。

由于 UNIX 程序最初是用汇编语言编写的，要把该程序移植到其他类型的机器(例如 PDP—11)上运行就遇到了麻烦。PDP—7 与 PDP—11 计算机的指令不完全兼容。其原因就是汇编语言的不兼容，加上该语言编写的程序可读性差、维护困难。科研人员急需寻找一种可读性和可移植性好的高级语言来修改 UNIX 的源程序。

1973 年 Dennis Ritchie 为移植 UNIX 程序而发明了 C 语言，并与 Ken Thompson 一起用 C 语言改写了约 95%的 UNIX 源程序：如 UNIX 的源程序有 10 000 多条，其中只有不到 10%的(1000 多条)语句是汇编语言编写的，所以把 UNIX 移植到其他的机型，只需要修改其中的 1000 多条汇编指令就行了。

DEC 公司生产的 PDP—11 计算机是 20 世纪 70 年代的主流机型，被广泛用在大学和科研单位的实验室。为了使 UNIX 这个程序得到验证和应用，贝尔实验室把 UNIX 的 C 语言源程序和说明书赠送给美国的许多大学，让大学生根据 UNIX 的 C 语言源程序和说明书来进行修改和功能扩充。当时近95%有计算机专业的大学几乎都开设了UNIX操作系统的课程，使得UNIX成为许多大学的计算机专业课程范例，学生们可以根据自己所掌握的知识和需求来修改UNIX的相关语句。这样，学生们熟悉了UNIX的编程环境，毕业后又把UNIX技术带入商业和科研领域，为UNIX操作系统和C语言成为全球通用的计算机技术打下了坚实的基础。UNIX本身就是C语言程序设计在计算机系统软件领域成功应用的典范，UNIX推动了C语言的应用，使其C++和Java等得到了广泛应用。

下面给出了UNIX操作系统的发展史，见表1-1。

表1-1 UNIX操作系统的发展史

年代	事　件
1969	Ken Thompson和Dennis Ritchie在贝尔实验室的PDP—7计算机上开始编写UNIX操作系统软件
1973	用C语言重写UNIX，这样使其具有更好的移植性
1975	UNIX操作系统开始向外推出。这个版本称为第6版。BSD的第1版就起源于此版本
1979	改进后的UNIX第7版本发布，此版可以移植到不同型号的计算机上运行
1980	加利福尼亚大学伯克利分校受美国防部委托，为其开发了一个标准的UNIX系统即UNIX BSD4(Berkeley Software Distribution，BSD)问世，同年微软公司推出Xenix
1982	AT&T的USG(UNIX System Group)发布了UNIX系统Ⅲ，这是第一个公开对外发布的UNIX版本
1983	AT&T支持的UNIX系统Ⅴ发布。计算机研究组(Computer Research Group，CRG)和UNIX系统组(USG)合并为UNIX系统开发实验室(UNIX System Development Lab)
1984	UNIX SVR2(系统Ⅴ第2版)和BSD4.2推出
1986	UNIX BSD4.3推出。IEEE制定了称为POSIX(Portable Operation System Interface，可移植性操作系统接口)标准的IEEE P1003标准
1988	POSIX.1发布，Open Software Foundation(OSF)和UNIX International(UI)成立
1989	SVR4(系统Ⅴ第4版)推出
1992	UNIX System Laboratories(USL)发布SVR4.2(系统Ⅴ第4.2版)。Linus Torvalds开始开发Linux
1993	BSD4.4发布。USL被Novell公司兼并，Novell/USL发布了SVR4.2MP，这是系统Ⅴ的最后一个版本
1995	X/Open(由欧洲几家计算机公司组成)推出UNIX 95。Novell将UNIX Ware卖给Santa Cruz Operation(SCO)
1996	Open Group成立
1997	Open Group推出Single UNIX Specification的第2版，网上可获取该版本软件
1998	Open Group推出UNIX 98。它包括Base、Worksation和Server等产品
2001	Single UNIX Specification的第3版推出。发布Linux 2.4内核

下面给出几点说明。

(1) AT&T发布标准的UNIX系统Ⅴ，是基于AT&T内部使用的UNIX系统开发的。在1987年发布的UNIX系统Ⅴ第3版和1989年发布的UNIX系统Ⅴ第4版都改进和增加了许多新的特性。UNIX系统Ⅴ第4版融合了Berkeley UNIX等的特性和功能。

(2) 美国加利福尼亚大学伯克利分校计算机系统研究中心对UNIX操作系统进行了

重大改进，加入了许多新特性，此版本称为 UNIX 操作系统的 BSD 版本。

(3) Linux 是 UNIX 兼容的、可以自由发布的一种 UNIX 版本，由芬兰赫尔辛基大学计算机科学专业的学生 Linus Torvalds 为基于 Intel 处理器的个人计算机开发的(可免费使用)。

(4) UnixWare 是 Novell 公司基于 UNIX 系统Ⅴ开发的，其商业名称为 UnixWare。Novell 公司将 UnixWare 卖给 SCO 公司，现在所用 UnixWare 及相关产品来自于 SCO 公司。UnixWare 分两个版本：UnixWare 个人版本和 UnixWare 应用服务器版本。分别用于 Intel 处理器的台式机和服务器。

随着许多基于 UNIX 操作系统的系统软件推向计算机应用市场，加之有更多的应用程序的出现，UNIX 的标准化问题摆在了人们面前。AT&T 的 UNIX 系统Ⅴ第 4 版是 UNIX 操作系统标准化的结果，它推动了可在所有 UNIX 版本上运行的应用程序的开发。

1.2 UNIX 操作系统的主要版本

在 20 世纪 90 年代早期，存在的 UNIX 版本有 BSD、AT&T/Sun UNIX、PRE-OSF UNIX 和 OSFUNIX 版本。

通常，一些书会把上述情况归结为：

(1) AT&T UNIX 系统Ⅴ；

(2) Berkeley UNIX (BSD 版本)——加州大学伯克利分校的 BSD 版本，主要用于工程设计和科学计算；

(3) Microsoft 和 SCO 公司开发的 SCO XENIX、SCO UNIX 和 SCO OpenServer 等，主要应用在基于 Intel x86 体系结构的系统上；

(4) 开放源代码的 Linux，UNIX 的体系结构加 MS Windows 形式的图形用户界面，主要应用在基于 Intel x86 体系结构的系统上，其他的版本都是基于这两个版本。

也就是说，到今天，UNIX 系统有下面三种主要的变种版本：

① 商业的非开放的系统，基于 AT&T 的 System V 或 BSD;

② 基于 BSD 的系统，其中最著名的有 FreeBSD;

③ Linux。

1.3 UNIX 操作系统的特征

1. 可移植性强

(1) UNIX 操作系统大量代码为 C 语言编写；

(2) C 语言具有跨平台特性。

2. 多用户、多任务的分时系统

(1) 人机间实时交互数据；

(2) 多个用户可同时使用一台主机；

(3) 每个用户可同时执行多个任务。

3. 软件复用

(1) 每个程序模块完成单一的功能;
(2) 程序模块可按需任意组合;
(3) 较高的系统和应用开发效率。

4. 与设备独立的输入输出操作

打印机、终端视为文件输入输出操作与设备独立。

5. 界面方便高效

(1) 内部:系统调用丰富高效;
(2) 外部:shell 命令灵活方便可编程;
(3) 应用:GUI 清晰直观功能强大。

6. 安全机制完善

(1) 口令、权限、加密等措施完善;
(2) 抗病毒结构;
(3) 误操作的局限和自动恢复功能。

7. 多国语言支持

支持全世界现有的几十种主要语言。

8. 网络和资源共享

(1) 内部:多进程结构易于资源共享;
(2) 外部:支持多种网络协议。

9. 系统工具和系统服务

(1) 100 多个系统工具(即命令),完成各种功能;
(2) 系统服务用于系统管理和维护。

1.4 UNIX 操作系统的结构

1. UNIX 操作系统的结构图

UNIX 系统主要由系统内核(kernel)、shell、各类应用工具(程序)和用户应用程序等组成。图 1-1 是 UNIX 操作系统的结构示意图。

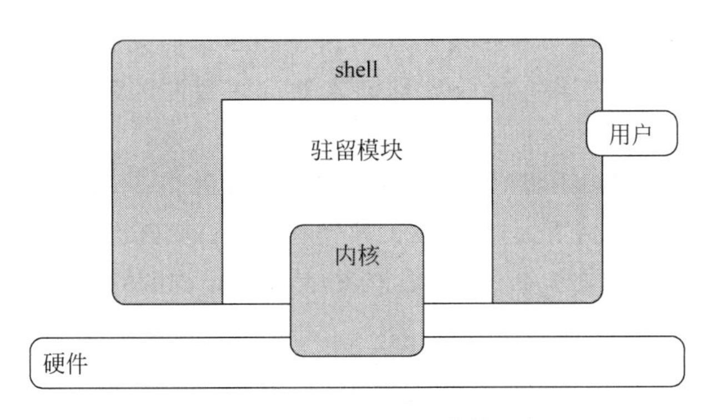

图 1-1　UNIX 操作系统的结构示意图

通常,也可以把 UNIX 系统分为四个层次结构。它的最低层是硬件,也是整个系统的基础。第二层是操作系统的核心(kernel)。它包括了进程管理、存储器管理、设备管理和文件管理所具备的功能。第三层是操作系统与用户的接口(shell)、编译程序等。最外层则是应用层(用户程序)。

内核：是 UNIX 系统的核心部分,能与硬件直接交互,常驻内存。

驻留(基本)模块：完成输入输出、文件、设备、内存和处理器时钟的管理,常驻内存。

系统工具：通常称为 shell,是 UNIX 操作系统的一部分,是用户与 UNIX 交互的一种接口。常驻磁盘,在用户登录时即调入内存。

2. UNIX 操作系统的核心框图

UNIX 操作系统的核心(也称为内核),它由以下部分组成。

1) 进程控制子系统

本子系统负责对处理机和存储器的管理。它所实现的功能有：进程控制,在 UNIX 系统中提供了一系列用于对进程控制的系统调用。例如,应用程序可以利用系统调用 fork()创建一个新进程；利用系统调用 exit()结束一个进程的运行。

进程通信：是实现进程间通信的消息机制。

存储器管理：是实现在 UNIX 系统环境下的段页式存储器管理,利用请求调页和置换实现虚拟存储器管理。

进程调度：在 UNIX 系统中采用动态优先数轮转调度算法(有的书中也称为多级反馈队列轮转调度算法),按优先数最小者优先从就绪队列的第一个队列中选一进程把 CPU 的一个时间片分给它进行运行。如果进程在此时间片结束时还没有运行完,内核就把此进程送回就绪队列中的第二个队列末尾。

2) 文件子系统

它完成系统中所有设备(指输入输出设备)和文件的管理。它实现以下功能。

文件管理：为文件分配存储空间,管理空闲磁盘块,控制文件的存取和用户数据检索。

高速缓冲机制：为使核心与外设之间的速率相匹配而设置了多个缓冲区，每个缓冲区与盘块一样大小，这些缓冲区被分别链入如空闲缓冲区链表的各种链表，以供进程调用。

设备驱动程序：UNIX 系统把设备分为块设备和字符设备，驱动程序也分为两类，文件子系统在缓冲机制的支持下，与块设备的驱动程序实行交互作用。

图 1-2 给出了 UNIX 操作系统的核心框图，是系统结构图的另一种表示，它主要突出了核心级的组成。

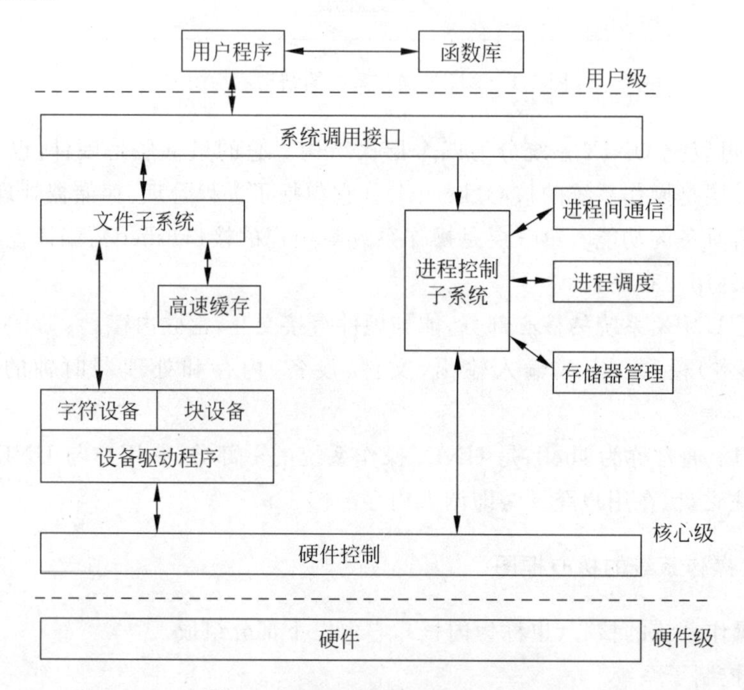

图 1-2 UNIX 操作系统核心框图

1.5 UNIX 操作系统的启动流程

UNIX 操作系统的启动流程如图 1-3 所示。

当用户打开机器电源后，每次启动 UNIX 系统时，系统首先是运行 boot 程序(除非是在系统出现提示符时，用户输入了其他命令而转到如 DOS 系统工作环境)进行引导，把/stand 目录下的 boot 文件用/etc/default/boot 文件中定义的配置参数来装入操作系统的默认内核程序；其次是检测计算机系统中能找到的硬件、初始化各种核心表，安装系统的根文件系统(rootfs)、打开交换设备并打印配置信息，接着系统形成 0 号进程，再由 0 号进程来产生子进程(即 1 号进程，当产生 1 号进程后，0 号进程则转为对换进程，1 号进程就是所有用户进程的祖先)。1 号进程为每个从终端登录进入系统的用户创建一个终端进程，这些用户进程又利用“进程创建”系统调用来创建子进程，这样就形成进程间的层次体系，也就是通常所说的“进程树”。

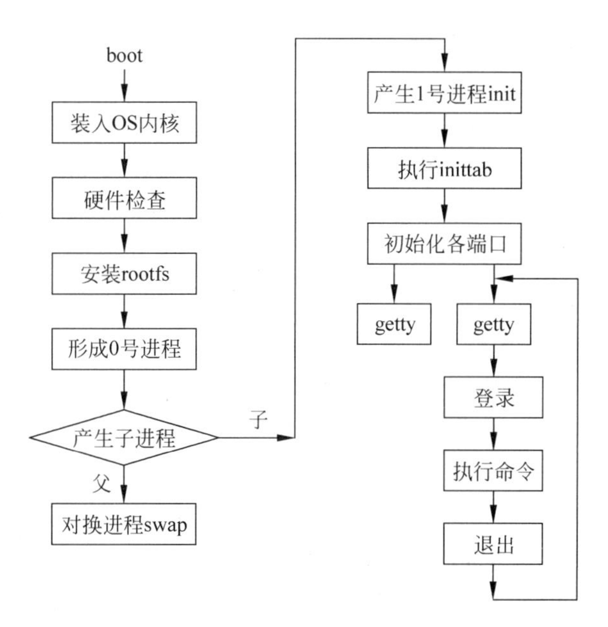

图 1-3 UNIX 操作系统的启动流程

UNIX 操作系统的 1 号进程是一个系统服务进程，一旦创建，不会自行结束，只有在系统需要撤销它们提供的系统功能或关机的情况下才会发生 1 号进程的结束。

为了让读者了解 boot 文件的内容，下面给出/etc/default/boot 文件的内容。

```
$ cat /etc/default/boot(按 Enter 键)
# @ (#) boot.df1 26.1 98/06/12
#
# copyright (c) 1988 - 1996 The Santa Cruz Operation, Inc.
#     ALL Rights Reserved.
#
#   default/boot  -  system boot operation:boot (F)
#
# Let ScoAdmin know about any new parameters:
# ScoAdminInit BBOTMNT {RO RW NO} RO
#
DEFBOOTSTR = hd (40) UNIX swap = hd (41) dump = hd (41) root = hd (42)
AUTOBOOT = YES
FSCKFIX = YES
MULTIUSER = YES
PANICBOOT = NO
MAPKEY = YES
SERIAL8 = NO
SLEEPTIME = 0
BOOTMNT = RO
#_
```

上面显示了/etc/default/boot 文件的内容，所列各行的含义如下。

(1) DEFBOOTSTR = hd (40) UNIX swap = hd (41) dump = hd (41) root =

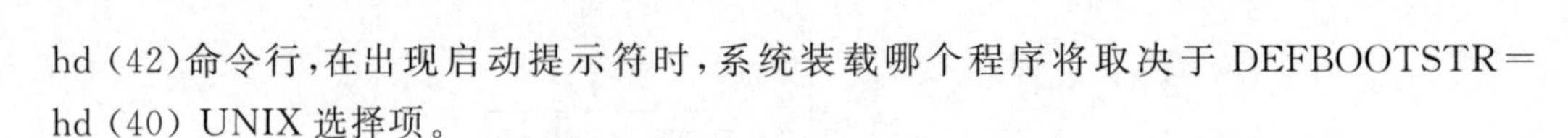

hd (42)命令行,在出现启动提示符时,系统装载哪个程序将取决于 DEFBOOTSTR= hd (40) UNIX 选择项。

(2) AUTOBOOT=YES,这里所设置的 YES,表示程序自动加载 DEFBOOTSTR 中所定义的 UNIX 核心;如果设置为 NO,则用户必须通过按 Enter 键来对系统提示做出回答,否则,引导程序无期限地等待用户对提示符的响应。通常,把 AUTOBOOT 的默认值设置为 NO。

(3) FSCKFIX=YES,这里设置为 YES,表明程序对根文件系统自动进行修补;如果设置为 NO,表明用户自己控制程序的修补。

(4) MULTIUSER=YES,这里设置为 YES,表明系统在引导过程中不进行操作时,系统自动进入多用户模式;如果将 MULTIUSER=NO,则系统只能在单用户模式(即系统维护模式)下工作。

(5) PANICBOOT=NO,这里设置为 NO,表明系统在 PANIC 之后不需要重新引导,这是默认值;如果设置为 YES,表明在 PANIC 之后要重新引导。

(6) MAPKEY=YES,这里设置为 YES,表明控制台设备设置成 8 位,即无校验;如果设置为 NO,init 程序将调用 mapkey 程序为用户设置控制台。

(7) SERIAL8=NO,该变量为 NO,允许 init 程序在一个通过串口配置的控制台上使用 8 位字符(无校验)。

(8) SLEEPTIME=0,该变量的值为秒,默认值为 0 秒,表明禁止进行周期检查。init 程序定期检查 inittab 文件内容是否有变化,其定期的时间间隔由该变量的值确定。

(9) BOOTMNT=RO,表明确定引导文件系统只按读方式安装 boot 文件系统;除 RO 外,RW 为按读写方式安装 boot 文件系统,NO 为不安装 boot 文件系统。

在系统初始化过程中,完成/etc/default/boot 文件中定义的配置后,接着开始执行 /etc/inittab 文件,该文件定义某些程序可以在什么运行级别上存在,以及在某个进程上启动指定的进程等。

为了让读者对 inittab 文件有一定的了解,下面给出了/etc/inittab 文件的内容:

```
#cat /etc/inittab(按 Enter 键)
# @ (#) init.base 25.6 96/04/22
#
#   copyright (c) 1988 - 1996 The Santa Cruz Operation, Inc.
#         ALL Rights Reserved.
#
#   The information in this file is provided for the exclusive # use of the licensees of The Santa Cruz Operation, Inc.
# Such user have the right to use, modify, and incorporate this # code into other products for purposes authorized by the # license agreement provided they include this notice and the
# associated copyright notice with any such product.
# The information in this file is provided "AS IS" without # warranty.
#
# /etc/inittab on 286/386 processors is built by Installable
# Drivers (ID) each time the kernel is rebuilt. /etc/inittab # is replaced by /etc/conf/cf.
```

```
d/init.base appended with the # component files in the /etc/conf/init.d directory by the
#/etc/conf/bin/idmkinit command.
#
# To comment out an entry of /etc/inittab, insert a # at start # of line.
#
bchk::sysinit:/etc/bcheckrc </dev/console>/etc/console 2>&1
ifor::sysinit:/etc/ifor_pmd </dev/null>/usr/adm/pmd.log 2>&1
tcb::sysinit:/etc/smmck </dev/console> /dev/console 2>&1
ck::234:bootwait:/etc/asktimerc </dev/console> /dev/console 2>&1
ask::wait:/etc/authckrc </dev/console> /dev/console 2>&1
is:s:initdefault:
r0:056:wait:/etc/rc0 1> /dev/console 2>&1 </dev/console
r1:1:wait:/etc/rc1 1> /dev/console 2>&1 </dev/console
r2:2:wait:/etc/rc2 1> /dev/console 2>&1 </dev/console
r3:3:wait:/etc/rc3 1> /dev/console 2>&1 </dev/console
sd:0:wait:/etc/uadmin 2 0 >/dev/console 2>&1 </dev/console
fw:5:wait:/etc/uadmin 2 2 >/dev/console 2>&1 </dev/console

rb:6:wait:/etc/uadmin 2 1 >/dev/console 2>&1 </dev/console
c0:2345:respawn:/etc/getty tty01 sc_m
c01:1:respawn:/bin/sh -c "sleep 20; exec /etc/getty tty01 sc_m"
c02:234:off:/etc/getty tty02 sc_m
c03:234:respawn:/etc/getty tty03 sc_m
c04:234:respawn:/etc/getty tty04 sc_m
c05:234:respawn:/etc/getty tty05 sc_m
c06:234:respawn:/etc/getty tty06 sc_m
c07:234:respawn:/etc/getty tty07 sc_m
c08:234:respawn:/etc/getty tty08 sc_m
c09:234:respawn:/etc/getty tty09 sc_m
c10:234:respawn:/etc/getty tty10 sc_m
c11:234:respawn:/etc/getty tty11 sc_m
c12:234:respawn:/etc/getty tty12 sc_m
sdd:234:respawn:/tcb/files/no_luid/sdd
tcp::sysinit:/etc/tcp start </dev/null> /dev/null 2>&1
Sela:234:off:/etc/getty tty1a m
SelA:234:off:/etc/getty -t60 tty1A 3
Se2a:234:off:/etc/getty tty2a m
Se2A:234:off:/etc/getty -t60 tty2A 3
http::sysinit:/etc/scohttp start
sc1:b:once:/etc/rc2.d/p86scologin start no_switch
sc1b:2:bootwait:/etc/scologin init
#_
```

1.6 UNIX 操作系统用户和职责的划分

1.6.1 UNIX 操作系统的用户分类

在多用户的 UNIX 操作系统中，有无数个将本系统作为应用平台的用户，按用户类型来划分，可分为超级用户和普通用户两类。

1. 超级用户

通常，把超级用户称为 root 用户，又根据所完成的工作被称为系统管理员。它是在安装 UNIX 系统时自动建立的。

2. 普通用户

普通用户在有的书上也称为非 root 用户，它是根据用户的应用程序或应用环境的要求，由超级用户建立的。

1.6.2 UNIX 操作系统的用户职责

(1) 超级用户是整个系统的维护和管理者，UNIX 系统应至少有一名系统管理员来负责系统的日常维护和管理，以保证系统能安全而平稳的运行。同时完成仅有系统管理员才能完成的一些机上的特殊工作(其主要原因是 UNIX 操作系统的执行权限的限制)。例如：

增加/修改用户(指普通用户)；

浏览整个系统的运行日志，掌握系统的运行情况；

掌握系统的引导情况；

负责文件系统的备份；

检查系统异常运行的进程(程序)；

检查硬盘空间，确保文件系统有足够的空闲空间；

检查系统所配置的 I/O 设备，确保用户的作业能顺利进行；

检查整个系统上普通用户的登录情况，了解它们的运行状况等。

系统管理员应有浏览整个系统的运行日志的好习惯，掌握系统的运行情况，发现异常或问题，应及时分析、处理。

(2) 通常，普通用户在进入系统前，应由超级用户给其建立一个账号，同时给它一个用户登录名(又称为注册名或用户标识 uid)，普通用户利用此登录名登录系统，这样，此用户才能算 UNIX 系统的合法用户，才能进入属于自己的文件系统内，应用 UNIX 系统的大部分命令来完成自己所担负的工作。

1.6.3 UNIX 操作系统的运行示意图

下面给出了 UNIX 操作系统的运行示意图。用户可以了解到本系统运行的情况。

图 1-4 说明了 UNIX 操作系统既可以作为用户的独立运行平台，又可以运行在网络环境中。

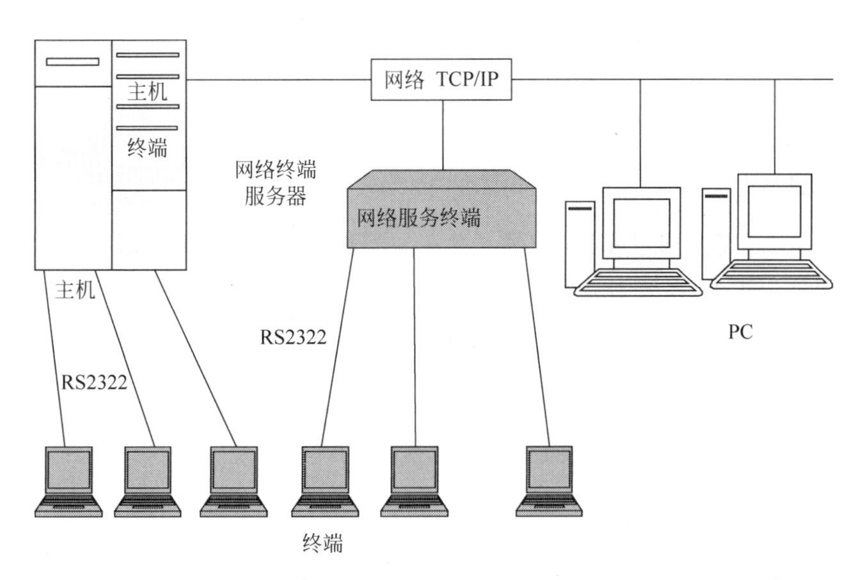

图 1-4 UNIX 操作系统的运行环境示意图

1.7 UNIX 操作系统用户的登录与退出

在 UNIX 系统中，登录与退出是用户经常要进行的操作。不论是超级用户还是普通用户都必须用自己的用户登录名进行登录方可进入系统。普通用户（尤其是金融行业的用户）在较长时间离开自己的工作机器时，必须从系统工作状态退到登录状态（即 login:）。

1. 普通用户的登录与启动

当用户第一次打开计算机（终端）电源后，UNIX 操作系统的引导程序（boot）被装入内存并执行，屏幕显示相关的系统提示信息：

```
SCO OpenServer™ Release 5.0
Boot
:
```

在此，用户可以直接按 Enter 键或输入相关命令。如果用户输入“?”并按 Enter 键，系统显示当前可用的设备清单。屏幕上所显示的设备和文件名的格式如下：

```
xx (m) filename
```

其中：xx 是设备名（硬盘—hd，软盘—fd。m 是次设备号（如硬盘上的根文件系统为 40，软盘为 64。filename 是标准的 UNIX 路径名。默认设备为 hd(40)）。

当系统运行完启动程序后，在屏幕上显示：

```
login:_
```

用户可在此输入自己的登录名进行登录。如果遇到屏幕未出现 login 时，在未发现异常情况时，多按几次 Enter 键可出现 login 提示符。

在输入"登录名"后，屏幕接着显示：

```
password:_
```

用户输入自己的登录密码，如果连续输入三次都不正确，系统则返回上一层"login："状态。如果密码正确，系统则显示：

```
$ _
```

当系统显示提示符"＄"，表明普通用户已登录成功，该用户已成为系统的合法用户，用户可以在自己的合法范围内执行相关的命令或程序。

2. 系统维护模式及登录

系统维护模式又称为单用户模式，是在对系统进行诸如查询文件系统，用户设备维护、安装或系统版本升级等工作状态。由于此工作模式的访问权限最高，对系统中的文件和程序的访问，不受任何限制，普通用户不能登录这种工作模式。当系统的引导程序执行中显示如下信息：

```
INIT:SINGLE USER MODE          (单用户模式)
Type CONTROL - d to proceed with normal strartup, (or give root password for system
maintenance):_
```

此处直接按 Enter 键，进入单用户模式。也可按 Ctrl＋D 组合键进入多用户模式。当然超级用户同样用 root 登录，进入单用户模式。

Entering System Maintenance mode（系统进入维护模式）

屏幕出现提示符：

```
login:_
```

此处，用户以 root 登录。

```
passwd:_
```

输入 root 后，再输入自己的密码，如果输入正确，系统出现提示符，否则返回到"login："。

```
# _
```

屏幕出现系统提示符#，这表明系统进入了系统维护模式。系统管理员可以进行各种管理和维护操作。

单用户模式又称为系统维护模式，它是在系统中的普通用户已退出系统才能对系统进行维护的工作状态。在此种模式启动中，系统未执行/ect/rc 文件中的各种应用程序和启动程序，与多用户模式相比，其占用系统资源要少。

3. 系统的退出

UNIX 系统的退出操作分为超级用户和普通用户退出两种。这两种操作所完成的任务是截然不同的。

(1) 超级用户退出系统,可利用如下的命令:

用 shutdown 和 haltsys 来终止系统的运行。shutdown 可描述为 terminate all processing,意思是结束所有的进程; haltsys 是来源于 halt system,描述为 close out file systems and shut down the system,意思是停止文件系统工作,关闭系统。

shutdown 命令是系统在多用户工作模式下,由系统管理员所用的退出命令; 而 haltsys 命令则是在单用户状态下系统管理员所使用的退出系统的命令。即:

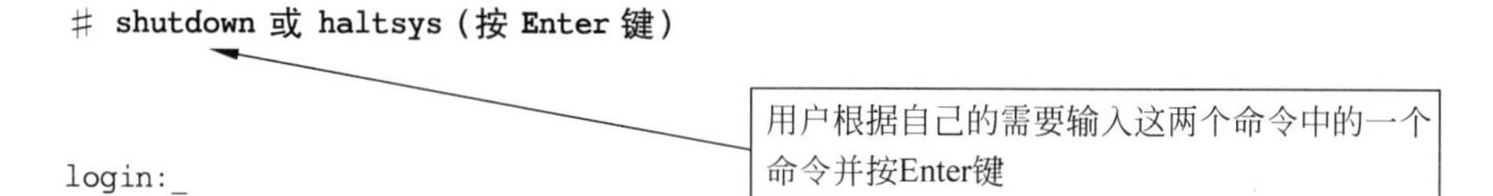

到此系统已退出,要想进入系统,必须重新登录。有关退出系统的命令将在后面详细介绍。

(2) 普通用户可通过 exit 或按 Ctrl+D 组合键退出系统,到提示符 login 状态下。exit 的意思是 end the application(终止应用程序)。任何普通用户在完成自己的工作需要离开时,请务必通过此方法退出系统,如果不退出可能会发生意想不到的情况。即:

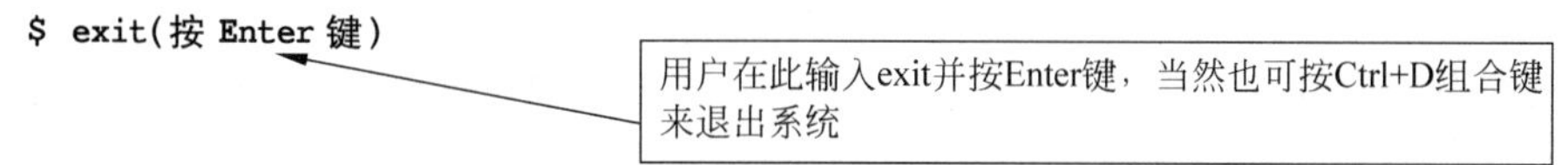

系统在屏幕上显示:

```
SCO OPENServer™ Release 5.0 scosysv tty05
login:_
```

用户这时可以重新输入用户名进行注册或关机。

习题

1. UNIX 操作系统的主要特征有哪些?
2. UNIX 操作系统的内核由哪几部分组成? 这些部件有什么功能?
3. 试解释 UNIX 操作系统的启动流程。
4. 在 UNIX 操作系统中,怎样划分用户的类型? 它们的职责有何区别?
5. 多用户模式与单用户模式有何区别?
6. UNIX 操作系统中,普通用户与超级用户在登录和退出操作时用到哪些命令,有何不同?

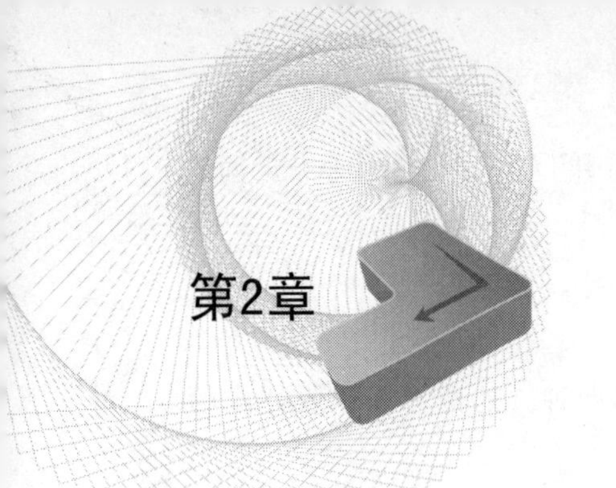

chapter 2

UNIX操作系统的文件系统和文件

本章描述 UNIX 操作系统的文件系统和建立文件目录的基本概念及系统中对树形层次目录的组织管理。同时介绍 UNIX 文件系统中所使用的相关术语和建立文件系统的相关命令。

2.1 磁盘组织

现代计算机系统中，磁盘尤其是硬盘，是计算机系统的主要存储部件，操作系统的绝大部分文件和用户的应用软件(程序和数据)均以文件的形式存放在硬盘上。通常，用户以文件名来查找或读取该文件的内容。由于现在的磁盘(硬盘)内容非常大，为了便于查找和管理文件，用户利用操作系统提供的磁盘操作命令，把硬盘划分为若干区域(在 UNIX 操作系统中称为目录，在 Windows 操作系统中叫做文件夹，DOS 操作系统中也称为目录)。

这几种操作系统都允许用户在硬盘上建立目录(文件夹)和子目录(子文件夹)，这样，实现了目录内嵌套目录。操作系统都为用户提供了若干管理和维护目录的相关命令。

2.2 UNIX 的文件系统

什么叫文件系统？即由文件和目录构成了 UNIX 操作系统的文件系统，也就是与管理文件有关的程序和数据。其功能是为用户建立、撤销、读写、修改和复制文件以及完成对文件进行按名存取和存取权限控制等。

UNIX 系统的整个文件系统是由多个子文件系统(用户文件系统)组成的。

在 UNIX 操作系统内部，利用 i(inode)节点来管理系统中的每个文件。一个 i 节点号代表一个文件(也就是说，每个文件有一个 i 节点号相对应)，i 节点内存储着描述文件的所有数据。目录就是用来存储在该目录下的各个文件的文件名和 i 节点号所组成的数据项。众多个 i 节点存放在 i 节点表中。

如果一个目录的 i 节点号为零，则表明该目录为空，即没有任何文件。

UNIX 操作系统将物理设备(如磁盘)或光盘的一部分视为逻辑设备(即设备的一分

区域或称为逻辑块设备，例如：硬盘的一个分区、一张软盘、USB 接口的 Flash 盘和 CD-ROM 盘)。这些逻辑块设备都对应一块设备文件，如：/dev/hdc4、/dev/cdrom 等，在每个逻辑设备上可以建立一个独立的子文件系统。UNIX 系统在这些设备上建立 UNIX 系统格式的子文件系统时，把整个逻辑设备以 512 字节为块进行划分(不同版本的 UNIX 操作系统所取块值不同，通常是 512～4096 字节)，块的编号为 1，2，3，…。

UNIX 操作系统将其每个文件系统存储在逻辑设备上(即一个逻辑设备对应一个文件系统)。较大的磁盘可存储多个文件系统。

每个文件系统都具有相同的基本结构：引导块、超级块、i 节点表和文件存储区。文件系统的结构示意图如图 2-1 所示。

引导块
超级块
i 节点表
文件存储区

图 2-1　UNIX 操作系统的文件系统结构示意图

下面对文件系统的各个部分做介绍。

1. 引导块

引导块(boot block)是 0 号块：它是每个文件系统的第一块，存储的是用于系统启动时引导执行操作系统的内核程序。当整个文件系统由多个文件系统构成时，只有根文件系统的引导块才有效。

2. 超级块

超级块(super block)是 1 号块：通常也称为管理块。是每个文件系统的第二块，它是文件系统的头，存放的内容包含安装和存取该文件系统的全部管理信息，它包括文件系统的大小、文件系统所在的设备区名、i 节点区的大小、空闲空间的大小和空闲链表的头等。这些信息是整个文件系统对块设备中“块”进行分配和回收操作的重要信息。

【例 2-1】 某系统给出了如下的数据：18144，/dev/hd02，5800，99，＃10，＃11，…。

表明：

该文件系统大小为 18144 块；

所存储的盘区是 0 号第二逻辑分区(该盘区名为 /dev/hd02)；

该文件系统占用应硬盘空间为 5800 块；

现在可用的空闲 i 节点数(这些空闲 i 节点的编号分别为＃10，＃11，…)。

当用户使用到该文件系统时，其超级块被装入内存，供用户安装和存取文件系统时使用。

3. i 节点表

i 节点表(index node)：在超级块后，紧随的是由若干块构成的一片磁盘区域，即 i 节点表。i 节点表的大小在超级块中指明。如上例的 5800 块用于存放 i 节点信息。

通常，每块取 512B(字节)，每个 i 节点占用 64B 的空间，一块磁盘区域可存放 8 个 i 节点(512/64＝8)。

存于文件存储区的每个文件有一个 i 节点号。目录表由目录项构成，目录项就是一个“文件名-i 节点号”对。因此，可以在同一目录表中有两个目录项，有不同的文件名，但有相同的 i 节点号(即通过命令 ln 处理后的文件的 i 节点是相同的)。在不同的目录表中也可以有两个目录项有相同的 i 节点号。每个目录项指定的文件名-i 节点号的映射关系，就叫做硬连接(有关命令 ln 更详细的内容请参阅 2.3.4 小节)。也就是说，一个具体的文件可以有多个文件名(调用命令 ln 处理后，但它仅有一个 i 节点号)。

表 2-1 给出了 UNIX 系统的目录。从中看出，它由文件名和 i 节点号组成，一个文件对应一个 i 节点号。

表 2-1　UNIX 系统的目录

文件名	i 节点	文件名	i 节点
文件 1	21	文件 3	28
文件 2	37	文件 4	89

每个 i 节点有一个节点号，i 节点编号从 1 开始。如：1，2，3，…。而不使用编号为 0 的 i 节点。文件对应的 i 节点号就是系统分配给该文件的内部名。

下面给出了 i 节点中的相关内容，如图 2-2 所示。

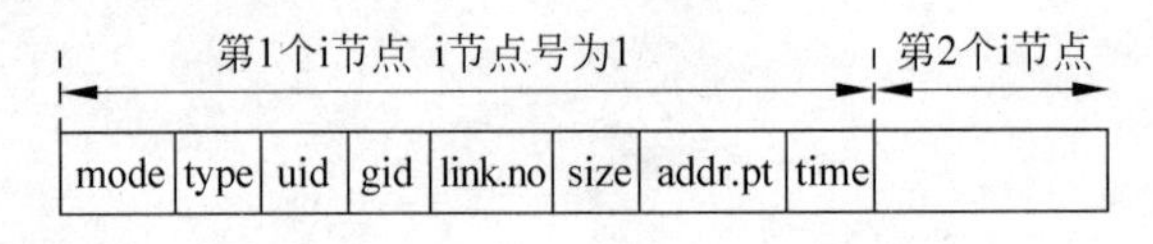

图 2-2　i 节点表的存取格式

- mode：占用标志位(0——空，1——占用)；
- type：i 节点对应文件的类型；
- uid：该文件的属主号；
- gid：该文件的同组号；
- link. no：该文件的链接数；
- size：该文件的大小；
- addr. pt：描述指向文件实际数据块的指针；
- time：最近访问/修改该文件的日期、时间。

i 节点重要的信息是“索引”，就是指针信息。这是由一组指针构成的索引表，指向文件存储区中实际存放数据的存储块。指针可直接或间接地指定磁盘中所需文件的信息，这是 UNIX 操作系统内核中的“文件管理”模块所实现的最重要的功能之一，即逻辑文件到物理磁盘块的映射。

4. 文件存储区

用于存放文件中数据的存储区域。它包括了普通文件和目录表的相关信息。在一个文件系统所占用的逻辑设备上，除前三部分所占用的磁盘区外，余下的即文件的实际数据存储区域。本区域占整个存储空间的绝大部分。

通常，用户调用命令 mkfs、mount 和 umount 来完成文件系统的建立、安装和卸载，也可利用命令 fsck 来检查文件系统的完整性和修复被损坏的文件系统。这些命令存放在/etc 目录中。

2.3 UNIX 操作系统的文件类型

在 UNIX 系统中，其文件是流式文件，即字节序列。它的文件可分为五大类（有的书只介绍三类 UNIX 系统的文件，即普通文件、目录文件和特殊文件三类）。

2.3.1 UNIX 的普通文件

普通文件（ordinary file），有的书中称为“常规文件”，用“-”或“f”表示（这里的 f 是在命令“find”中作为查找文件类型的参数用的）。这类文件包括字节序列，如程序代码、数据、文本等。用 V i 编辑器创建的文件是普通文件，用户通常管理和使用的大多数文件属于普通文件。

普通文件大体上分为 ASCII 文件和二进制文件两大类，即可阅读的和不可阅读的，可执行的和不可执行的。

【例 2-2】 可用命令“ls -l ”显示文件的有关信息。

```
- rw- rw- r-- 1 bin bin 3452 may 2 2004 /etc/fyc1
↑
```

这行信息开头的第一个字符“-”表明所列的文件 fyc1 是一个普通文件。紧接着的“rw-rw-r--”是该文件的属主、同组用户和其他用户对该文件的访问权限。有关文件访问权限的具体内容，将在第 3 章阐述。

2.3.2 UNIX 的目录文件

现代的操作系统对系统文件和用户的管理，基本上是按用途分层次来实行的。把目录视为文件一样进行管理则是 UNIX 操作系统的一个基本特征。目录文件（directory file）用“d”表示。它是一个包含了一组文件的文件。目录文件不是标准的 ASCII 文件，是关于文件的管理信息（如文件名等），由许多根据操作系统定义的特殊格式的记录组成。一个目录是文件系统中的一块区域，用户可按 UNIX 操作系统有关文件命名的规则来命名目录文件。如果将磁盘比喻为一个文件柜，这个柜中就包含了若干个存放文件的抽屉（即文件夹/目录），这些用来存放和管理文件的文件夹在 UNIX 操作系统中就是目录。对文件和磁盘内容的管理，通常是通过对目录管理来实现的。

UNIX 操作系统中，采用倒树形分层次的目录结构。这种结构允许用户组织和查找文件。最高层的目录称为根目录（root，用“/”表示），其他所有目录直接或间接地从根目录分支出去。

【例 2-3】 用“ls -l”命令可显示文件的类型。

```
drw-r—r-- 2 zhang student 55 jun 15 12:12 source
↑
```

这里的“d”说明 source 文件是一个目录文件。

图 2-3 给出了 UNIX 操作系统中根目录、子目录和文件的关系。各个目录中既可以包含文件，又可以包含目录。图 2-4 给出了常见的 UNIX 操作系统的目录结构。

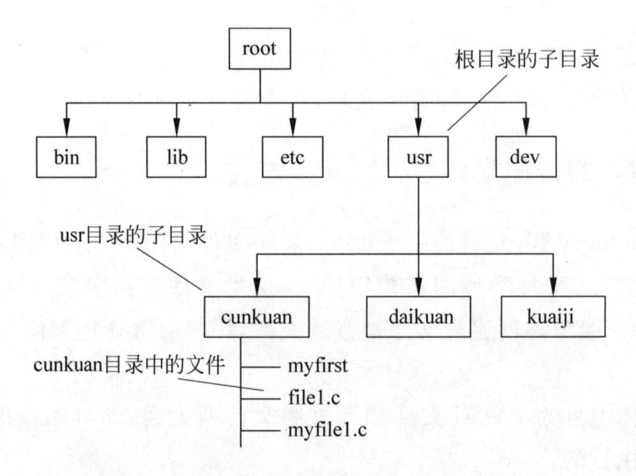

图 2-3 UNIX 操作系统中目录、子目录和文件

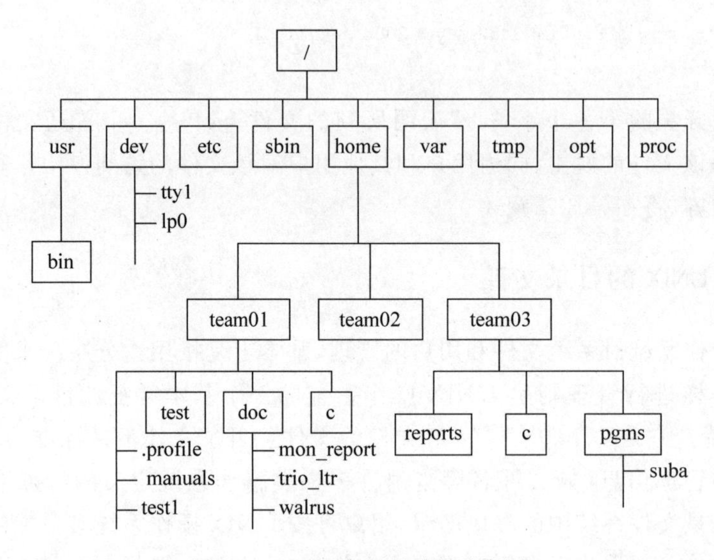

图 2-4 UNIX 常用目录的示意图

2.3.3 UNIX 的特殊文件

在 UNIX 系统中，将 I/O 设备视同文件对待，系统中的每个设备，如打印机、磁盘、终端等都分别对应一个文件(这个文件被称为特殊文件或设备文件)。

特殊文件，用 c(character 的缩写)和 b(block 的缩写)表示。也就是说，UNIX 系统中，特殊文件分为两种。如打印机、显示器等外部设备是字符设备，所对应的设备文件(即驱动程序)称为字符设备文件，用 c 表示；磁带、磁盘等外部设备称为块设备，所对应的外部设备文件称为块设备文件，用 b 表示。这些文件中包含了 c 和 b 设备的特定信息。

特殊文件是与硬件设备有关的文件，通常存放在 UNIX 系统的"/dev"目录中的文件几乎全是特殊文件，它们是操作系统核心存取 I/O 设备的"通道"，是用户与硬件设备联系的桥梁。通过"ls -l /dev"命令，可以列出特殊文件的主要类型。

为了便于读者熟悉 I/O 设备的有关信息，下面给出 I/O 等设备的英文缩写。

- 硬盘：hd，其中，

一整硬盘：hd0a，1 分区：hd00，2 分区：hd01，…

二整硬盘：hd1a，1 分区：hd10，2 分区：hd11，…

- 软盘：fd(A 盘 fd0，B 盘 fd1)；
- 终端：tty(tty00，tty01，tty02，…)；
- 主控台：console；
- 打印机：lp(lp，lp0，lp1，lp2)；
- 存储器：men；
- 盘交换区：swap；
- 时钟：clock；
- 盘用户分区：usr；
- 盘根分区：root。

【例 2-4】 利用命令"ls －l"列出块文件和字符文件。

```
brw - rw - rw -  4 bin bin 2, 5 jan 3 13:01 /dev/fd0
↑
```

这行开头的字符 b 表明文件/dev/fd0 是一个块文件。

```
cw—w—w 3 bin bin 6, 4 jan 4 13:45 /dev/lp
↑
```

这行开头的字符 c 表明文件 /dev/lp 是一个字符文件。

几乎所有的块设备都有一个字符型接口，块设备上的字符接口也称为原始接口。它们是由执行操作系统维护功能的程序使用的。块设备的字符原始接口也有一个字符特别文件。这些块设备的字符原始特别文件的名字都是在块特别文件的名字前加字母 r。

通常，硬盘块特别文件 hd 的字符原始特别文件为 rhd，软盘块特别文件 fd 的字符原始特别文件是 rfd。

2.3.4 UNIX 的符号链接文件

符号链接文件(symbol link file)用 l 表示。在 UNIX 系统中，是通过命令"ln -s"(该命令是 link 的缩写，这是建立符号链接，即软链接)或"ln -f"(这是强制建立链接，不询问覆盖许可）来实现对文件的连接的。这种文件通常也称为软连接。这是最早在BSD UNIX版本中实现的。符号链接允许给一个被链接的对象取多个符号名字（俗称别名），可以通过不同的路径名来共享这个被链接的对象。这种符号链接的构思广泛地应用于用名字进行管理的信息系统中。

符号链接文件中包括了一个描述路径名的字符串。在UNIX操作系统中，用一个“符号链接文件”来实现符号链接，此文件中仅包括了一个描述路径名的字符串。通常，也可以用“ln -s”来创建符号链接。

【例2-5】 用户调用命令date，把该命令的执行结果保存在以“user_date”命名的文件中，再利用命令“ln -s”为文件user_date取一个别名（将产生一个链接文件）user_date1。

```
$ date > user_date(按 Enter 键) / * 把命令 date 所产生的输出重定向到文件 user_date 中保存起来 * /
$ ln - s user_date user_date1(按 Enter 键)     / * 产生一个链接文件 * /
```

在文件系统中，user_date1不是普通的磁盘文件，它所对应的i节点中记录了该文件的类型为符号链接文件。

通过ln命令的处理，实际上是为源文件“user_date”建立一个以“user_date1”为文件名的目的文件（别名），它既不改变源文件的内容，又不改变源文件的i节点号。也就是说，通过命令ln处理后的符号链接文件与其源文件有相同的i节点号。

【例2-6】 利用命令“ls -l”列出/usr/user_date1，查看该文件的类型。

```
$ ls - l /usruser_date1(按 Enter 键)
lrwxrwxrwx  1  fyc  usr    8 aug 4   12:21 /usr/user_date1

↑
```

此l表示user_date1文件是一个符号链接文件。

如果用删除命令rm来对“别名”进行删除，则只能删除符号链接文件（上例中的user_date1文件）而源文件“user_date”不受损失。

但是，用rm删除命令删除源文件“user_date”后，再调用“目的文件”就可能出错。

2.3.5 UNIX的管道文件

当进程使用fork( )创建子进程后，父子进程就有各自独立的存储空间，而互不影响。两个进程之间交换数据就不可能像机器内的函数调用那样，通过传递参数或者使用全局变量来实现，这就要通过其他方式。例如，父子进程共同访问同一个磁盘文件来交换数据，这就非常不方便。为此，UNIX操作系统提供了许多实现进程间通信的方法。管道是一种很简单的进程间通信方式。有了管道机制，shell才允许用符号“|”把两个命令串接起来，实现前面命令的输出作为后面命令的输入。

管道文件（pipe file）通常称为pipe文件，用“p”表示。就是将一个程序（命令）的标准输出（stdout）直接重新定向为另一个程序（命令）的标准输入（stdin），而不增加任何中间文件。也就是能够连接一个write（写进程）和一个read（读进程），并允许它们以生产者—消费者方式进行通信的一个共享文件(pipe 文件)。按先进先出的方式由写进程从管道的入端将数据写入管道,而读进程则从管道的出端读出数据。

对于管道的使用,必须是:①互斥使用管道;②同步读写关系;③确定对方是否存在,只有确定了对方已存在时,才能进行通信。

在 UNIX 系统中,pipe 文件有如下的划分。

1. 无名管道

在早期的 UNIX 操作系统中,只提供无名管道,这是一个临时文件,是利用系统调用 pipe( )建立起来的无名文件(指无路径名)。只用该系统调用所返回的文件描述符来标识该文件。因此,使用管道的基本方法是创建一个内核中的管道对象,进程可以得到两个文件的描述符,才能利用该管道文件进行数据传输。当这些进程不需要使用此管道时,系统核心收回其 i 节点(索引号)。

2. 有名管道

为了让更多的进程能利用管道传输数据,后期的 UNIX 版本中增加了有名管道。有名管道是利用 mknod 系统调用建立的,是可在文件系统中长期存在的具有路径名的文件,进程都可用 open 系统调用打开 pipe 文件。有关"管道"的详细描述,请参阅汤子瀛老师等编写的《计算机操作系统》第 10 章。

【例 2-7】 利用命令"ls-l"可以列出文件的长格式。

```
prw-r--r--   1  fyc   usr  0  aug  4  11:45  pipe1
↑
```

这里的"p"表明 pipe1 是一个管道文件。

在 UNIX 系统中管道操作符是"|"与其他命令一起合用,即在一命令行中用"|"把几个命令串起来。

【例 2-8】 用户要浏览/etc 目录下的相关文件,用 ls 命令和管道操作符"|"一起完成相应操作。

```
$ ls -l | more(按 Enter 键)   /* 此命令行中的"|"就是管道操作符 */
total  87689
-rwx--x--x  1  bin   bin   54678  jan 4  2000   .cpiopc
-rw-------   1  root  root  0   jan 2  12:23   .mnt.lock
⋮
```

进程利用 pipe 系统调用来建立一个无名管道。其语法格式为:

```
int pipe(filedes);
int filedes[2];
```

核心创建一条管道须完成的工作:

① 分配磁盘和内存索引结点;

② 为读进程分配文件表项；

③ 为写进程分配文件表项；

④ 分配用户文件描述符。

2.4 文件名和路径名

在 UNIX 操作系统中，用户要想调用文件或执行命令，就应该清楚所调用对象的名称以及它所在的位置（路径名）。

2.4.1 文件（目录）名

文件名也称目录名，因为在 UNIX 操作系统中，文件管理系统把目录视为文件一样进行管理，用户要完成对文件（程序）的操作，就必须给出文件名。在 UNIX 系统中，文件名的长度可达 200 个字符以上（早期的 UNIX 操作系统支持的文件名长度为 14 个字符），但对其文件名和扩展名（或有时用后缀）为多少位无规定。存放在 UNIX 操作系统“/bin”和“/usr/bin”目录中的可执行文件都不带后缀。但在 UNIX 操作系统中，应用高级语言（如 C 语言）所编写的源程序必须有后缀（如 .C）。

(1) 文件名所用的字符串可以大写、小写或混用，同一字符的大、小写则分别代表不同的文件名。

(2) 文件名中应避免使用如下的字符：

/ \ ”‘ ’ * ；? # [ ] - ( ) ! $ { } < >

因为这些字符在 shell 命令解释程序中已被占用，都赋予了特定的意义。

(3) 同一目录中不允许有同名文件。

(4) 在查找或指定文件名时可用如下的通配符。

“*”：匹配任意一字符串；

“?”：匹配任意一字符；

“[ ]”：匹配一个字符组中的任意一个字符，在方括号中可用“-”表示字符范围。“*”和“?”在[ ]内失去作用，“-”在[ ]外失去作用。

例如：cheng1、cheng2、cheng3 和 cheng4 四个文件，可以用 cheng? 来表示，也可用 cheng[1-4]表示。

对于 coor、coow、coox 和 cooz 四个文件，如果用 coo? 表示就包括了所有的四个文件，如果只想调用最后两个文件，可用 coo[xyz]或 coo[x-z]表示。

2.4.2 路径名

路径名即为查找文件或目录所经过的路径。如果使用当前目录下的文件，可以直接引用文件名；如果要使用其他目录中的文件，就必须指定该文件所在的目录（如果此目录又是另一个目录的子目录），这样文件名前就出现若干个目录名。系统为查找一个文件所经过的路径称为路径名。

路径名由目录名序列和文件名组成，它们之间用“/”分隔。在 UNIX 操作系统中，路径名分为：

(1) 绝对路径名——从根目录开始到用户所要查找的文件的路径名；

例如：/usr/bin/tools

(2) 相对路径名——从用户当前所在目录开始的路径名。

例如：lib/csource/file.c

在 UNIX 操作系统中，除根目录外，每个目录在它刚建立的时候，就有两个看不见的目录文件“.”和“..”。

“.”是当前目录的别名，“..”是当前目录的上一级目录(父目录)的别名。

因此，相对路径名常常以“.”或“..”开始，用以指明从当前目录开始或从当前目录的上一级目录开始的路径。

例如：./bin/csource/file1.c

　　　../kjxt/kehu.txt

此例所给出的是相对路径。

例如：由于普通用户是“/usr”目录的子目录，用户 xdxt 是在自己的注册(登录)目录下，该普通用户就有如下的对应关系：

相对路径　　　　绝对路径

.　　　　　　　即/usr/xdxt

..　　　　　　　/usr

./khx1　　　　　/usr/xdxt/khxt1

说明：在 Linux 操作系统中，普通用户则是/home 目录的子目录。

2.5 UNIX 操作系统文件和目录的层次结构

UNIX 操作系统通过目录来管理文件，本操作系统中有若干个目录。下节列出了常用的重要目录。

2.5.1 UNIX 操作系统所拥有的目录及用途

表 2-2 列出了 UNIX 系统常用的目录。

表 2-2　UNIX 系统常用的目录

路径和目录	说明(其中所存放的文件)
/	是整个系统的最高层目录，通常称为根目录
/usr	包含用户的主目录，对于 Linux 和其他版本的 UNIX 系统，该目录可能是/home 目录，它可能包含了其他一些面向用户的目录。如存放各种文档的/usr/docs、存放帮助信息的/usr/man、存放 UNIX 程序的/usr/bin、存放游戏程序的/usr/games 以及存放仅系统管理员才能访问的系统管理的/usr/sbin 等目录

续表

路径和目录	说明(其中所存放的文件)
/etc	存放供系统维护管理用的命令和配置文件。这类文件仅系统管理员能访问。例如:文件/etc/passwd存放有用户相关的配置信息,文件/etc/issue存放用户登录前在login之上的提示信息,文件/etc/motd存放登录成功后显示给用户的信息;该目录中还有文件系统的管理文件fsck、mount、shutdown等以及大量的系统维护命令
/bin	存放UNIX的程序文件,bin是binaries的缩写,这些文件是可执行文件。例如:ls、ln、cat等命令
/dev	存放设备文件,这些文件是特殊文件,是代表计算机的物理部件,如打印机、磁盘等
/sbin	存放系统文件,通常由UNIX系统自行运行
/tmp/usr/tmp	存放临时文件
/usr/include	C语言头文件存放的目录
/usr/bin	存放一些常用命令。如ftp、make等
/lib/usr/lib	存放各种库文件,包括C语言的连接文件,动态链接库等
/usr/spool	存放与用户有关的一些临时文件。如打印队列和收到尚未读的邮件

2.5.2 UNIX操作系统的主目录和工作目录

1. 主目录

系统管理员在系统中创建所有的用户账号,并为每个用户账号分配一个特定的目录,这个目录就是用户的主目录。当用户登录进入系统时,自动处于自己的主目录下(也称为注册目录或login目录)。在系统中的每一个用户都有一个唯一的起始目录(主目录)。

2. 工作目录

用户在UNIX系统中工作时,总是处于某个与工作相关的目录中,这个目录就是用户目前的工作目录,也称为当前目录。

2.5.3 UNIX操作系统的启动过程

下面用图2-5来说明UNIX操作系统的启动过程。

在UNIX操作系统启动时,系统的常驻部分(kernel内核)被装入内存。而操作系统的其余部分仍然在磁盘上,只有用户请求执行这些程序时,才把这些程序调入内存。用户登录时,shell程序也被装入内存。

UNIX系统完成启动后,init程序为系统中的每个终端激活一个getty程序,getty程序在用户的终端上显示“login:”提示,并等待用户输入用户登录名。

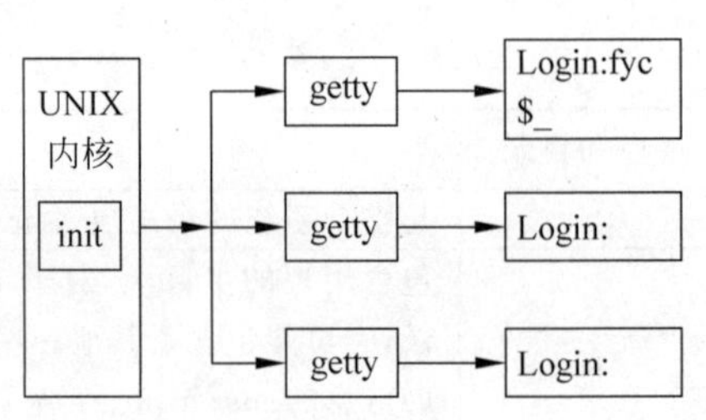

图2-5 UNIX操作系统的启动示意图

当用户输入其登录名时，由 getty 程序读取用户输入内容并启动 login 程序，由 login 程序完成登录过程。getty 程序将用户输入的字符串传递给 login 程序，该字符串也称为用户标识符。接着，login 程序开始执行并在用户屏幕上显示 password 提示，等待用户输入用户登录口令。

在用户输入口令后，login 程序验证用户口令。随后 login 程序检查下一步要执行的 shell 程序。通常系统把这个程序的默认值设置为 Bourne shell(简称为 Bshell)。

由于 UNIX 系统的版本不同，所配的 shell 有所不同，其系统提示符也不同。通常有 AT&T 贝尔实验室的 UNIX 系统配的 Bshell，它的系统提示符：普通用户为“$”，超级用户为“#”；BSD 版本的 UNIX 系统配的是 Cshell，普通用户为“%”，超级用户为“#”。

当屏幕上出现其提示符为 $ 时，说明 shell 程序已经完成准备工作，用户可以输入命令。

习题

1. 什么是 UNIX 操作系统的文件系统？
2. UNIX 操作系统中，文件系统由哪些元素构成，这些部件的作用是什么？
3. 什么是 i 节点表，它包含了哪些内容？
4. 在 UNIX 操作系统中，文件是怎样分类的？用什么字符表示文件的类型？
5. UNIX 操作系统中，在输入文件名时应尽量避免哪些字符？
6. 在 UNIX 操作系统中，通常有哪些主目录，这些目录中主要存放了哪些主要文件？
7. 主目录与工作目录有何区别？

第3章　chapter 3

UNIX操作系统的常用命令

为了便于读者对单用户、多任务的分时操作系统 DOS(Windows)和多用户、多任务的分时操作系统 UNIX 有一个认识和比较,下面给出了 DOS(Windows)操作系统与 UNIX 操作系统一些相对应的命令。人们可能非常熟悉 DOS 或 Windows 系统的命令,但值得注意的是,UNIX 操作系统所能接受的命令一律要求用小写字母(与 DOS 操作系统不同)。

表 3-1 提供的 DOS 与 UNIX 间相对应一些的命令,为用户快速查找提供了一个非常有用的参考。

表 3-1　DOS 与 UNIX 间相对应的一些命令

命令功能	DOS 操作系统命令	UNIX 操作系统命令
显示文件列表	dir/w dir	ls
	dir	ls -l
显示文件内容	type	cat
显示文件与暂停	type filename | more	more
拷贝文件	copy	cp
在文件中查找字符串	find	grep
		fgrep
比较文件	comp	diff
重命名文件	rename OR ren	mv
删除文件	erase OR del	rm
删除目录	rmdir OR rd	rmdir
改变文件访问权限	attrib	chmod
创建目录	mkdir OR md	mkdir
改变工作目录	chdir OR cd	cd
获取帮助	help	man
		apropos
显示日期和时间	date, time	date
显示磁盘剩余空间	chkdsk	df
打印文件	print	lpr

在后面各节中将对 UNIX 操作系统的常用命令作详细的介绍。

3.1 退出关机和重新启动的命令

由于 UNIX 操作系统是多用户、多任务的分时操作系统，系统中的退出和关机是不同的操作。用户必须严格按照操作规程进行操作，否则将会带来很严重的后果。

3.1.1 系统退出的命令

1. 超级用户的退出命令

1）单用户时使用的退出命令

这是系统管理员对系统进行维护时所使用的退出 UNIX 系统的命令。在 UNIX 操作系统中，系统管理员切记不能直接关闭 UNIX 系统服务器（主机）的电源，除非由于系统崩溃而不能正常执行关机程序 shutdown。

该命令的语法格式：

```
/etc/haltsys [-d]
```

命令 haltsys 是 halt system（停止系统），其英文描述为 close out file systems and shut down the system，其含义是停止文件系统、关闭系统。该命令的功能特点是事先不通知系统中的用户就立即使系统停止工作。如果在执行命令 haltsys 时，系统中还有用户正在工作，则这些用户将被注销，他们的工作文件内容也被丢失而不做善后处理。故此命令只能由超级用户在单用户模式下使用。

【说明】

在本书中，所有命令行中的方括号“[ ]”中的内容，是有选择性的调用（而不是必须调用的）。

【例 3-1】 利用 haltsys 命令，退出系统。

```
#haltsys (按 Enter 键)
★★ Safe to power off ★★
       -  or  -
★★ Press Any Key to Reboot  ★★
```

这时，用户可以关闭计算机系统电源或按任一键重新启动计算机系统。

2）多用户时使用的退出命令

在多用户状态下，为了确保系统数据和用户数据的完整和安全，超级用户在关机前必须执行 UNIX 操作系统的标准关机程序（命令）shutdown。

该命令的语法格式：

```
/etc/shutdown [ - f file| mesg ] [ - g [hh:]mm ] [ - i [0156sS]] [ - y] [su]
```

其中：括号中的内容为该命令的选项。

- -f file：允许用户改变默认的警告信息。该警告信息存储在指定的文件 file 中。

这时超级用户可以在此命令中直接调用该文件。

- -f mesg：允许用户改变默认的警告信息。该信息的 mesg 部分需用双引号括起来。mesg 部分是用户通过键盘输入的内容。
- -i [0156sS]：指定系统的运行级别。默认值为 0。用户使用-i1、-is、-iS 都是将系统从多用户模式切换到单用户模式。
- -g [hh:]mm：指示一个时间段，以小时和分为单位；如果忽略了 hh 参数，则以分为单位(最大的时间值为 72 小时)，默认时间为 1 分钟。该时间是指关机前的等待时间，当用户接到该信息时，系统已准备停止运行。
- -y：表示关机过程中对所有的系统询问都用 yes 回答。
- su：使用该选项，将系统从多用户运行模式转换到单用户模式(系统不完全关机)，切换的过程实际是超级用户回答相关提示后重新进入系统。当然，该命令 su 也可以完成普通用户间的切换(即从一用户切换到另一用户)。

【例 3-2】 超级用户在 1 分钟后将系统切换到单用户模式，其命令格式为：

```
# shutdown -g1 f"注意!!系统在 1 分钟后将关闭,请各用户立即退出系统!!!"su(按 Enter 键)
/ * 此命令运行后,将显示如下内容 * /
Shutdown started mon   jan 2 22:34:34   cst 2006
Broadcast message from root (tty01) on scosysv jan 2 22:34:34: cst 2006…
The system will be shut down in 60 seconds.
注意!!系统在 1 分钟后将关闭,请各用户立即退出系统!!!
Please log off now.
Broadcast message from root (tty01) on scosysv jan 2 22:34:34: cst 2006…
The system is being shut down now!!!
Log off now or risk your files being damaged.

Do you want to continue?(y or n) y(按 Enter 键)
Shutdown proceeding, please wait …
INIT:new run level:1
The system is coming down, please wait.
System services are now being stopped
Cron aborted:SIGTERM
⋮
The system is down
INIT: new run level:s
INIT: SINGLE USER MODE
Type ONTROL - d to proceed with normal startup (or give root password for system maintenance):
(按 Enter 键)
Enterinal system maintenance mode

Terminal type is scoansi

#_
```

系统从多用户运行模式切换到单用户模式的过程使用了命令 su(命令 su 的功能是不用退出系统而转为超级用户或另一用户)。进入单用户模式后，超级用户可以对整个系统进行文件备份或相关的维护操作。

【例 3-3】 超级用户将在 5 分钟后关机，以给普通用户进行相关操作的时间。

```
#shutdown -g5 f"注意!!系统在 5 分钟后将关闭!!!"(按 Enter 键)  /* 此命令执行后，将显示如下内容 */
Shutdown started mon  jan 2 22:34:34  cst 2006
Broadcast message from root (tty01) on scosysv jan 2 22:34:34: cst 2006…
The system will be shut down in 5 mins!
注意!!系统在 5 分钟后关闭!!!
Please log off now.
Broadcast message from root (tty01) on scosysv jan 2 22:34:34: cst 2006…
The system is being shut down now!!!
Log off now or risk your files being damaged.

Do you want to continue?(y or n) y(按 Enter 键)
Shutdown proceeding,please wait …
INIT:new run level:0
The system is coming down,please wait.
System services are now being stopped
Cron aborted:SIGTERM
…
Stopping calendar server, please wait…
Calendar server stopped.
⋮
The system is down

★★ Safe to power off ★★
         -  or  -
★★ Press Any Key to Reboot  ★★
```

到此，超级用户可以关机或按任一键重新启动系统。

2. **普通用户的退出命令**

当普通用户完成了自己的工作或因故需离开终端操作时，为了自己和整个系统的安全，建议用户必须要退出自己的工作环境，普通用户可利用 exit 或按 Ctrl+D 组合键来达到目的。

【例 3-4】 某普通用户需退出系统，所发出的命令：

```
$exit(按 Enter 键)
```

屏幕出现：

```
SCO OpenServer™ Release 5.0 (scosysv) (tty05)
login: _            /* 此时，该用户已从工作状态退到了登录状态 */
```

这样，当该用户离开后，其他人若要使用该终端就必须重新登录(输入用户登录名和密码)。

exit 系统调用就是完成普通用户退出系统的一个子程序。

在 UNIX 系统中，利用 exit 来实现进程的自我终止。核心需为 exit 完成如下的操作：

① 关闭软中断；

② 回收资源；

③ 写相关信息；

④ 置进程为“僵死”状态。

另一种退出系统的命令则是利用按 Ctrl+D 组合键来完成。

3.1.2 系统的重新启动

UNIX 操作系统提供了重新启动的命令 reroot。它的功能与 haltsys 命令相同，就是在不关闭计算机系统电源的情况下，关闭 UNIX 操作系统并重新启动计算机系统，该命令只能在单用户模式下由超级用户使用。

【例 3-5】 利用 reroot 命令重新启动计算机系统：

```
# reroot (按 Enter 键)

SCO OpenServer™ Release 5.0
Boot
:_        /* 用户可根据自己的需要直接按 Enter 键或输入相关的命令(如：输入 DOS 则系统进入 Windows 系统环境) */
```

3.2 init 命令

在前面的 shutdown 命令中，系统提示中出现了 INIT，该命令是超级用户用来改变系统运行级别(run level)的。init 命令来源于 initialization，所描述的是 signal the init process，就是发信号给该 init 进程。

init 命令的语法格式：

```
/etc/init[0123456SsQqabc]
```

该命令的选项含义如下。

- 0——关机状态，一般在关机之前使用。如果用户要移动机器或改变硬件环境时，必须运行“init 0”。
- 1——管理状态，也称为单用户状态。在此状态下，系统管理员可以从控制台上获得全部文件系统，普通用户则办不到。
- 2——多用户状态。这是 UNIX 操作系统的常用状态。
- 3——多用户状态(REF—Remote File Sharing，远程文件共享处于活动状态)。
- 4——未使用。
- 5——固件状态。有的系统作为关闭和重新引导状态。
- S/s——单用户状态。

- Q/q——重新检查/etc/inittab 文件。
- a/b/c——作用是使用 init 程序处理/etc/inittab 文件中包含的 a、b、c 运行级设置的那些记录项。这三种状态没有与之对应的系统实际运行状态。

/etc/init 进程的进程标识符 PID 为 1。init 进程的主要工作是按照/etc/inittab 文件所提供的内容创建进程。系统的初始化进程都是由 init 创建，所以 init 进程通常又称为系统初始化进程。

【例 3-6】 用户使用 init 命令关闭系统：

```
#init 0(按 Enter 键)

★★ Safe to power off ★★
           -  or  -
★★ Press Any Key to Reboot  ★★
```

此时，用户可以关闭计算机系统电源或按任一键重新启动计算机系统。

在 UNIX 操作系统中，用户的工作环境是由可执行文件 profile 设置的。profile 是特定的普通文件。本文件通常包含用户自己或整个系统的 shell 变量的设置，profile 的文件描述为 set up an environment at login time(注册时设置环境)。profile 文件的内容为：一是每次注册进入系统时都需要执行命令操作；二是设定和传送一些整型变量以供需要时调用。该文件类似于 DOS 系统中的系统配置文件 config. sys 和批命令文件 autoexec. bat。

下面以某用户 UNIX 操作系统环境中的初始化文件为例，介绍 UNIX 操作系统下的初始化文件。为了让读者了解 profile 文件的内容，下面给出了 root 用户的 profile 文件。

```
$ pwd(按 Enter 键)    /* 显示用户的工作目录 */
/                     /* 根目录 */
```

超级用户调用命令 cat 显示 profile 文件内容：

```
#cat .profile(按 Enter 键)
:
# @ (#) root.profile 4.22 94/06/12
#
SHELL = /bin/sh
HOME = /
PATH = /bin:/etc:/usr/bin:/tcb/bin
# set terminal type
Eval 'tset -m ansi:ansi -m :\?ansi -e -s -Q'
Export TERM PATH SHELL HOME
[ -x /bin/mesg ] && mesg n    # if mesg is installed…
#_
```

下面给出本系统的初始化文件 profile 的内容：

```
#cat /etc/profile(按 Enter 键)
:
```

```
#
# ident "@ (#) adm:profile 1.10"
Trap " "1 2 3
umask 022

case " $ 0" in
- sh | - rsh | - ksh | - rksh
# if not doung a hushlogin, issue message of the day, if the file is out there
[ "X $ HUSHLOGIN" ! = "XTRUE" ] && [ - s /etc/motd ] && {
   trap : 1 2 3
   echo " "  # skip a line
  cat /etc/mitd
  trap " "1 2 3
}
# setting default attributes for terminal moved to ~/. profile,
# each user has individual control over these characteristics
# if not doing a hushlogin, check mailbox and news bulleting
If [ "XHUSHLOGIN"! = "XTRUE" ]
then
   [ - x /usr/bin/mail ] && {  # if the program is installed
      [ - s " $ MAIL" ] && echo "\nyou have mail"
}
if [ " $ LOGNAME"! = "root" - a - x /usr/bin/news ] # be
sure it's there
then news - n
fi
fi
;;
- su)
:
;;
Esac

trap 1 2 3
#_
```

文件/etc/profile是系统级初始化文件。它包含了由注册shell执行的一个shell程序，其内容由系统管理员决定。它的功能是给所有的Bourne shell用户建立起某些工作环境，也为用户设置默认值提供了很好的条件(如上面所显示的umask 022)。通常，该文件的内容为：①定义用户默认的文件访问权限，使用命令实现；②显示日期信息和终端信息；③显示信息标题；④定义并输出一些环境变量。

下面给出本机系统中普通用户的profile文件内容：

```
# cat /usr/xdxt/.profile(按 Enter 键)
:
# @ (#) profile 4.22 94/06/12
# .profile - commands executed by a login Bourne shell
#
```

```
PATH= $PATH:$HOME/bin:.    # set command search path
MAIL=/usr/spool/mail/'logname'   # mailbox location
export PATH MAIL
# use default system file creation mask
eval 'tset -m ansi:ansi -m :\?${TERM:-ansi} -r -s -Q'
/usr/bin/prwarn   # issue a warning if password due to expire
#_
```

从上面给出的三个文件可以看出：/.profile文件是超级用户环境的初始化文件；文件Bourne shell是只有在用户注册处理期间才查看并启动的初始化文件；而文件/usr/xdxt/.profile则是系统将执行普通用户在其主目录下的初始化文件，用户可以修改该文件中的某些设置，例如增加一个变量来识别用户默认的打印机，修改用户要查找的路径和终端设置等。

3.3 日常工作中最常用的命令

本节讲述普通用户和超级用户在日常工作中所调用的命令。内容涉及命令的调用格式、功能等。

3.3.1 读取系统日期和时间的命令

在UNIX系统中，提供了显示系统当前的日期和时间的命令date。该命令的功能是显示系统当前日期、时间，也可以利用该命令来设置系统的日期、时间。

date命令以标准的英文缩写显示星期和月份，紧接着是几日，而时间是以24小时制显示。系统管理员可以调用该命令用于对日期和时间的重新设置。其格式为：

#date mmddhhmm[yy](按Enter键)

【说明】

最左边的mm表示月份，dd表示某日，hh表示小时(24小时制)，最右边的yy是表示年(可以省略)。

【例3-7】 调用命令date显示系统当前的日期和时间。

```
$date(按Enter键)
Sun Apr 16 12:12:11 BJT 2006  (北京时间2006年4月16日星期天12:12:11)
```

用户在系统提示符后面输入date命令，便可获得系统当前的日期和时间。date命令还可以根据用户所给的格式来显示日期和时间。

【例3-8】 命令date可以按用户给出的格式显示日期和时间。

$date "+今天日期是：%Y年 %m月 %d日 %H:%M:%S 今年第 %j天"(按Enter键)

今天的日期是2006年01月05日 12：15：34 今年第5天

这种格式通常用于打印机上。这里所显示的365天已经过了5天。date命令的格

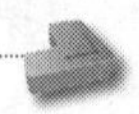

式中，第一个字母必须为＋号，%Y 表示年，%M 表示月(也表示分钟)。用户也可利用 date 这样的格式来显示格林威治时间。

表 3-2 给出了在命令 date 中，常用的自定义格式的各字段的作用。

表 3-2 date 命令中常用的自定义格式各字段的作用

字 段	显示的内容
m	显示年中的月份(01—12 月)
d	显示月中的日期(01—31 天)
D	显示月/日/年式日期，形式为 mm/dd/yy
H	显示小时(00—23 小时)
M	显示分钟(00—59 分)
S	显示秒钟(00—59 秒)
T	显示时/分/秒式时间，形式为 HH:MM:SS
h	显示月份的英文缩写(从 Jan 到 Dec)
j	显示一年中第几天(从 001 到 365)
w	显示星期几(0—6，星期天为 0)
a	显示星期的英文缩写(Sun—Sat)

3.3.2 查看已登录系统用户的命令

UNIX 操作系统中，查看已登录系统的用户命令为 who，该命令列出当前已登录系统的用户。通过该命令可以了解普通用户是何时通过哪台终端进入系统的。

【例 3-9】 查看系统上的用户。

```
$ who(按 Enter 键)
root    tty1    jan 5   08:23am
fyc     tty2    jan 5   08:15am
wang    tty3    jan 5   08:20am
xdxt    tty4    jan 5   08:25am
kjxt    tty5    jan 5   08:21am
```

用户也可以利用该命令来查看自己的终端号。

【例 3-10】 表示有关用户自己注册和使用终端的信息。

```
$ who am i(按 Enter 键)
fyc tty2   jan 5 08:15am
```

3.3.3 获取日历的命令

当用户输入 cal 命令后，便可获得相关年、月的日历。

【例 3-11】 显示上月、本月和下月的日历。

```
$ cal(按 Enter 键)
```

系统显示当月的日历。该命令可以按用户给出的年、月来显示日历。图 3-1 是用户给了参数所显示的 2003 年 5 月的日历。

```
[a1@linuxserver a1]$ cal 5 2003
      五月 2003
 日  一  二  三  四  五  六
              1  2  3
 4  5  6  7  8  9 10
11 12 13 14 15 16 17
18 19 20 21 22 23 24
25 26 27 28 29 30 31

[a1@linuxserver a1]$ _
```

图 3-1 cal 命令的执行结果

如果用户在该命令后面仅带年份参数，则显示该年份的全年日历。这里的年份参数应是四位：即 0001—9999；月份则是 01—12。

如果用户需要打印全年的日历，则输入所需年的数字(如 2003)即可。

用户可以通过有关命令获取系统启动后到现在各用户的运行时间的命令。例如，命令 uptime 就可以使用户得到非常有用的信息。

```
$ uptime(按 Enter 键)
11:13:34 up 35 min, 5 user, load average: 0.34, 0.56, 0.78
```

用户还可以利用命令 w(who & what)列出各终端的空闲时间(IDLE)、终端占用 CPU 的时间 JCPU、终端正在运行的前台程序所占用 CPU 的时间 PCPU 以及终端用户正在干什么 WHAT。

```
$ w(按 Enter 键)
11:14:23 up 35 min, 5 user, load average: 0.34, 0.56, 0.78
USER   TTY   FROM    LOGIN@          IDLE     JCPU    PCPU    WHAT
root   tty1    -     jan 5 08:23am   0:00s    0.35s   0.02s   w
fyc    tty2    -     jan 5 08:15am   1:34s    0.05s   0.02s   ftp
wang   tty3    -     jan 5 08:20am   23:33s   0.08s   0.34s   vi
xdxt   tty4    -     jan 5 08:25am   02:21s   33:23s  20:22s  xdxt
kjxt   tty5    -     jan 5 08:21am   01:45s   34:23s  34:22s  kjxt
```

3.3.4 联机手册 man 命令

在 UNIX 系统中，为用户提供了一个非常方便的联机手册命令 man。man 来源于 manual，其英文描述为 display reference manual pages(显示参考手册，此命令类似于 Help 热键)。其功能是根据用户所提供的命令、函数，显示其相关的功能、调用方法及文件格式的文档内容。

该命令的语法格式：

```
man [ -a| -f][ -bcw][ -d dir][ -p pager] [ -t proc][ -T term][section] title
man  -e command…
man  -k keyword…
```

这里，选项中的 section 可定义为 ADM(系统管理命令)、C(用户命令)、F(文件格式)、HW(硬件依存特性)、M(其他)、TCL(SCO 可视 TCL 命令)。

【例 3-12】 用户利用 man 命令来查看 cat 命令的相关信息。

```
$ man cat(按 Enter 键)
cat (c)
*****
cat  -- concatenate and display files
Syntex
======
cat  [ - u] [ - s] [ - v] [ - t] [ - e] [file… ]
    Description
======
cat reads each file in sequence and writes it on the standard output. if no input file is
given, or if a single dash ( - ) is given, cat reads from the standard input. the options are:
     - s  Suppresses warnings about nonexistent files.
     - u  Causes the output to be unbuffered.
     - v  Causes non - printing characters (with the exception of tabs, new lines, and form
feeds) to be display. Control characters are displayed as ^X (< ctrl > x), where X is the key
pressed with the < ctrl > key (for example, < ctrl > m is displed as ^M). the < Del > characters
(octal 0177) is printed as ^?. Non - ASCII characters (with the high bit set) are printed as
M - x , where x is the character specified by the seven low order bits.
   - t  Causes tabs to be printed as ^I and form feeds as ^L. This optin is ignored if the - v
option is not specified.
   - e  Causes  a " $ "character to be printed at the end of each line (prior to the new -
line). This option is ignored if the - v option is not set.
  Exit values
  ============
  cat returns the follwing values:
  0  all input files were output successfully
  > 0 an error occurred
  Examples
  =============
   The following example displays file on the standard output:
   Cat file
   The following example concatenates file1 and file2 and places the result in file3: cat
file1 file2 > file3
   The following example concatenates file1 and appends it to file:
  cat file1 >> file2
  Warning
  ==========
  Command lines such as:
  cat file1 file2 > file1
  This is will cause the original data in file1 to be lost; therefore, you must be careful
when using special shell characters.
  See also
  ============
  cp (c), pr(c)
  Standards conformance

  cat is conformant with:
  ISO/IEC DIS 9945 - 2:1992, Information technology - portable Operation System Interface
```

```
(POSIX) - part 2: Shell and Utilities (IEEE Std 1003.2 - 1992);
  AT&T SVID Issue 2;
X/Open CAE Specification,Commands and Utilities, Issue 4, 1992.
1 May 1995
$ _
```

用户可以从上面所显示的内容中，详细了解命令 cat 的语法格式、功能等。用户也可以通过 man 命令来了解 UNIX 操作系统中所有命令的语法格式、功能以及所要注意的事项。这是学习 UNIX 操作系统命令的好方法。同时对提高英文水平也是一个不错的练习。

3.4 目录管理命令

UNIX 操作系统有几十个目录。其中，大部分是系统本身用于存放系统文件的，另一部分则是建立在目录 usr(或 home)下面的普通用户的目录。这些目录结构是树状形层次结构，最上面的一层是根目录，系统中的若干目录和文件一起构成了本操作系统的文件系统。在安装本系统的过程中，系统自动建立若干个存放系统文件的专用目录，如 /bin、/etc、/usr 等。为此，在前面的章节中对目录的一些基本概念阐述的基础上，现在介绍 UNIX 操作系统所提供的有关创建目录、删除目录、显示当前目录路径名和改变目录的命令。这里所指创建目录、删除目录等操作基本上是针对普通用户的工作目录而讲的。因为系统所具有的目录，是系统中固有的(即在安装系统时，这些目录就随文件一起装入计算机系统中)。

3.4.1 建立目录的命令

在 UNIX 操作系统中，利用 mkdir 命令和选择适当的选项，可在磁盘上建立若干个用户目录。

mkdir 命令是来源于英文 make a directory，其功能是为用户建立一个或若干个目录，也可以在当前有写访问权限的目录中建立子目录。否则，如果要在一个没有写访问权限的目录中建立子目录，系统就显示“mkdir: cannot access”(不能访问当前目录)的出错信息(即用户不能转到其他用户的目录下，用命令 mkdir 在别人的目录中建立自己所要用的子目录)。这对系统文件和普通用户的安全是非常重要的。

该命令的语法格式：mkdir[-ep][-m mode] directoryname

下面对命令 mkdir 的选项作说明。

-e：利用有效的用户标识 UID 和有效组标识 GID 代替新建目录的实际用户标识 UID 和实际组标识 GID。

-p：如果中间目录存在，则建立中间目录(如果父目录不存在，则建立父目录)。在一个命令行中创建多层目录。

-m mode：指定目录的访问方式。给文件(目录文件或普通文件设置：阅读权 r；设置写入权 w；设置执行权 x)访问权限。

s：用于当条件执行时，给文件主设置用户标识(UID)或组标识 GID。

t：用于设置附着位。当在目录上设置这个位后，这个目录中的全部文件，除文件的所有者和 root 用户外，任何其他用户都不能对文件进行删除操作。只有超级用户可以设置附着位。

【例 3-13】 在当前目录/usr/kjxt 下建立 xdkjxt1 子目录。

```
$ mkdir /usr/kjxt/xdkjxt1(按 Enter 键)
$ _
```

通常，在建立目录之前，应该调用命令 pwd 查看用户自己当前所处的位置。这样，可以确保用户所建立的目录是按自己意图来完成的。

用户也可以调用命令"ls -l"来查看所建立目录的相关情况。

xdkjxt1 子目录已经建立在/usr/kjxt 的目录中，用户可以对目录进行操作了。

【例 3-14】 在当前目录 xdxt/中建立嵌套目录 xdxt/grxdxt，并要求该目录文件的所有者对此目录有阅读权、写入权和执行权。

```
$ mkdir -p -m700 /usr/xdxt/grxdxt(按 Enter 键)
$ ls -l (按 Enter 键)
⋮
drwx ------   1  grxdxt  other  512  may  12  13:12  grxdxt
⋮
$ _
```

【说明】

有关例 3-14 命令中的"-m700"的含义，将在命令 umask 中给予介绍。

【例 3-15】 在当前目录 xdxt 下，建立两个子目录 grxdxt01，grxdxt02。

```
$ mkdir /usr/xdxt/grxdxt01 grxdxt02(按 Enter 键)
$ _
```

在 UNIX 系统中，可以利用命令 mkdir 一次在同一个目录下建立多个子目录，各子目录之间用空格隔开。如果所建立的子目录不处于当前目录下，则必须使用绝对路径名。

mkdir 命令还可以建立多层目录。

【例 3-16】 在 xdxt 目录下建立 gskehuxd1/gskehuxd2/gskehuxd3 三层目录。

```
$ mkdir -p /usr/xdxt/ gskehuxd1/gskehuxd2/gskehuxd3(按 Enter 键)
```

这样，在 xdxt 目录下，就建立三层目录。即 gskehuxd3 是 gskehuxd2 的子目录，gskehuxd2 是 gskehuxd1 的子目录，而 gskehuxd1 是 xdxt 的子目录。

3.4.2 删除目录的命令

在 UNIX 系统中，删除目录文件使用 rmdir 命令。rmdir 来源于英文 remove directory，其含义是移去目录。该命令的功能是拆除目录的链接并将空目录从文件系统中删除。

该命令的语法格式：

```
rmdir [ - p][ - s] directoryname
```

下面对 rmdir 命令选项作说明。

-p：递归删除指定的目录。当子目录删除后，其父目录(即本目录的上一级目录)为空时，也将一同被删除。

-s：当-p 选项有效时，关闭产生的信息。

【注意】

rmdir 命令只能删除空目录。也就是说，除了本目录(.)和父目录(..)外，该目录不包含任何其他子目录和文件。

【例 3-17】 用户需删除当前目录下的新建目录 grxdxt。

```
$ rmdir /usr/xdxt/grxdxt(按 Enter 键)
$ _
```

也可以利用该命令的选项-p 来删除上面所建立的三层目录。

【例 3-18】 将当前目录 xdxt 下的 gskehuxd1/gskehuxd2/gskehuxd3 三个子目录删除。

```
$ rmdir  - p /usr/xdxt/gskehuxd1/gskehuxd2/gskehuxd3(按 Enter 键)
```

如果这三个子目录都为空，该命令执行后，将出现系统提示符：

```
$ _
```

否则，将显示出错信息：

```
rmdir: gskehuxd1 not empty   /* 表示这些目录没空，不能删除 */
⋮
$ _
```

3.4.3 显示目录路径名的命令

在 UNIX 系统中，提供了显示目录路径名的命令 pwd。pwd 来源于英文 print working directory，所描述的是显示工作目录。该命令显示用户工作目录的绝对路径名。

【例 3-19】 当用户登录进入 UNIX 系统后，在主目录下。要显示其主目录 xdxt 和当前目录的路径名，则使用命令 pwd。pwd 命令所显示的是用户在目录结构中的当前位置，即为绝对路径名，也就是用户要达到当前位置必须经过的一系列顺序目录名。

```
$ pwd (按 Enter 键)
/usr/xdxt        /* 系统显示 pwd 命令的执行结果 */
$_
```

pwd 命令是非常有用的，如果用户在工作中多次切换目录，目前又不清楚自己所处于哪个目录下，就可以利用该命令以便一目了然地知道自己当前所处的位置。

3.4.4 切换目录的命令

在UNIX系统中，提供了切换目录的命令cd。cd来源于英文change directory，其含义是改变目录，它的功能是将用户指定的目录作为工作目录。也就是目录间的切换。

通常，在用户进入自己的主目录（即登录成功）后，都习惯用pwd来显示自己的工作目录（当前目录）在何处，再用cd命令来完成自己想切换目录的操作。下面是用户的命令操作序列：

```
$ pwd(按 Enter 键)
/usr/xdxt                        /* 假设用户的主目录在/xdxt */
```

用户要切换到/grxdxt目录下工作，则应输入：

```
$ cd/grxdxt(按 Enter 键)          /* 在系统提示符下，输入要切换的目录名 */
```

再利用命令“pwd”来查看所切换的结果：

```
$ pwd(按 Enter 键)
/usr/xdxt/grxdxt                 /* 系统显示执行切换命令 cd 的结果 */
$ _                              /* 系统提示符，等待用户的下一次输入命令 */
```

如果用户的嵌套目录太多，现在需要返回到自己的主目录，一般的操作系统会要求用户输入一长串的字符，而UNIX操作系统则不是这样，它用非常简单的操作就能完成用户的要求。通过下面的操作步骤都可以达到目的（假设用户的主目录为/xdxt）。

【例 3-20】 调用命令cd，返回到用户主目录。

```
$ cd(按 Enter 键)
$ pwd(按 Enter 键)
/usr/xdxt
```

【例 3-21】 利用cd命令，将$HOME（这是一个系统变量，它保存了用户的主目录路径名）作为目录名。

```
$ cd  $HOME(按 Enter 键)
$ pwd(按 Enter 键)
/usr/xdxt
$ _
```

在执行cd命令时，应注意：

（1）cd命令后面应跟一个空格，以与命令后面的参数隔开；

（2）在cd命令后直接按Enter键，则返回到用户的主目录，即将主目录作为用户的当前工作目录；

（3）在cd命令中，用户可以使用符号“.”以表示当前目录的路径名，用符号“..”表示当前目录的上一级目录（即父目录）的路径名。

【说明】

HOME 是一个环境变量。它所存放的是由 login 程序将它初始化为用户的注册目录的名称。也就是用户注册成功后，成为用户当前目录的那个目录，是命令 cd 的默认值。通常，下面的操作是等价的：

```
$ cd(按 Enter 键)
$ cd  $ HOME(按 Enter 键)
```

这两个命令的执行结果，都是返回用户主目录。

3.5 列出文件相关信息的命令

在 UNIX 系统中，为用户提供了 ls、lc、lf、lr 和 lx 命令，它们的功能都基本相同，这里只介绍 ls 命令，它来源于英文 list，意为列表，其描述为 list contents of directory，含义是列出目录中的内容。

命令的语法格式：

```
ls [option] [Wv][Ws][directory][file…]
```

ls 命令有许多的选项，现在把常用的选项给予说明。

- -a：显示工作目录中所有的文件信息，包括“.”与“..”以及“.”开头的隐藏文件；
- -l：按长格式显示每个文件的全部信息；
- -s：在第一列以块为单位，显示每个文件的大小；
- -i：在第一列显示每个文件的 i 节点号；
- -d：若指定目录，则只列出该目录的相关信息，而不列出该目录的内容；
- -F：在每个文件后面标记“/”，在每个可执行文件后面标记“*”；
- -Ws：类似选项“-l”；
- -Wv：以长格式显示每个文件的信息，如果某个文件是符号链接文件，则在该文件后面显示其详细的链接资料，并以符号“－>”隔开；
- -t：按现在到过去的时间为序来排列文件顺序；
- -r：反向排序；
- -R：递归地列出子目录的内容。

用户可以利用 ls 命令和适当的选项来显示指定目录的文件内容。在一个命令行中可以同时选用几个选项。

【例 3-22】 用户要列出主目录 xdxt 的文件信息。

```
$ ls - l(按 Enter 键)
- rwxrw - rw -   1   fyc   gsxdxt1   1220   may  4   19:45   fycxdxt1.txt
 drwxr -- r --   2   fyc   gsxdxt1   2340   apr  3   10:23   gsxdxt
⋮
$ _
```

如果用户希望把目录中每个文件的 i 节点都显示出来。可以利用 ls 命令和选项"-li"。

【例 3-23】 用"ls -li"命令列出文件的相关信息。

```
$ ls - li(按 Enter 键)
1221 - rwxrw - rw -    1 fyc   gsxdxt1 1220   may   4 19:45   fycxdxt1.txt
2450   drwxr—r --     1 fyc   gsxdxt1   40    apr   3 10:23   gsxdxt
⋮
```

上述内容的第一列所显示的是每个文件的 i 节点号,这是在命令行中加入选项"-i"后所起的作用。

在"ls"命令行中,可以不加入选项,命令的执行结果仅是列出指定目录的所有文件名。

【例 3-24】 用户要列出/usr/xdxt/grxdxt1 中的文件。

```
$ ls(按 Enter 键)
grxdxt1.txt      fyc11.c      fyc12.c      grxdxt2.txt      grxdxt3.txt
⋮
$ _
```

下面给出 ls 命令所列出内容各列的含义。

所列出的内容一行共分 8 部分。

第一部分,第一列：文件类型(有关文件类型,在前面的章节已做了介绍)。

第二部分,第二到第十列：文件的访问权限。这部分由 9 个字母组成,每三个字符一组共为三组,分别表示该文件的所有者(也称为文件属主),对该文件所拥有的阅读权(r)、写入权(w)和执行权(x)；文件同组对该文件的阅读权(r)、写入权(w)和执行权(x)；系统的其他用户,对该文件的阅读权(r)、写入权(w)和执行权(x)。

当用户对该文件没有其中任一权限时,就由符号"一"替代字母的位置。如例 3-23 中,列出的第一个文件 fycxdxt1.txt,则表明文件的所有者对文件有读、写和执行权限,而文件的同组用户和系统中的其他用户对文件仅有读、写权。有关文件的访问权限,在命令 chmod 中将详细介绍。

第三部分：链接数。表示该文件与其他文件的链接数,每个文件至少有一个链接,而目录文件至少有两个链接。每当用 ln 命令对文件处理后,该文件的链接数就增加 1。链接到给定文件的每个用户都可以对该文件做删除操作,只要还有别的链接存在,文件就依然存在,只是该文件的链接数减少 1。

第四部分：文件的所有者(也称为文件属主)。如果使用"-n"选项,则为 UID(用户标识)。

第五部分：同组拥有者。如果使用"-n"选项,则为 GID(同组标识)。

第六部分：文件的大小。如果该文件是符号链接,则为初始文件的绝对路径名的字符数。

第七部分：文件的最后修改日期和时间。

第八部分：文件名。如果该文件为符号链接，则文件名后面有“－＞”和引用文件的绝对路径名。

【说明】

(1) 该命令的选项可以单独一个也可以几个选项一起使用(如-a 、-li)，但几个选项一起使用时，选项间不得有空格；

(2) 该命令行中，允许一个选项一个选项地使用(如：$ ls -a -t -s)，但各个选项间必须用空格隔开。

3.6 操作管理文件的命令

3.6.1 文件的拷贝命令 cp

在 UNIX 系统中，提供了拷贝文件的命令 cp。cp 是 copy 的缩写，其描述为 copy groups of files，其含义是拷贝成组的文件。本命令可以把一个目录中的所有文件拷贝到另一个目录中。该命令还可以拷贝目录。

1. 命令 cp 的语法格式

```
cp  [option]  source   target
```

在此格式中，source 参数(源)表示现有的文件或目录；target 参数(目标)必须不同于 source，表示将源文件拷贝为目标文件的文件名或目录名。

如果目标文件存在或目标目录不存在，则建立一个与源文件的所有权和访问权限相同的文件。

下面对 cp 命令的选项作说明。

- -a：拷贝操作执行前，屏幕提示询问信息。
- -b：如果指定的目标目录中已经存在要拷贝的文件，加此选项就创建该文件的副本。这样可以防止用户覆盖一个以及存在的文件。
- -n：生成新的目标文件。如果目标文件已存在，则不进行拷贝。该选项仅适用于文件的拷贝而不适用于目录。
- -l：进行链接。不能链接特殊文件或目录(有关链接内容，可参阅命令 ln)。
- -ad：当 copy 遇到一个目录时，询问是否使用“-r”选项，如果回答 y，则进行拷贝。
- -m：设置与源文件相同的修改时间。如果无此选项，则修改时间为拷贝时间。
- -o：设置与源相同的属主和属组。如果无此选项，则所有者就是调用的用户。
- -r：拷贝每个文件和目录。对源目录中的子目录也进行拷贝。如果无此选项，则忽略目录。
- -v：在命令执行时产生提示信息。该信息说明命令正在将源文件拷贝到何处。如果与-a 共用，则不显示信息。

2. 命令 cp 的执行

【例 3-25】 利用 cp 命令，把目录/usr/xdxt/gsxdxt01 的内容拷贝到/usr/xdxt/gsxdxt02 目录中。在该命令行中不带选项。假设用户的当前目录在“/gsxdxt01”位置。

首先查看源目录中已有的文件：

```
$ ls -l /usr/xdxt/gsxdxt1(按 Enter 键)
/* 用 ls 命令列出指定目录中的内容 */
drwxr-xr-x  2  gsxdxt  xdxt      56     may   4 09:34   gsxdxt01
-rwxrw-rw-  1  fyc     gsxdxt1   1220   may   4 19:45   fycxdxt1.txt
drwxr—r--   2  fyc     gsxdxt1   40     apr   10:23     gsxdxt02
-rwxrw-rw-  1  fyc     xdxt      24816  jan   8 14:23   fycgsxdxt11.c
⋮
$ cp gsxdxt01 gsxdxt02(按 Enter 键)
$ ls -l gsxdxt02(按 Enter 键)
-rwxrw-rw-  1  fyc     gsxdxt1   1220   may   4 19:45   fycxdxt1.txt
-rwxrw-rw-  1  fyc     xdxt      24816  jan   8 14:23   fycgsxdxt11.c
$ _
```

由于命令 cp 未带选项，它仅把源目录中的文件拷贝到目标目录中，而不能把源目录所带的子目录一起拷贝到目标目录中。

如果不用选项“-r”，copy 命令只能拷贝目录树形结构中的一级目录中的全部内容。也就是说，选项“-r”可以把目录以及该目录所带的所有子目录的内容全部拷贝到目标目录中。

【例 3-26】 将 gsxdxt 目录中的所有临时文件拷贝到 gsxdxt01 子目录中。拷贝文件前，系统询问是否拷贝。

```
$ cp -a /gsxdxt/tmp* gsxdxt01(按 Enter 键)
copy file /gsxdxt/tmp? y        ……用户回答 y.
copy file /gsxdxt/tmp1? y       ……用户回答 y.
copy file /gsxdxt/tmp2 n        ……用户回答 n.
⋮
```

用户可以用 ls 命令检查拷贝的结果。

```
$ ls -l(按 Enter 键)
-rw-r—r--   1  xdxt  group  3245 jan 23   09:23  tmp.txt
-rw-r—r--   1  xdxt  group  6745 jan 26   10:02  tmp1.txt
$ _
```

用户可以通过 cp 命令带选项“-l”把一个目录的文件全部链接到另一个目录中。链接后，这两个目录中的文件具有相同的 i 节点号(也称为索引号。有关 i 节点的详细内容请参阅 2.2 节的内容)。

```
$ cp -l gsxdxt01 gsxdxt02(按 Enter 键)
⋮
$ _
```

下面用图 3-2 来说明命令 cp 的执行情况。

假定系统中现有目录 tmp 和 feng，现在需把 tmp 目录的内容拷贝到 feng 目录中。

拷贝前 tmp 目录有如图 3-2(a)所示的内容。

拷贝前 feng 目录的内容如图 3-2(b)所示。

可以从图 3-3 的显示内容了解命令 cp 执行后情况。当命令 cp 执行后，目录 feng 中已经存放了目录 temd 的全部内容。

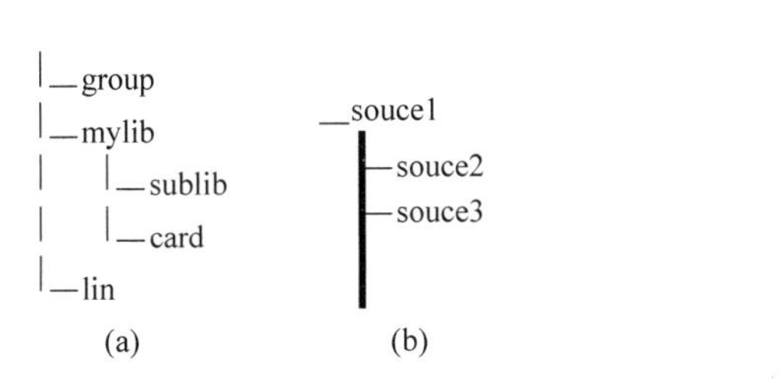

图 3-2 cp 命令执行前的情况

```
—souce1
    ┣ souce2
    ┣ souce3
|— group
|— mylib
|    |— sublib
|    |— card
|— lin
```

图 3-3 cp 命令执行后的情况

从图 3-3 可以看出，命令 cp 是把源文件(目录)整个拷贝到目的文件(目录)中。

【例 3-27】 将目录 gsxdxt01 中的 C 语言源文件 fycxdxt11. c 拷贝到 grxdxt01 目录中改名为 grxdxt001. c。

```
$ cp /usr/xdxt/gsxdxt01/fycxdxt11.c  /usr/xdxt/grxdxt01/grxdxt00.c(按 Enter 键)
```

可以用命令 ls 来确认拷贝的结果。

```
$ ls - l(按 Enter 键)
⋮
$ _
```

【注意】

(1) 在使用 cp 命令时，应该尽量避免创建与原来同名的文件，因为，这样做的结果是所创建的新文件将会把原来的同名文件给替代了(因为文件名相同的原因)。在有的版本 UNIX 系统中，拷贝命令有 copy 和 cp 之分，这两个文件拷贝命令的功能几乎相同。

(2) cp 命令行中，所带的参数(源文件、目的文件)可以用通配符“ * 、?”。

(3) 在使用 cp 命令时，最好加选项“-b”(backup)，以防止覆盖一个已经存在的文件。

3.6.2 文件的拷贝命令 copy

在 UNIX 操作系统中，还提供了一个与 cp 命令功能几乎完全相同的文件复制命令 copy。它的英文描述为 copy groups of files。其功能是复制成组的文件。比如，将一个目录中的所有文件复制到另一个目录。

该命令的语法格式：

```
copy [option]  source  target
```

下面说明该命令常用的选项。

- -a：复制前屏幕提示询问信息。
- -n：生成新的目标文件。如果目标文件已存在，则不进行复制。该选项只适用于文件的复制而不适用于目录。
- -ad：当命令 copy 遇到一个目录时，询问是否使用选项"-r"，如果回答 n，则目录忽略，不复制。
- -l：进行链接。不能对特殊文件或目录链接。
- -m：设置与源文件相同的修改时间。如果无此选项，文件的修改时间则为拷贝时间。
- -o：设置与源文件相同的属主和属组。如果无此选项，则文件的所有者就是调用文件的用户。
- -r：拷贝每个文件和目录。对源目录中的子目录也进行拷贝。如果无此选项，则忽略目录。
- -v：在命令执行时产生提示信息。该信息说明命令正在将源文件拷贝到何处。如果与"-a"共用，则不显示信息。

【例 3-28】 将当前目录/xdxt 中的所有文件复制到/grxdxt 目录中。

```
$ copy ./ * - v /usr/grxdxt(按 Enter 键)
copy file ./fycxdxt.c
copy file ./fycxdxt1.c
⋮
copy file ./fycxdxt0001.txt
$ _
```

【说明】

本例的命令行中，第一次使用了通配符"＊"。它可以取代任何文件名。

【例 3-29】 将当前目录中的文件 fycxdxt0001. txt 复制到目录/usr/grxdxt/grxdxt0001. txt 中，并使用链接替代。

```
$ copy  - l ./fycxdxt0001.txt /usr/grxdxt/grxdxt0001.txt(按 Enter 键)
```

此时，用户可以用命令"ls -li"来查看文件复制后所产生的链接情况。

```
$ ls - li ./fycxdxt0001.txt(按 Enter 键)
4589 - rw - r—r -- 2  xdxt  group  2378  apr  4  19:23  fycxdxt0001.txt
$ ls - li /usr/grxdxt(按 Enter 键)
4589 - rw - r—r -- 2  xdxt  group  2378  apr  4  19:23  grxdxt0001.txt
```

从上述操作中，可以发现 fycxdxt0001. txt 和 grxdxt0001. txt 文件的链接数均为 2，i 节点号一样，说明源文件与目的文件有链接关系。

3.6.3 文件的移动命令 mv

在 UNIX 系统中，提供了文件移动命令 mv，它来源于英文 move，其英文含义是 move or rename files and directories，即移动或更名文件和目录。该命令的主要功能是移动文件、目录或者给文件、目录改名。

该命令的语法格式：

```
mv [ - fibv] source file  target file
mv [ - fibv] source file  target directory
```

下面对 mv 命令的选项作说明。

- -f：如果目标文件已经存在就强制删除目标文件(实际上是用源文件的内容覆盖目标文件的内容)，而不要求确认；
- -i：如果目标文件已经存在，要求确认；
- -b：如果目标文件已经存在，就制作该文件的拷贝；
- -v：该选项来源于英文 verbose，意思是累赘的/冗长的，该命令执行时，系统提示相关信息。

【例 3-30】 将目录/usr/xdxt 中的文件 xdxtxx001. txt 改名为 gsxdxt0001. txt。

```
$ pwd(按 Enter 键)
/usr/xdxt
$ mv xdxtxx001.txt gsxdxt0001.txt(按 Enter 键)
$ ls - l(按 Enter 键)
- rw - r—r -- 1  xdxt  group  3245 jan 23   09:23  gsxdxt0001.txt
⋮
$ _
```

上述操作中，如果 gsxdxt0001. txt 不存在，源文件 xdxtxx001. txt 就改名；如果 gsxdxt0001. txt 已经存在，源文件 xdxtxx001. txt 将被覆盖或者先删除再生成新文件 gsxdxt0001. txt。

【例 3-31】 将目录/usr/xdxt 中的 xdxtxx0001. txt、xdxtxx0002. txt 和 xdxtxx001. c 三个文件移动到目录/usr/xdxt/gsxdxt 中。

```
$ cd(按 Enter 键)
$ pwd(按 Enter 键)
/usr/xdxt
$ ls - l xdxtxx00?. * (按 Enter 键)
- rw - r—r --   1  xdxt  group  3245 jan 23   09:23  xdxtxx0001.txt
- rw - r—r --   1  xdxt  group  6745 jan 26   10:02  xdxtxx0002.txt
- rw - r—r --   1  xdxt  group  2345  apr 2   11:34  xdxtxx0001.c
⋮
$ mv xdxtxx0001.txt xdxtxx0002.txt xdxtxx0001.c /usr/xdxt/gsxdxt(按 Enter 键)
$ cd /usr/xdxt/gsxdxt(按 Enter 键)
$ pwd(按 Enter 键)
/usr/xdxt/gsxdxt
$ ls - l xdxtxx000 * . * (按 Enter 键)
- rw - r—r --   1  xdxt  group  3245 jan 23   09:23  xdxtxx0001.txt
- rw - r—r --   1  xdxt  group  6745 jan 26   10:02  xdxtxx0002.txt
- rw - r—r --   1  xdxt  group  2345  apr 2   11:34  xdxtxx0001.c
⋮
```

用户再返回到源目录/usr/xdxt中，用命令ls显示上述文件时，系统则提示文件不存在。

```
$ cd /usr/xdxt(按 Enter 键)
$ ls -l xdxtxx000?.*(按 Enter 键)
xdxtxx000?.* not found.   /*系统显示没有发现用户所指定的文件*/
$ _
```

上述操作完毕，即把三个文件从源目录搬移到目标目录中。

【例3-32】 将根目录下的/daikuan子目录移到/usr目录下。

```
$ mv /daikuan  /usr/daikuan(按 Enter 键)
$ _
```

上述操作后，/daikuan子目录将不存在，而替代它的是目录/usr/daikuan。该命令的这项功能与磁盘操作的mkdir相似。用mv命令移动文件的范围限制在一个文件系统内。

【注意】

该命令的执行结果是把文件从一个目录搬移到另一个目录，或者在同一个目录中为源文件改名；而拷贝命令cp则是为文件产生副本。

3.6.4 删除文件的命令rm

在UNIX系统中，提供了删除文件的命令rm。rm来源于英文remove。其英文含义为remove files and directories，即删除文件和目录。该命令的功能是删除一个或多个文件或者目录。

该命令的语法格式：

```
rm [i][-r][-f] filename or directoryname
```

下面说明该命令的选项。

- -i：在删除任何文件之前要求用户给予确认；
- -r：递归地删除指定的目录及该目录下的所有文件和子目录；
- -f：不需用户确认就删除用户不具有写许可权限的文件。

【例3-33】 删除目录/usr/xdxt中有关个人信贷方面的文件grxdxt0001.txt和grxdxt0002.txt。

```
$ cd (按 Enter 键)
$ pwd(按 Enter 键)
/usr/xdxt
$ ls -l(按 Enter 键)
-rwxr-wr-w  1  xdxt  group   3423  apr 4  12:23  grxdxt0001.txt
-rwxr-wr-w  1  xdxt  group   4532  jun 6  09:34  grxdxt0002.txt
-rw-r—r--   1  xdxt  group  12345  apr 2  11:34  grxdxtxx0001.c
⋮
```

```
$ rm - i grxdxt0001.txt grxdxt0002.txt(按 Enter 键)
$ _
```

现在命令 rm 已经把指定的两个文件删除了，用户可以再次用“ls -l”来列文件名。查看该命令的执行结果。

```
$ ls - l(按 Enter 键)
- rw - r—r --   1  xdxt  group  12345  apr 2   11:34  grxdxtxx0001.c
⋮
$ _
```

从上面所显示的结果可以看出，grxdxt0001. txt 和 grxdxt0002. txt 这两个文件已经被命令 rm 删除了。

【例 3-34】 删除/usr/xdxt 目录下的子目录/grxdxt01 以及其中的文件。

```
$ rm - r /usr/xdxt/grxdxt01(按 Enter 键)
$ _
```

【注意】

(1) 删除命令 rm 的功能非常强大，用户在使用该命令时，应特别谨慎。

(2) 在该命令中尽量少用通配符“ * ”来替代文件名的字符。

(3) 在该命令中尽量少用选项“-r”，在执行命令 rm 时，最好带选项“-i”。

(4) 该命令比磁盘操作的删除命令 rmdik 的功能要强大许多，因为命令 rm 可以删除不空的目录，而命令 rmdik 则只能删除空目录。

3.6.5 文件归档命令 tar

在 UNIX 操作系统中，提供了文件归档命令 tar，它是英文 tape archiver 的缩写，其含义为 archiver files，即文件归档。tar 命令，最早是为磁带存储设备而设计的，它的功能是把归档文件存入存储器内或从保存归档文件的存储器中恢复文件。

该命令的语法格式：

```
tar [key][file]
```

【说明】

tar 命令的上述语法格式中，file 是要备份或需恢复的文件。

key 是一个字符串，它包含一个功能字符，控制命令 tar 的功能。tar 命令仅能用其中一个选项。这些选项列示如下。

- r：把所指定的文件(file)写到现存档案存储介质的末尾，而不是生成一个新文件；
- x：从档案存储介质中读取所指定的 file；
- t：列出档案存储介质中的文件名；
- u：如果所指定的 file 不在档案存储介质上或者自从上一次写档案存储介质之后该文件被修改过，就将其写到档案存储介质上；

- c：建立一个新档案，覆盖已有的同名文件；
- v：显示每个被处理的文件名；
- f：使用 tar 命令时利用后面一个参数作为归档文件名(指定设备文件名)，而不是列在/etc/default/tar 文件中的默认设备名；
- n：标志归档的设备不是磁带。

【例 3-35】 从当前目录开始，将整个目录树的文件备份到设备/etc/rct0 中。

```
$ tar cvf /dev/rct0 .(按 Enter 键)
```

此命令行末尾的“.”是当前目录。

【例 3-36】 将磁带设备/dev/rct0 上的数据恢复到文件系统中。

```
$ tar xvf /dev/rct0(按 Enter 键)
```

【例 3-37】 将当前目录下的所有文件备份到默认的设备中。

```
$ tar cv *(按 Enter 键)
```

用户可以用命令 tar 将多个文件打包成一个单一的文件，然后用户再用命令 tar 将所打包的文件恢复。

【例 3-38】 用户将目录 xdxt 下的所有子目录(有的书上称为目录树)中的文件进行打包备份成一个文件(xdxt.tar)。

```
$ tar cvf xdtx.tar xdxt(按 Enter 键)
```

从所打包的文件中恢复：

```
$ tar xvf xdxt.tar(按 Enter 键)
```

文件归档命令 tar 可以与压缩命令 compress 合用，以通过网络完成一个目录的复制。

【例 3-39】 调用命令 tar 和命令 compress 通过网络复制一个目录树。也就是将主机系统 A 的信息通过网络传输到系统 B 中。

在主机 A 的用户输入如下的命令，把所要传输的文件打包。

```
# tar cvf xdxt.tar xdxt(按 Enter 键)
```

【说明】

cvf 为创建新档案，每处理一个文件，就打印出文件的文件名，指定设备文件名(xdxt.tar)。

此操作将整个 xdxt 目录树，保存到一个文件“xdxt.tar”中。

```
# compress xdxt.tar(按 Enter 键)
```

此操作压缩后生成一个文件名为“xdxt.tar.z”的压缩文件。

利用 UNIX 系统的 ftp 或 E-mail 通过网络将压缩文件 xdxt.tar.z 传送到另一主机 B 中。

在主机 B 上应完成的操作：

```
#uncompress xdxt.tar.z(按 Enter 键)
```

此操作将压缩文件 xdxt.tar.z 解压，还原为 xdxt.tar。

```
#tar xvf xdxt.tar(按 Enter 键)
```

此操作将文件 xdxt.tar 归档，恢复数据。

利用这种方法可以把整个目录树从一台 UNIX 主机中复制到另一台 UNIX 主机上。

人们在 Internet 网络中见到的许多以“.tar.z”为后缀的文件，就是利用此方法复制出来的。平时运用的 Windows 操作系统中的 WINZIP、WINRAR 等软件均可以识别 UNIX 操作系统的.tar 格式的文件和 .z 格式的压缩文件。

3.7 显示文件内容的相关命令

3.7.1 连接和显示文件命令 cat

在 UNIX 系统中，提供了命令 cat，cat 来源于英文 concatenate，本单词的中文意思是联系、连接，在此是描述 concatenate and display files，即连接和显示文件。该命令的功能主要是：

① 显示文件的内容；

② 建立小型文本文件；

③ 连接数据文件。

该命令的语法格式：

```
cat [-u][-n][-s][-v][-t][-e] file1…
```

下面说明该命令的选项。

- -u：输出时不经过缓冲区；
- -n：显示文件内容和行号；
- -s：文件不存在时，该命令不产生警告信息；
- -v：以替代符号来显示无法打印的字符；
- -t：与选项“-v”一起用，将制表符(tabs)、换行符(form-feeds)分别用“^I”和“^L”替代打印出来；
- -e：与选项“-v”一起用，在显示文件内容的每行结束处加上“$”字符。

【例 3-40】 利用电子手册命令 man 来显示 cat 命令的全部信息。为了以后能方便地调用命令 cat 的有关内容，用户利用 UNIX 系统的输出重定向符，将命令 man 执行的结果不在屏幕上显示而保存在用户指定的文件名中。用户输入如下命令：

```
$ man cat > cat.txt(按 Enter 键)
/* man 命令将 cat 命令的全部信息利用重定向输出">"符号保存在 cat.txt 文件中 */
```

```
$ cat cat.txt(按 Enter 键)
cat (c)
*****
cat   -- concatenate and display files
Syntex
======
cat  [ - u] [ - s] [ - v] [ - t] [ - e] [file… ]
Description
======
cat reads each file in sequence and writes it on the standard output. If no input file is
given, or if a single dash ( - ) is given, cat reads from the standard input. the options are:
- s  Suppresses warnings about nonexistent files.
- u  Causes the output to be unbuffered.
- v  Causes non - printing characters (with the exception of tabs, new lines, and form feeds)
to be display. Control characters display as ^X (<ctrl>x), where X is the key pressed with
thw <ctrl> key (for example, <ctrl> m is displed as ^m). the <Del> characters (octal 0177)
is printed as ^?. Non - ASCII characters (with the high bit set)are printed as M - x , where x
is the character specified by the seven low order bits.
- t Causes tabs to be printed as ^I and form feeds as ^L. This optin is ignored if the - v
option is not specified.
- e Causes a " $ "character to be printed at the end of each line (prior to the new - line). this
option is ignored if the - v option is not set.
Exit values
============
cat returns the follwing values:
0  all input files were output successfully
> 0 an error occurred
Examples
=============
The following example display file on the standard output:
cat file
The following example concatenates file1 and file2 and places the result in file3:
cat file1 file2 > file3

The following example concatenates file1 and appends it to file:
cat file1 >> file2
Warning
==========
Command lines such as:
cat file2 file2 > file1
will cause the original data in file1 to be lost; therefore, you must be careful when using
special characters.
See also
============
cp (c), pr(c)…
```

从上面所显示的内容可以看出,命令 cat 的功能与 DOS 系统中的命令 type 相类似,cat 命令运行也是不停顿地显示整个文件的内容。所以命令 cat 一般用于显示小型文件(最好其内容在 24 行内),cat 命令允许在文件名中使用通配符。

这里主要介绍了命令 cat 显示文本文件和重定向输出符“＞”的作用。

【例 3-41】 利用命令 cat 建立文本文件 fyctext1. txt。

```
$ cat > fyctext1.txt(按 Enter 键)
UNIX Operation System you must be careful when using special characters.
<ctrl + d>   /* 用户通过键盘输入所需编辑的内容,需退出编辑,按 Ctrl + D 组合键 */
$ _
```

这样，当用户通过键盘输入完毕后，按 Ctrl＋D 组合键，就将内容存盘并退出，则文本文件建立完毕，系统显示提示符。

【例 3-42】 利用命令 cat 把文件 fyctext1. txt 和 fyctext2. txt 连接后保存在 fyctext3. txt 中。

现在先利用命令 cat 建立文本文件 fyctext2. txt。

```
$ cat > fyctext2.txt(按 Enter 键)
The following example concatenates file1 and appends it to file.
<cttrl + d> /* 用户通过键盘输入所需编辑的内容,需退出编辑,按 Ctrl + D 组合键 */
$ cat fyctext1.txt fyctext2.txt > fyctext3.txt(按 Enter 键)
UNIX Operation System you must be careful when using special characters.
The following example concatenates file1 and appends it to file.
$ _
```

这里调用命令 man 与前面 3.3.4 小节中的例 3-12 稍有不同。前面是用命令 man 搜索到用户所需命令的相关信息后，直接显示在屏幕上；这里所调用的 man 命令搜索到用户所需命令的相关信息后，不直接显示在屏幕上，而是借助于重定向输出符“＞”把所检索到的信息保存在用户指定的文件名中，供用户今后随时调用。

【注意】

如果重定向输出符“＞”后面的文件已经存在，则该文件的内容将被覆盖。当然有另一个重定向输出符“＞＞”可以将源文件的内容附加在目的文件的后面。重定向输出符“＞”、”＞＞”和重定向输入符“＜”、“＜＜”将在后面的章节中详细介绍。

cat 命令可以把若干个文件连接在一起，每个文件名之间用空格隔开。

3.7.2 确定文件类型命令 file

在 UNIX 操作系统中，提供了 file 命令，它的英文描述是 determine file type，即确定文件类型。该命令的功能是显示文件的类型。在日常操作中，此命令对系统管理员维护整个系统来讲是很有用的。

该命令的语法格式：

```
file [ - ch][ - f ffile][ - m mfile]argment…
```

下面对 file 选项作说明。

- -c：为格式错误的文件核查幻数(有的称为“不可思议”)文件(magic)；
- -h：不遵循符号链接；

- -f ffile：将 ffile 看做包含被测文件名称的一个文件；
- -m mfile：使用 mfile 作为幻数文件。

通常，利用命令 file 测试的文件类型有以下几种。

empty：空文件；

directory：目录文件；

English text：英文正文文件；

ascii text：ASCII 正文文件；

command text：命令语言编写的命令正文程序（如 shell 命令语言编写的脚本文件 shell script）；

assembler program text：汇编语言程序的正文程序；

C program：C 语言正文程序；

relocation text：用于连接的目标文件；

executable：可执行的目标代码文件。

下面，调用命令 file 来测试/bin 目录中所有文件的类型。

【例 3-43】 测试/bin 目录中的文件类型。

```
$ file /bin/ * (按 Enter 键)
/bin/STTY: ELF 32 - bit LSB executable 80386
/bin/[: commands text
/bin/acctcom: ELF 32 - bit LSB executable 80386
/bin/alias:sh commands text
/bin/auths: ELF 32 - bit LSB executable 80386
/bin/basename: ELF 32 - bit LSB executable 80386
/bin/cat: sh commands text
/bin/cd: sh commands text
/bin/chgrp: ELF 32 - bit LSB executable 80386
/bin/chmod: ELF 32 - bit LSB executable 80386
/bin/chwon: ELF 32 - bit LSB executable 80386
⋮
$ _
```

上面显示的内容说明在/bin 目录中所存放的 UNIX 系统的各个命令所属类型。对用户更直观地了解系统命令很有帮助。

【例 3-44】 快速查询有关文件/bin、/etc、/bin/passwd、/usr、/etc/passwd、/etc/default/passwd 的类型（各个文件之间用空格隔开）。

```
$ file /bin /etc /usr /bin/passwd /etc/passwd /etc/default/passwd(按 Enter 键)
/bin: directory
/etc: directory
/usr: directory
/bin/passwd: ELF 32 - bit LSB executable 80386
/etc/passwd: ascii text
/etc/default/passwd: English text
$ _
```

3.7.3 一次一屏显示文本文件内容的命令 more

在 UNIX 操作系统中，提供了命令 more，它的含义是 viewd file one screenful at a time，即一次一屏显示文本文件的内容。它是按屏幕大小来显示文件内容的。

该命令的语法格式：

```
more [ + 行号][ + /字符串][ - cders]filename
```

下面说明命令中常用的选项。

- ＋行号：从文件中指定的行号开始显示；
- ＋/字符串：从文件中指定的字符串的前两行开始显示；
- -c：清屏、显示文件内容；
- -d：在每屏的底部提示"filename(xx%)[Hit spac to continue，Del to abort.]"；
- -e：在显示文件的最后一行后立即退出；
- -r：文件中的按 Enter 键符被显示为"^M"；
- -s：将文件中的多个空格行压缩为一个空格行；
- -i：执行模式匹配，不区分大小写。

【例 3-45】 用命令 more 显示文件 fyctext3. txt(按 Enter 键)。

```
$ more fyctext3.txt(按 Enter 键)
UNIX Operation System you must be careful when using special characters.
The following example concatenates file1 and appends it to file.
...
$ _
```

【例 3-46】 调用命令 more 从文件 fycxdxt0001. c 的第 300 行开始显示文件内容。

```
$ more + 300 /usr/xdxt/fycxdxt0001.c(按 Enter 键)
...
$ _
```

由于文件 fycxdxt0001. c 是 C 语言编写的源程序，它是由 Vi 编辑软件编辑的，属于文本文件，是可阅读的。所以可以利用 more 命令来显示其内容。也就是说，命令 more 可以显示的文件应该是 ASCII 文件。

【例 3-47】 调用命令 more 从文件 fycxdxt0001. c 中第一次出现"UNIX"的行开始显示。

```
$ more + /"UNIX" /usr/xdxt/fycxdxt0001.c(按 Enter 键)
...
$ _
```

如果被显示的文件有许多屏，则命令在显示完第一屏后，就停下来等用户按 Space 键连续显示，按 Del 或 q 键退出。

通常，用户可以把 more 命令和 cat 命令结合使用，能更好地浏览文本文件的内容。

3.7.4 打印前的预处理命令 pr

在 UNIX 系统中，提供了 pr 命令，它是 print 的缩写，其功能是按打印纸的大小来显示文件的内容。此命令与 Windows 操作系统中办公软件 Office 中 Word 编辑软件的文件菜单内的版面设置功能相似。pr 命令常用作打印前对要打印的文件进行宽度、长度的设置，并在每页加上页号、日期和时间，可在一页上并列打印一个或几个文件的内容。实际上 pr 命令是一个打印前的预处理程序，经该命令进行格式处理生成的文件，可直接送打印机打印。

pr 命令的语法格式：

```
pr [option][flie1 file2 … ]
```

下面说明此命令中的常用选项。

- -h：用指定的字符串即把 h 后面的字符串作为标题放在每页的页首；
- ＋n：从第 n 页开始显示；
- -n：产生 n 列输出(这里 n 为一正整数)；
- -wn：设置页的宽度为 n 个字符，而该命令的宽度默认值是 72 个字符；
- -ln：设置页的长度为 n 行，而该命令的长度默认值是 66 行；
- -m：在一页中同时显示该命令行中所指定是若干个文件。

【例 3-48】 用命令 pr 显示/etc/passwd 文件的内容。

```
$ pr /etc/passwd(按 Enter 键)                /* 不带选项的 pr 命令 */
May 5 09:34 2001  /etc/passwd   page 1       /* 在显示内容的第一页加上标题 */
root:Tftwe56gghj:0:0:The super :/:/bin/sh
bin:NOLOGIN:3:3:System file adming::205:50::/usr/liming:/bin/sh
⋮
$ _
```

【例 3-49】 利用命令 pr 和选项"-h"给每页的页首设置标题。

```
$ pr - h " ****** C 语言源程序 ****** "/ fycxdxt0001.c(按 Enter 键)
Jan 5 12:23 2001  ****** C 语言源程序 ******   page 1
⋮                                   /* 屏幕上将显示 fycxdxt0001.c 文件的内容 */
$ _
```

【例 3-50】 在屏幕上按两列方式显示出文件/etc/passwd 的内容。

```
$ pr - 2 /etc/passwd(按 Enter 键)
root:Tftwe56gghj:0:0:Thesuper:/:/bin/sh    bin:NOLOGIN:3:3:System file adminis
liming::205:50::/usr/liming:/bin/sh         lp:NOLOGIN:14:3:Print spooler admin
⋮
$ _
```

【例 3-51】 命令 pr 可以与重定向输出符“>”一起运用，把经过格式处理后的文件保存在用户给定的文件名的文件中。

```
$ pr -m file1 file2 > file3(按 Enter 键)
$ _
```

3.7.5 显示指定文件的开始部分命令 head

在 UNIX 系统中，提供了命令 head，此命令的功能是显示指定文件的开始部分(默认值为前 10 行)。也可以在命令行中指定多个文件。这对于快速了解数个大文件是非常有用的。

该命令的语法格式：

```
head [ -n][ -lc]filename…
```

下面说明该命令中的选项。

- -n：是一正整数，它确定显示文件的多少行(不带选项，则显示文件的前 10 行)；
- -l：以行计数所显示的文件；
- -c：以字符计数所显示的文件。

【例 3-52】 显示当前目录下文件 fycxdxt0001.c 的前面开始部分。

```
$ head fycxdxt0001.c(按 Enter 键)
⋮
```

【例 3-53】 显示当前目录下文件 fycxdxt0001.c 的前面 5 行。

```
$ head -5 fycxdxt0001.c(按 Enter 键)
⋮
$ _
```

【例 3-54】 显示文件 fycxdxt0001.c、fycxdxt0002.c、fycxdxt0003.c 的前 10 行。

```
$ head fycxdxt0001.c、fycxdxt0002.c、fycxdxt0003.c(按 Enter 键)
⋮
```

该命令还可以带文件通配符“*、?”，如果显示当前目录中所有的 C 语言源程序 fycxdxt*.c 的前 10 行内容，用户输入的命令则是：

```
$ head fycxdxt*.c(按 Enter 键)
⋮
$ _
```

3.7.6 显示文件尾部的命令 tail

在 UNIX 系统中，提供了命令“tail”，它能快速地检查指定文件的最后部分(默认值为最后 10 行)。

该命令的语法格式：

```
tail [±n单位]filename
```

该命令的选项说明：

这里的 n 是一正整数，它确定显示文件的最后多少行；

单位是指用户是用 Line 行(默认)、Character 字符或 Block 块为单位。

【例 3-55】 显示文件 fycxdxt0001.c 的最后 10 行。

```
$ tail fycxdxt0001.c(按 Enter 键)
⋮
```

【例 3-56】 显示文件 fycxdxt0001.c 的最后 23 行。

```
$ tail -23 fycxdxt0001.c(按 Enter 键)
⋮
$ _
```

如果用户需要从文件的第 100 个字符开始显示，所输入的命令为：

```
$ tail +100c fycxdxt0001.c(按 Enter 键)
$ _
```

3.7.7 带行号显示文件内容的命令 nl

在 UNIX 系统中，提供了命令 nl，它的主要功能是在显示一个文本文件时，给该文件加上行号。这对程序人员在调试程序时非常有用。

该命令的语法格式：

```
nl [option] filename
```

下面说明该命令中的选项。

- -ba：对文件的所有行编号；
- -bt：只对可打印的行编号；
- -bn：不编号；
- -bp：对含有指定字符的行编号；
- -v：确定开始编号行的初始值(默认为 1)；
- -i：确定相邻两个行号间的间隔(默认为 1)；
- -s：确定行号与文本部分之间的分隔符；
- -w：确定行号的位数(默认为 6 位)。

下面以一个 C 语言编写的小程序 fycxdxt10.c 为例，说明该命令的功能。

【例 3-57】 不带选项的 nl 命令(最常用的方式)显示一个 C 语言源程序 fycxdxt10.c。

```
$ nl fycxdxt10.c (按 Enter 键)

1 /* 计算一个整数的绝对值 */
```

```
2 main()
3 {
4        int shuju;

5     printf ("输入所要计算的数.\n");
6        scanf (" % d",&shuju);

7     if (shuju < 0)

8     shuju = - shuju;


9     printf ("该数的绝对值是 % d\n",shuju);
10    }

$ _
```

【例 3-58】 以上面例 3-57 所显示的文件 fycxdxt10.c 为基础,把起始行号设为 10,行号间隔为 5,所有的行都加上行号。

```
$ nl - v10 - i5 - ba fycxdxt10.c(按 Enter 键)

10 /* 计算一个整数的绝对值 */
15
20  main()
25 {
30       int shuju;
35
40     printf ("输入所要计算的数.\n");
45    scanf (" % d",&shuju);
50
55    if (shuju < 0)
60    shuju = - shuju;
65
70    printf ("该数的绝对值是 % d\n",shuju);
75   }
80
$ _
```

【例 3-59】 只给要显示的文本文件中包含指定字符的行加行号,行号与文本之间要冒号分隔。

```
$ nl - bp printf - s": "fycxdxt10.c(按 Enter 键)  /* 计算一个整数的绝对值 */
main()
{
        int shuju;

1:      printf ("输入所要计算的数.\n");
        scanf (" % d",&shuju);
```

```
        if (shuju < 0)

        shuju = - shuju;


2:   printf ("该数的绝对值是 % d\n", shuju);
   }
$ _
```

该命令还可以与重定输出符“>”一起使用，例如：

```
$ nl  file1 >  file2(按 Enter 键)
$ _
```

命令 nl 将文件 file1 处理后不显示在屏幕上而是保存在以文件名 file2 的文件中。

3.7.8 文件链接的命令 ln

在 UNIX 系统中，提供了命令 ln，它是英文 link 的缩写，其描述为 make a link to a file，即建立文件的链接。该命令的功能是给指定的文件建立一个链接(也称为别名)。在 UNIX 系统中，允许一个文件有多个别名(但该文件只有一个 i 节点号)。当对一个文件或者对它的链接(别名)进行修改时，将会影响到文件本身的内容。建立别名的目的主要是用户对文件的共享。此命令可实现软、硬链接。这里所介绍的是软链接。

该命令的语法格式：

① ln [-f][-s] sourcefile targetfile

② ln [-f][-s] sourcefile … directory

下面说明 ln 命令中的选项。

- -f：强制建立链接；
- -s：建立符号链接(软链接)。

在格式①中，sourcefile 是一个已有的普通文件，targetfile 是链接名字(文件的别名)；

在格式②中，可对一个文件建立多个链接，并把这些链接存放在指定的目录中。

【例 3-60】 把文件 fycxdxt10. c 链接到 fyc10. c。

先利用命令“ls -li”列文件信息：

```
$ ls - il(按 Enter 键)
4768 - rwxrw - rw - 1  fyc  xdxt   1023 jan  04  11:10  fycxdxt10.c
```

这里所显示的“4768”是文件 fycxdxt10. c 的 i 节点号。

```
$ ln fycxdxt10.c fyc10.c(按 Enter 键)
```

再次用命令“ls -il”显示被链接后文件 fyc10. c，查看其 i 节点是否与源文件相同。

```
$ ls  - li fyc10.c(按 Enter 键)
4768 - rwxrw - rw - 1  fyc  xdxt   1023 jan  04  11:10  fyc10.c
```

从所显示的内容可以发现，文件 fyc10.c 的 i 节点号等文件属性与它的源文件的 i 节点号等属性相同。

用户可以用命令"ls -il"来列出经过 ln 命令链接处理的文件信息，会发现源文件和链接文件(别名)的 i 节点号(也称为索引号)相同。这说明了用源文件名或用别名来调用所指定的文件，其效果是一样的。

前面所介绍的文件拷贝命令 cp 和 copy，在进行拷贝后产生的目的文件则与源文件的 i 节点号是不一样的。因为，UNIX 操作系统中，命令 cp 和 copy 执行的结果是创建了一新文件，每个文件必须有一个独立的 i 节点号，而文件系统是依据每个文件的 i 节点号来检索该文件的。

3.7.9 查找文件的命令 find

在 UNIX 操作系统中，提供了查找文件的命令 find，该命令的英文描述是 file find，它的功能是在 UNIX 系统的目录中按用户指定的条件来查找所需文件，并对所找到的文件进行操作(因为，该命令可以和其他命令一起合用)。

命令 find 的语法格式：

```
find pathname expression  动作选项
```

在该命令的格式中，find 命令是从指定的目录开始查找用户所需的文件。其查找的范围是以递归方式进行的，范围包括指定目录下的文件和所有子目录中的文件。

这里，pathname 是指定目录名称。它可以是多个目录组成，目录之间用空格隔开。若从当前目录开始查找，用户可以用"."来表示；若从根目录开始查找，则用符号"/"来表示。

该命令格式中，expression 是表示用户指定的查找条件，这些条件可以设定文件的时间、大小和文件类型等有关数据。

find 命令格式中的"动作选项"有以下三个。

(1) -print。打印(显示)find 命令查找到的所有文件名及其完全路径名。

(2) -exec。该选项后面紧跟对查找到的文件执行某种操作的命令(通常在命令行中的调用格式是"-exec cmd { } \;"，这里 cmd 指执行某种操作的命令)。

(3) -OK。同选项 exec，但在执行命令前要用"y/n"来回答系统的询问。

下面说明 find 命令的 expression 选项。

① -atime n：查找指定天数(n 表示)内没有进行读、写操作的文件；

② -ctime n：查找指定天数(n 表示)内没有进行修改操作的文件；

③ -group name：查找该组名 name 的文件；

④ -inum n：查找 i 节点号为 n 的文件；

⑤ -links n：查找链接数为 n 的文件；

⑥ -local：查找本地文件系统上的文件；

⑦ -mtime n：查找 n 天前后和当天修改或写入的文件；

⑧ -name：紧跟要查找的文件名，文件名可用“*、?、[、]”，通配符必须用双引号括起来；

⑨ -size n：紧跟要查找的文件的大小(n 表示文件大小，以块为单位)；

⑩ -type：紧跟要查找的文件的类型。文件的类型为：

- c：查找类型 c 的文件；
- b：查找块特殊文件；
- c：查找字符特殊文件；
- d：查找目录文件；
- f：查找普通文件；
- L：查找符号链接；
- P：查找 pipe 文件即管道文件。fifo 文件(first input first output file，先进先出文件)，管道文件也称为先进先出文件。

⑪ fifo 文件：因为管道文件的工作原理就是一个写进程将数据从管道入端写入，而一个读进程从管道的出端读取数据；或者说：一个命令的输出是另一个命令的输入；

⑫ -usr username：查找属于该用户的文件。

在 find 命令的 expression 选项可以用逻辑运算(not ,and,or)对查找条件进行组合，以达到用户最佳的要求。

在设置 not 运算前，要使用“!”。如：! -links 1 表示查找链接数不为 1 的文件。

设置 and 运算是连续给予选项。如：-name “fyc *” -mtime -10 表示查找的文件必须符合文件名称以 fyc 字符串开始的、10 天内曾被修改过的文件。

设置 or 选项是用-o 连接各个选项。

例如：find -name “fyc *” -o -name “xdxt *”表示查找的文件名称必须符合以 fyc 或者 xdxt 开始的文件。

【例 3-61】 在当前目录及其子目录中，查找所有的以.c 为扩展名的文件。

```
$find . - name " * .c" - print(按 Enter 键)
./xdxt/fycxdxt0001.c
⋮
$_
```

在例 3-61 中，把要查找的文件名用引号括起来，是防止 shell 命令解释程序把“ * ”扩充到当前目录下的文件列表中。

【例 3-62】 在当前目录中，查找大小等于 30 块的 C 语言源程序文件。

```
$find . - name " * .c" - size 30 - print(按 Enter 键)
⋮
$_
```

【例 3-63】 在当前目录中，查找大小大于 30 块的 C 语言源程序文件。

```
$find . - name " * .c" - size + 30 - print(按 Enter 键)
⋮
$_
```

【例 3-64】 在当前目录中，查找大小小于 30 块的 C 语言源程序文件。

```
$ find . - name " * .c" - size - 30 - print(按 Enter 键)
⋮
$ _
```

【例 3-65】 用文件属主定位文件。查找/usr 目录中所有属于用户 xdxt 的文件。

```
$ find /usr - user xdxt - print(按 Enter 键)
/usr/xdxt/xdxt001.txt
/usr/xdxt/xdxt002.txt
⋮
$ _
```

【例 3-66】 在当前目录及其子目录中查找所有以“.txt”为扩展名并在 3 天前 10 天内修改过的文本文件。

```
$ find . - name ".txt" - mtime + 3 - mtime - 10 - print(按 Enter 键)
/xdxt/xdxt001.txt
/xdxt/xdxt004.txt
⋮
$ _
```

【例 3-67】 删除当前目录及子目录中 100 天没有访问过的、大小大于 150 块的普通文件。

```
$ find . - type f - size + 150 - atime + 100 - exec rm { }\;(按 Enter 键)
$ _
```

这里，rm 命令的参数“{ }”代表所查找到的文件名，后面必须以“\;”结束。

【例 3-68】 在当前目录及其子目录中查找属于 xdxt 和 grxdxt 所有、扩展名为“.txt”的文件，并把这些文件删除。此例中需要运用逻辑 or 运算。能满足其中一个条件即可。

```
$ find . \ ( - user xdxt - o - user grxdxt\) - print - OK rm { }\; (按 Enter 键)
rm ./xdxt/xdxt001.txt y(按 Enter 键)
rm ./xdxt/xdxt002.txt y(按 Enter 键)
⋮
$ _
```

在例 3-68 中，用户可以根据自己的情况，用“y/n”确定是否删除文件。

【例 3-69】 从主目录开始查找 fycxdxt.c 的文件的路径名。

```
$ find $ HOME - name fycxdxt.c - print(按 Enter 键)
/usr/xdxt/fycxdxt.c
/usr/xdxt/gsxdxt/fycxdxt.c
/usr/xdxt/grxdxt/fycxdxt.c
/usr/xdxt/c/fycxdxt.c
⋮
$ _
```

在命令行中所调用的“$HOME”是一个系统变量,其中存放的变量值是用户登录后的主目录路径名。

find 命令还可以与管道操作符、拷贝命令一起实现文件的软盘备份(由于现在的外存储器中,大容量的 U 盘、移动硬盘很普及了,人们很少使用软盘来存放信息)。

【例 3-70】 用户把 xdxt 子目录中的文件备份到软盘上。

```
$ pwd(按 Enter 键)
/usr/xdxt
$ find ./ - print|cpio - ocv - o /dev/rfd0135ds18(按 Enter 键)
fycxdxt.c
fycxdxt1.c
⋮
256 blocks
$ _
```

在这个例子的命令行中调用了文件拷贝命令 cpio、设备文件“/dev/rfd0135ds18”,命令行中还应用了管道操作符“|”。

3.8 打印机操作的相关命令

3.8.1 打印命令 lp

在 UNIX 操作系统中,提供了文件打印命令 lp,它来源于英文 line printer,其功能是将指定文件的内容发送到打印机产生文件的硬(纸)拷贝。

【例 3-71】 打印文件 fycxdxt.txt 的内容。

```
$ lp fycxdxt.txt(按 Enter 键)
request id is lp1 - 8546  (1 file)

$ _
```

通常,UNIX 操作系统通过在屏幕上显示以下的信息来确认用户的请求(ID):

```
request id is lp1 - 8546  (1 file)
```

如果用户给出的文件不存在,则系统显示:

```
lp: can't access file "…"
```

或

```
lp: request not accepted.
```

在该命令行中,用户可以指定几个文件。

【例 3-72】 打印 fycxdxt1.txt、fyxxdxt2.txt、fycxdxt3.txt 三个文件。

```
$ lp fycxdxt.txt fycxdxt2.txt fycxdxt3.txt(按 Enter 键)
```

```
request id is lp1 - 6785   (3 files)
$ _
```

【说明】

(1) 各文件名之间应至少有一个空格隔开;

(2) 该打印命令一次只产生一个标题页(第 1 页),但每次开始打印一个文件时都换新页打印;

(3) 打印文件的顺序按各个文件在命令行中所处的顺序排列。

如果用户在命令 lp 后面不跟文件名,则可通过键盘直接输入,并在打印机上将所输入的内容打印出来。

【例 3-73】 通过键盘输入后,在打印机上打印出来。

```
$ lp(按 Enter 键)
Hello, we are computer user.
This is a test for checking the lp command.
[ctrl + d]       /* 用户结束键盘输入 */
```

系统显示:

```
request id is HP_Printer - L6p (standard input)
$ _
```

在命令执行中,每个打印请求都对应一个 id 号,用 id 号表示打印作业,如果要取消某一打印作业时,则需要输入该作业的 id 号。

lp 命令的常用选项有以下几项。

- -d: 在指定的打印机上打印作业;
- -m: 在完成打印请求后,向用户邮箱发送有关打印完成的信息;
- -n: 指定打印文件的打印份数;
- -s: 取消反馈信息;
- -t: 在输出的标题页(第 1 页)上打印指定的标题;
- -w: 打印请求完成后,向用户终端发送有关打印完成的信息。

【例 3-74】 在指定的 2 号打印机上打印用户文件 fycxdxt0001. txt。

```
$ lp - d lp2 fycxdxt0001.txt(按 Enter 键)
request id is lp2 - 5667   (1 file)
$ _
```

【例 3-75】 在 1 号打印机上打印用户文件 fycxdxt0001. txt,完成后向用户邮箱发送信息。

```
$ lp - m fycxdxt0001.txt(按 Enter 键)   /* 通常,1 号打印机被确定为默认打印机,所以用户在
输入命令时,可以不指定打印机的号 */
request id is lp1 - 7646   (1 file)
$ _
```

在打印完成后,用户邮箱会收到如下的信息:

```
From LOGIN:
Printer request lp1 - 7646   has been printed on the printer lp1.
```

UNIX 操作系统的另一个版本 Linux 系统中也有一个类似于命令 lp 的打印文件命令 lpr,这两个命令可以兼容。

3.8.2 获取打印机状态的命令 lpstat

在 UNIX 操作系统中,提供了一个获取打印机状态的命令 lpstat,它是英文 line printer status 的缩写,其功能是给用户提供系统中有关打印请求、打印机状态的信息。

该命令的语法格式:

```
lpstat [ - d]
```

选项说明:

-d 为打印请求提供系统默认的打印机名。

【例 3-76】 利用 lpstat 命令显示打印机的状态。

```
$ lpstat(按 Enter 键)       /* 显示打印机状态 */
lp1 - 6766 xdxt   4536   jun 11   10:34   on lp1
```

【例 3-77】 显示默认打印机名。

```
$ lpstat  - d(按 Enter 键)
system default destination:lp1
$ _
```

上面所显示的信息指出默认打印机是 lp1。

3.8.3 取消打印请求的命令 cancel

在 UNIX 操作系统中,提供了取消打印请求的命令 cancel。它的功能是取消打印命令 lp 生成的打印作业请求。用户可以用命令 cancel 取消不想打印的作业请求。这给用户在发错打印文件或者不愿等待一个长时间的打印作业带来了方便,用户就可以用此命令取消打印请求。

该命令的语法格式:

```
cancel lpn - id
```

在 UNIX 系统中,通常配置三台打印机(lp1、lp2、lp3)。命令行中的 lpn(n 为 1、2、3);id 是用户调用打印请求后,系统给每个作业的标识 ID。通常,把 lp1 设置为系统的默认打印机。

【例 3-78】 利用 cancel 命令取消打印请求。

```
$ lp fycxdxt.txt(按 Enter 键)
request  id is lp1 - 6590 (1 file)
```

```
$ cancel lp1 - 6590(按 Enter 键)
request  "lp1 - 6590" canceled
$ _
```

【说明】

(1) 要取消打印作业时,必须输入指定的打印作业请求 ID,即使是正在打印的作业;

(2) 指定打印机名只能取消该打印机上正在打印的作业的请求,而打印队列中的其他打印作业仍将被打印;

(3) 上述两种情况都不会影响打印机接受下一个作业的打印请求。

3.9　计算文件字数的命令 wc

在 UNIX 操作系统中,提供了计算文件字数的命令 wc,它是英文 word count 的缩写,其功能是计算指定的一个或多个文件所包含的行数、字数或字符数。

该命令的语法格式:

```
wc [option] filename
```

下面说明该命令中的选项。

- -l:报告指定文件的行数;
- -w:报告指定文件的字数;
- -c:报告指定文件的字符数。

【例 3-79】 显示当前目录中文件 myfirst.txt 的行数、字数和字符数等相关信息。

首先显示该文件的内容,让各位读者对该文件有一个总的概念。

```
$ cat myfirst.txt(按 Enter 键)
I wish there were a better way to learn UNIX.
Something like having a daily UNIX game.
However, for now, we have to suffer and read all these boring UNIX book.
```

现在调用命令 wc 计算上述文件的行数、字数和字符数:

```
$ wc myfirst.txt(按 Enter 键)
4   31   155   myfirst.txt
```

上面所显示的内容指出该文件共有 4 行、35 个字(包括标点符号)、155 个字符。

```
$ _
```

【说明】

该命令显示的第 1 列是指定文件的行数,第 2 列是该文件的字数,第 3 列是该文件的字符数。

这里所指的"字"是没有空格(空格或制表符)的字符串序列。因此,what? 是一个字,而 what ? 则是两个字。

如果在命令 wc 后面没有指定文件名，wc 命令就允许用户从键盘输入内容，按 Ctrl+D 组合键结束键盘输入，屏幕上显示 wc 命令的执行结果。

```
$ wc(按 Enter 键)
_
```

这里“—”是系统的提示符表明 shell 等待输入，输入下列文本：

```
The wc command is useful to find out how large your file is.
[Ctrl + D]  /* 结束键盘输入 */
2   13   48
$ _
```

这里指明此例有 2 行，13 个单词、48 个字符。

【例 3-80】 利用命令 wc 显示 myfirst.txt 和 xdxt.txt 的行、字和字符数。

```
$ wc myfirst.txt xdxt.txt (按 Enter 键)
4   31   155    myfirst.txt
200   1453    56844 xdxt.txt
204   1484    56999   total
$ _
```

该命令执行的结果报告指定的两个文件以及这两个文件总的行、字和字符数。

3.10 重定向输入输出

UNIX 操作系统中，把数据发送到显示器屏幕上、打印机上或通过电子邮件传输都是采用标准输入和标准输出。也就是说，在 UNIX 操作系统中，标准输入（standard input，stdin）可以是键盘或者一个指定的文件；标准输出（standard output，stdout）可以是显示器或者一个指定的文件。系统还提供了一个称为标准错误输出（standard error，stderr）的文件。

当 UNIX 系统执行一个命令时，系统通常要打开三个文件：标准输入、标准输出和标准错误输出，并将这三个文件与该命令相关联。用户可以在命令行中利用系统提供的操作符把标准的输入输出重定向到其他文件中。

UNIX 操作系统中，重定向操作有三种：重定向标准输入“＜、＜＜”，重定向标准输出“＞、＞＞”，管道“|”。

3.10.1 重定向标准输入

重定向标准输入操作是允许用户从指定的文件得到输入的信息（程序或数据）来运行命令或程序。通常，重定向标准输入可允许用户从指定的文件中得到所需信息，也可以把一个命令的输出通过重定向来作为另一个命令的输入。shell 把符号“＜”和“＜＜”作为重定向标准输入操作符。

重定向标准输入命令的格式：

```
command  < filename
```

或者

```
command  << filename
```

【说明】

command 是用户给出的操作命令，“＜”、“＜＜”是重定向标准输入操作符，filename 是操作命令执行时所需要的参数。

【例 3-81】 利用命令 cat 和重定向标准输入操作符显示 fycxdxt. txt。

```
$ cat < /usr/xdxt/fycxdxt.txt(按 Enter 键)
```

此操作等同于：

```
$ cat /usr/xdxt/fycxdxt.txt(按 Enter 键)
```

【例 3-82】 利用命令 cat 和重定向标准输入操作符向用户 grxdxt 发送邮件。

```
$ mail grxdxt < fycxdxt.txt(按 Enter 键)
```

本来，命令 mail 的执行内容应该来自键盘，但选择了利用命令 cat 和重定向标准输入操作符“＜”，就可使所要发的信息来源于文件“fycxdxt. txt”，即把文件 fycxdxt. txt 的内容传给用户 grxdxt。

如果在命令行中指定了 filename，命令就将所指定的文件名作为输入；如果不指定任何参数，命令就从默认的输入设备(键盘)取得输入信息。

重定向标准输入操作符“＜＜”一般在 shell 脚本文件(shell script)中使用，主要用于向其他命令提供标准输入。

3.10.2 重定向标准输出

重定向标准输出就是 shell 将一个命令的输出重定向到指定的文件中给予保存，而不是传送到标准的输出终端上，这样用户就可以对该文件进行操作(编辑、打印、删除等)，也可以将所保存的内容作为另一个命令的输入。

shell 把符号“＞”和“＞＞”作为重定向标准输出操作符。

重定向标准输出命令的格式：

```
command  > filename
```

或者

```
command  >> filename
```

【说明】

command 是用户给出的操作命令；

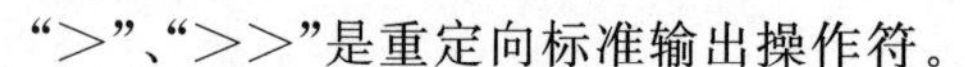

“＞”、“＞＞”是重定向标准输出操作符。

“＞”执行结果是当命令的标准输出通过重定向标准输出操作将其输出重定向到指定的 filename 中。如果 filename 文件已经存在，则重定向输出将文件原来的内容覆盖；filename 是 shell 将命令输出重定向到目标的普通文件名。

【例 3-83】 利用命令 man 和重定向输出操作符“＞”，查询命令 cat 的所有信息并将内容保存在文件“cat. txt”中。

```
$ man cat > cat.txt(按 Enter 键)
```

此命令执行中，命令 man 将 cat 的所有信息检索后不送屏幕（即标准输出 stdout）显示，而在重定向输出操作符“＞”的作用下，将此信息送到文件“cat. txt”中保存（实现输出重定向），供用户以后随时查阅（可以通过命令 cat 显示或 Vi 进行编辑处理）。

“＞＞”执行结果是当命令的标准输出通过重定向标准输出操作时，将其输出重定向附加到指定的 filename 后面，其余操作和“＞”一样。

【例 3-84】 利用重定向标准输出操作符“＞＞”，把文件“myfirst. txt”附加在文件“fycxdxt10. c”后面。下面，首先显示这两个文件的内容，然后再执行所要求的操作。

```
$ cat myfisrt.txt(按 Enter 键)
I wish there were a better way to learn UNIX.
Something like having a daily UNIX game.
However, for now, we have to suffer and read all these boring UNIX.
$ cat fycxdxt10.c(按 Enter 键)    /* 计算一个整数的绝对值 */
main()
{
        int shuju;

1:      printf ("输入所要计算的数.\n");
        scanf (" % d", &shuju);

        if (shuju < 0)

        shuju = - shuju;

2:      printf ("该数的绝对值是 % d\n", shuju);
    }
$ _
$ cat myfirst.txt >> fycxdxt10.c(按 Enter 键)
```

如果再显示文件“fycxdxt10. c”，它的内容应包括了文件“myfirst. txt”的内容。现在显示通过输出重定向“＞＞”操作后文件 fycxdxt10. c 的内容不变化。

```
$ cat fycxdxt10.c(按 Enter 键)    /* 计算一个整数的绝对值 */
main()
{
        int shuju;
```

```
1:      printf ("输入所要计算的数.\n");
        scanf (" % d",&shuju);

        if (shuju < 0)

        shuju = - shuju;


2:      printf ("该数的绝对值是 % d\n",shuju);
     }
I wish there were a better way to learn UNIX.
Something like having a daily UNIX game.
However,for now,we have to suffer and read all these boring UNIX.
$ _
```

3.10.3 管道操作

在 UNIX 操作系统中，利用管道(pipe)系统调用来创建一个管道，这个管道是由 pfd 数组返回的两个文件描述符表示的一个通信信道。向 pfd[1]中写是往管道输入数据；从 pfd[0]中读是从管道取出数据。

在 UNIX 操作系统文档中有一个叫做 PIPE_BUF 的参数，可以把它当作管道缓冲区的大小(通常大于 512)。

管道是 UNIX 操作系统的一大特色。其功能就是将一个程序的标准输出直接重新定向为另一程序的标准输入，而不增加任何中间文件。管道中的命令是同时执行的。也就是一个命令的输出就是下一个命令的输入。

该操作的语法格式：

```
program1 [arg] | program2 [arg]
```

命令格式的说明：

- program：可执行的程序或命令；
- arg：可以选择的参数(根据不同的命令所带的参数各有所异)；
- |：管道操作符。

【例 3-85】 要统计文件"myfirst.txt fycxdxt10.c"共有多少行。通常可以用下面的命令格式完成：

```
$ cat myfirst.txt fycxdxt10.c > ttmp1(按 Enter 键)
$ wc - l ttmp1(按 Enter 键)
120                        /* 命令执行后,显示两个文件共有 120 行 */
$ rm ttmp1(按 Enter 键)
$ _
```

如果是应用管道操作符"|"，命令行格式就简单多了：

```
$ cat myfirst.txt fycxdxt10.c | wc - l(按 Enter 键)
```

```
120
$ _
```

上面的管道操作实际上是进行了这样的步骤：

① program1 > ttmp1；

② program2 < ttmp1；

③ wc -l；

④ rm ttmp1。

UNIX 操作系统的管道操作在用户的日常工作中，得到了很好的应用。

3.11 用户日常用到的系统管理命令

在 UNIX 操作系统中，不管是超级用户（系统管理员）还是普通用户，除了进行正常的业务工作外，平时都会涉及诸如用户口令的设置（修改）、进程状态的查看等操作，这就要调用相关的系统管理命令来完成所需操作。

3.11.1 设置和修改口令的命令 passwd

在 UNIX 操作系统中，提供了一个非常有用的命令 passwd。它是英文 pass word 的缩写，英文描述为 chang login or modem password，它的功能是修改登录或调制解调器的拨号 shell 口令。

用户（超级用户和普通用户）利用该命令来设置或改变自己的登录口令。

该命令的语法格式：

① passwd -s [-a] [name]

② passwd [-m][-dluf][-n minimm][-x expiration][-r retries][name]

下面说明该命令中的选项。

- -s：报告用户 name 的口令属性。其内容的格式是：名称 状态 mm/dd/yy（月/天/年）最小期限。其中状态是：PS（用户有口令）、LK（用户被管理封锁）和 NP（用户无口令）。若没有指定用户 name 或选项“-a”，系统默认值为登录用户名。

只有超级用户（root 用户）可以检查用户的口令属性。

- -a：显示登录用户名。
- -d：删除口令。仅当授权用户没有口令的情况下才能删除口令。
- -f：强迫 name 用户在下一次登录时必须改变其口令。
- -l：用管理锁将 name 用户封锁在系统外，该操作只有 root 用户可以对指定的 name 用户执行。
- -u：取消作用于 name 用户的所有管理锁，该操作只有 root 用户可以对指定的 name 用户执行。

- -n minimm：设置两次口令改变之间到期时限（天数），该操作只有 root 用户可以对指定的 name 用户执行。
- -x expiration：设置口令到期时限（天数），该操作只有 root 用户可以对指定的 name 用户执行。
- -r retries：用户 name 为选择新口令可以再试多少次（通常，在实际的应用系统中，用户所输入口令的次数都给予限制，一般只允许用户最多可以输入三次）。

1. 回答系统要求

当用户在登录时，在“login：”输入用户登录名并按 Enter 键后，系统则提示：

```
Passwd:_
```

在这里，用户输入自己的口令（也称为“密码”或“关键字”）。这主要是验证用户是否为合法用户，是否是用户自己或本用户的授权人（因为，掌握密码是登录的关键）。登录用户所用到的密码是系统管理员调用命令 mkuser 为其建立用户账号时告诉系统的。此内容是存放在/etc/passwd 文件中的。每个用户对该文件都有阅读权，只有超级用户对此文件有修改权。

2. 修改口令

在调用命令 passwd 的过程中，超级用户与普通用户所完成的操作有所不同。

(1) 普通用户调用此命令时：

① 修改或删除自己的登录口令；

② 列出用户自己账户的某些特征。

(2) 超级用户调用此命令时：

① 修改或删除系统上任何用户的登录口令；

② 修改或删除调制解调器的拨号口令；

③ 给系统中任何用户的账号加锁或解锁；

④ 使拨号口令作废；

⑤ 列出系统上所有用户或任意一用户的某些属性特征；

⑥ 修改任一用户的某些属性特征。

【例 3-86】 修改用户 xdxt 的初始口令（假设进行此操作的是用户 xdxt 自己）。

```
$ passwd xdxt(按 Enter 键)

Setting password for user:xdxt
Last successful password change for xdxt : Sat Feb 16 09:23 2003
Choose password
You can choose whether you pick a password or have the system create one for you.
1. Pick a password   /* 用户选择口令 */
2. Pronounceable password will be generated for you / * 系统为你生成一个可读的口令 * /
```

```
Enter choice (default is 1): 1(按 Enter 键)    /* 用户可选第 1 项 */
Please enter new password (at least 3 characters):
(要求用户输入新口令,口令的字符长度不得小于 3 个字符。此长度由系统管理员确定)
New password:
/* 输入新口令并按 Enter 键。所输入口令不在屏幕上回显 */
Re-enter password:
/* 用户再次输入前面所输入的新口令 */
如果两次所输入的内容一样,系统出现提示符"$",说明修改口令成功。
如果两次所输入的内容不一样,则系统将给出提示信息后,再次要求用户重复输入新口令。
They don't match ;try again.   /* 两次输入不一样,系统提示用户再次输入 */
New password:                  /* 用户输入新口令并按 Enter 键 */
Re-enter new password:         /* 用户再次输入前面所输入的新口令 */
$_
```

【例 3-87】 列出系统中所有用户的口令字属性特征(该操作只能由超级用户完成)。

```
#passwd -as(按 Enter 键)
root     PS
usr      PS
bin      PS
sys      PS
adm      PS
uucp     PS
asg      PS
nuucp    LK
cron     PS
sysinfo  PS
dos      PS
network  PS
lp       PS
xdxt     PS    01/12/2003   0   infinite
⋮
#_
```

3.11.2 查看系统进程状态的命令 ps

在 UNIX 系统中,提供了显示系统中各个作业(进程)状态的命令 ps 。该命令来源于 process status,即进程状态。它的功能是显示与用户终端相关联的程序的进程标识符等信息。

该命令的语法格式:

```
ps [-a][-f][-A][-d][-e][-l][-p proclist][-t termlist][-u uidlist]
```

下面说明该命令中的选项。

- -a(all):显示系统中除了对话领导(session leaders)以及与终端无关的进程外的所有其他进程的信息;
- -A:显示系统中所有进程的信息(与"-e "选项相同);

- -d：与选项“-a”相同；
- -e(everything)：显示当前运行的每个进程的状态信息；
- -f(full)：显示进程的完整信息(信息较详细)；
- -l：显示用 14 列内容的进程状态报告(信息最完整)；
- -p proclist：显示指定进程的信息。proclist 为进程标识符(PID)列表；
- -t termlist：显示与终端有关的进程的信息。termlist 为终端标识符列表。终端标识符的指定有两种格式：

终端的设备名(如 tty01)；

数据标识符(如 01,则表示 tty01),只有当终端的设备名以 tty 开头时,命令行中才可以使用数据标识符。

- -u uidlist：显示与指定用户有关的进程的信息。uidlist 为用户标识符(UID)或用户登录名列表。

【例 3-88】 查看系统中所有进程(包括与终端有关的进程、与终端无关的进程)的信息。

```
$ ps  - e(按 Enter 键)
PID        TTY        TIME        CMD
0          ?          00: 00: 00  sched
1          ?          00: 00: 00  init
2          ?          00: 00: 00  vhand
3          ?          00: 00: 00  dbflush
4          ?          00: 00: 00  kmdaemon
5          ?          00: 00: 00  htepi_daemon
6          ?          00: 00: 00  strd
315        tty01      00: 00: 00  login
48         ?          00: 00: 00  syslogd
53         ?          00: 00: 00  ifor_pmd
54         ?          00: 00: 00  ifor_pmd
41         ?          00: 00: 00  htepi_daemon
66         ?          00: 00: 00  strerr
421        ?          00: 00: 00  httpd
57         ?          00: 00: 00  sco_cpd
58         ?          00: 00: 00  ifor_sld
470        tty01      00: 00: 00  getty
332        ?          00: 00: 00  scologin
445        ?          00: 00: 00  httpd
239        ?          00: 00: 00  cron
266        ?          00: 00: 00  portmap
251        ?          00: 00: 00  lpsched
334        ?          00: 00: 00  Xsco
456        ?          00: 00: 00  rwalld
298        ?          00: 00: 00  rusersd
299        ?          00: 00: 00  statd
361        tty02      00: 00: 00  getty
362        tty03      00: 00: 00  getty
```

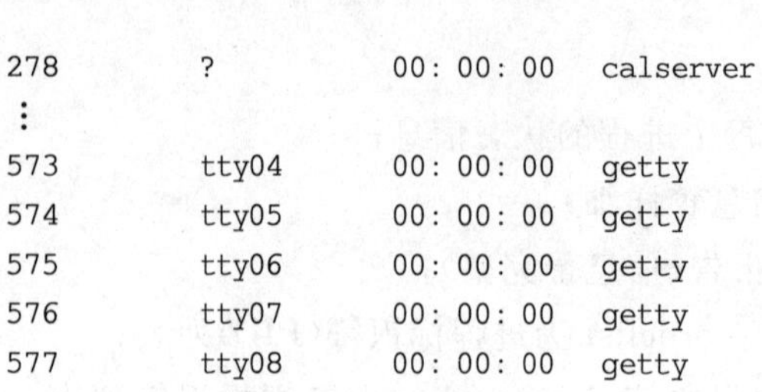

```
278        ?          00: 00: 00   calserver
 ⋮
573        tty04      00: 00: 00   getty
574        tty05      00: 00: 00   getty
575        tty06      00: 00: 00   getty
576        tty07      00: 00: 00   getty
577        tty08      00: 00: 00   getty
578        tty09      00: 00: 00   getty
579        tty010     00: 00: 00   getty
580        tty011     00: 00: 00   getty
581        tty012     00: 00: 00   getty
561        ?          00:00:00     sdd
618        tty01      00:00:00     sh
630        tty01      00:00:00     ps
$ _
```

上面所显示的共有四列内容：

PID——各进程的标识符；

TTY——指出所运行的进程是从哪个终端上发出的；

TIME——指出所运行的进程的时间；

CMD——指出该进程属于哪个命令。

【说明】

以上显示的内容的具体含义如下。

- PID：进程标识号；
- TTY：进程的控制终端(即与进程相关联的终端)；
- TIME：进程的累计运行时间；
- CMD：与进程相对应的命令名称；
- C：进程近期占用 CPU 的比率；
- STIME：进程开始执行的时间；
- PPID：父进程标识号。

如果用户需要了解更多的信息，可以同时调用选项“-f”或“-l”：

```
$ps -ef(按 Enter 键)
UID   PID   PPID  C   STIME      TTY     TIME       CMD
root  0     0     0   08:23:12   ?       00:00:00   sched
root  1     0     0   08:23:12   ?       00:00:00   /etc/init
root  2     0     0   08:23:12   ?       00:00:00   vhand
root  3     0     0   08:23:12   ?       00:00:00   bdfiush
root  4     0     0   08:23:12   ?       00:00:00   kmdaemon
root  5     1     0   08:23:12   ?       00:00:00   htepi_daemon /
root  6     0     0   08:23:12   ?       00:00:00   sred
root  0     515   1   08:34:34   tty01   00:00:00   /bin/login lsd
 ⋮
$ps -el(按 Enter 键)
F  S  UID  PID  PPID  C  PRI  NI ADDR   SZ  WCHAN  TTY  TIME   CMD
```

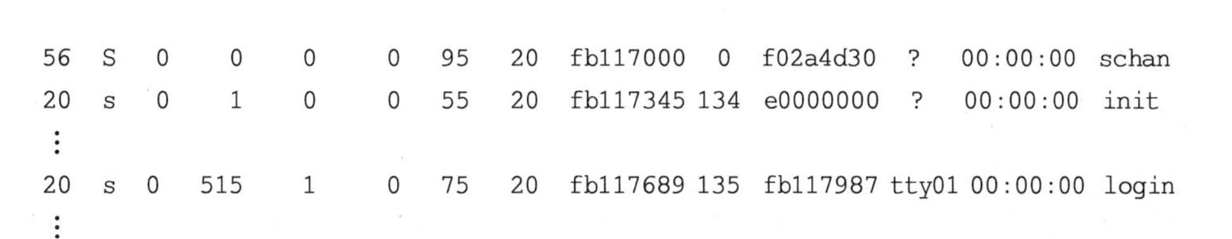

```
56  S  0    0    0    0  95  20  fb117000  0  f02a4d30  ?   00:00:00  schan
20  s  0    1    0    0  55  20  fb117345 134  e0000000  ?   00:00:00  init
⋮
20  s  0  515    1    0  75  20  fb117689 135  fb117987 tty01 00:00:00  login
⋮
$ _
```

上述显示内容中,对各项的含义作以下介绍。

- F：列出与进程有关的标记；这是一个八进制数,00 表示进程已结束、01 为系统进程、20 表示进程被装入主存中。
- C：进程近期占用 CPU 的利用率。
- PRI：进程的调度优先权(数越小则优先权越低)。优先权在 0～65 的进程处于用户模式(user mode),可由调度程序选择运行；优先权在 66～99 的进程在等待某些系统资源成为可用时将以系统模式(system mode)处于睡眠状态。如果进程的优先权为 77～95,对保护关键性数据结构(critical data structures)时可对信号免疫。其中,交换进程 sched 以 95 的优先权睡眠。优先权在 96～127 之间的进程是优先权固定的进程。
- NI：进程的 NICE 值,用于计算进程的优先权(实际上就是一个加权系数)。
- ADDR：进程登记项在进程表中的虚拟地址(virtual address)。进程驻留在内存为内存地址,否则为磁盘地址。
- SZ：进程可交换的虚拟数据段与堆栈栈段的大小(以 KB 为单位)。
- WCHAN：进程表内部用于唯一识别在某个特殊资源成为可用之前处于睡眠状态的进程地址。
- S：表示进程的状态；B 和 W 表示进程正处于等待状态,I 为空闲,O 为正在运行,K 为已装入队列可作为可运行进程,S 表示进程处于睡眠状态,R 表示进程处于就绪状态,T 表示进程被跟踪,X 表示等待更多的内存。

通常,在系统中由于进程太多,不易建立整个系统进程的情况,可用命令 ps 和命令 more 或命令 pg 加上管道操作符"|"来分屏显示。即：

```
$ ps  - ef | more(按 Enter 键)
$ ps  - el | more(按 Enter 键)
$ ps  - ef | pg(按 Enter 键)
$ ps  - el | pg(按 Enter 键)
```

命令 ps 可以按照用户的要求,列出所有与终端有关的进程信息(包括用户自己所用终端和其他用户所用的终端)：

```
$ ps - af(按 Enter 键)
UID    PID    PPID  C  STIME     TTY    TIME      CMD
root   554    354   0  05:23:11  tty01  00:00:00  - sh
⋮
$ _
```

如果用户只关心与某个终端(如 tty04)有关的进程信息，则可以调用命令：

```
$ ps -ft tty04(按 Enter 键)
UID     PID    PPID  C  STIME      TTY     TIME      CMD
root    674    1     0  05:23:11   tty04   00:00:00  /bin/login lsd
lsd     765    453   0  08:34:21   tty04   00:00:00  -sh
⋮
$ _
```

如果要查看用户 xdxt 有关进程的信息，可用命令：

```
$ ps -fu xdxt(按 Enter 键)
UID     PID    PPID  C  STIME      TTY     TIME      CMD
xdxt    657    243   0  09:23:11   tty06   00:00:00  -sh
xdxt    879    675   0  11:23:10   tty06   00:00:00  vi .profile
⋮
$ _
```

用户可以用命令 ps 和进程号(PID)来查看所指定进程的信息，如果要查看进程号为 1 的进程的信息，即为：

```
$ ps -lp 1(按 Enter 键)
F  S  UID  PID  PPID  C  PRI  NI  ADDR      SZ  WCHAN     TTY  TIME      CMD
20 s  0    1    0     0  55   20  fb117345  134 e0000000  ?    00:00:00  init
$ _
```

在命令 ps 行中，可以同时查看所指定的若干个进程、用户或终端相关进程的信息，如果查看 0,1,2,3 这 4 个进程的信息，则：

```
$ ps -p 0,1,2,3(按 Enter 键)
PID     TTY      TIME       CMD
0       ?        00:00:00   sched
1       ?        00:00:00   init
2       ?        00:00:00   vhand
3       ?        00:00:00   bdflush
$ _
```

或者：

```
$ ps -p "0 1 2 3"(按 Enter 键)
PID     TTY      TIME       CMD
0       ?        00:00:00   sched
1       ?        00:00:00   init
2       ?        00:00:00   vhand
3       ?        00:00:00   bdflush
$ _
```

UNIX 系统中，为进程设置了九种状态：

① 核心态执行；

② 用户态执行；

③ 内存中就绪；

④ 被剥夺状态；

⑤ 就绪/换出；

⑥ 内存中睡眠；

⑦ 睡眠/换出；

⑧ 创建状态——在父进程执行 fork 系统调用创建子进程期间，新被创建的子进程便处于“僵死”状态；

⑨ 僵死状态——在执行 exit 系统调用后的状态。

3.11.3　终止进程的命令 kill

用户要想结束（终止）自己所进行的工作，就必须了解系统中现有进程的工作状态，命令 ps 就能查看进程的有关信息，让用户了解相关进程的运行状态，以便查看用户想要结束（终止）的一个正在运行的进程。在 UNIX 操作系统中，提供了命令 kill，它的功能就是向正在运行的进程（或者进程组中的所有进程）发送一个信号。在大多数情况下，这个信号会呆滞导致进程终止（但是，该信号是否确实能够将进程“杀死”，则要看信号的类型以及进程本身的行为是否安排了捕捉这个信号）。

该命令的语法格式：

```
kill - signal PID - list
```

下面说明该命令中的选项。

① －signal 信号：

- EXIT(0)——杀死，从 shell 退出；
- HUP(1)——挂起（按 Ctrl＋U 组合键），使用户注销；
- INT(2)——中断字符，可按 Del 键发出；
- QUIT(3)——退出、清除信号，按 Ctrl 键发出；
- KILL(9)——杀死（不可忽略或捕捉），立即停止（强制）进程信号；
- TERM(15)——软件中断信号，将它接受的程序终止。

② PID-list 进程号：用户所指定杀死进程的进程号（或多个进程号）。

【例 3-89】 调用命令 kill，将用户指定的进程杀死。

```
$ ps - u xdxt(按 Enter 键)        /* 查看用户 xdxt 的进程信号 */
PID     TTY       TIME       CMD
234     tty02     08:34      sh
658     04        01:23:12   find
768     06        12:12:12   ps
$ _
```

现在，将进程号为 658 的进程杀死：

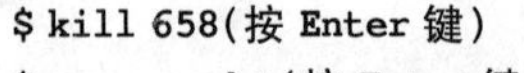

```
$ kill 658(按 Enter 键)
$ ps  - u xdxt(按 Enter 键)
PID      TTY       TIME       CMD
234      tty02     08:34      sh
768      06        12:12:12   ps
$ _
```

可以发现，命令 kill 已经把进程号(PID)为 658 的进程给终止了。

在命令 kill 中，指定进程号 PID 时，可以使用特殊的 PID 号 0，例如，Kill 0 或 kill －9　0，这样的命令可以向与本进程同组的所有进程发送信号。例如，kill 2323 向进程组号 GID 为 2323 的所有进程发送信号 15(kill 命令中的默认值是 15)。

UNIX 操作系统中涉及进程管理的常用系统调用有以下几个。

(1) fork：创建一个新进程。在 UNIX 操作系统中，利用 fork 系统调用创建一个新进程。Fork 调用返回后，两个进程(父进程和子进程)都接受返回值。但返回值是不同的，因为这样才允许两个进程做出不同的反应。通常，子进程执行 exec，而父进程要么等待子进程终止，要么离开去做其他的任务。

(2) exec：改变进程的原有代码(实际上就是执行一个进程)。exec 调用从指定程序重新初始化进程。exec 是程序在 UNIX 操作系统中获得执行的唯一方法。

(3) exit：实现进程的自我终止。

(4) wait：将调用进程挂起，等待子进程终止。

(5) getpid：获取进程标识符。

(6) nice：改变进程的优先级。

习题

1. 在 UNIX 操作系统中，命令的语法格式有什么要求？
2. init 命令的作用是什么？它有哪些参数？
3. 比较系统和用户的. profile 文件内容。
4. 熟悉目录管理的各个命令。
5. 列文件目录命令 ls 有哪些选项？它们有什么不同？
6. 解释 cp 和 ln 命令的作用，它们有什么区别？
7. 在执行一个命令(程序)时，系统要打开哪几个文件？
8. 熟悉重定向输入输出操作符“＜”、“＜＜”、“＞”、“＞＞”和管道操作符“|”的应用。
9. 熟悉 find 命令的操作，举例说明管道操作符“|”在此命令中的应用。
10. ps 命令有哪些功能，kill 命令与 ps 命令有什么关联操作？

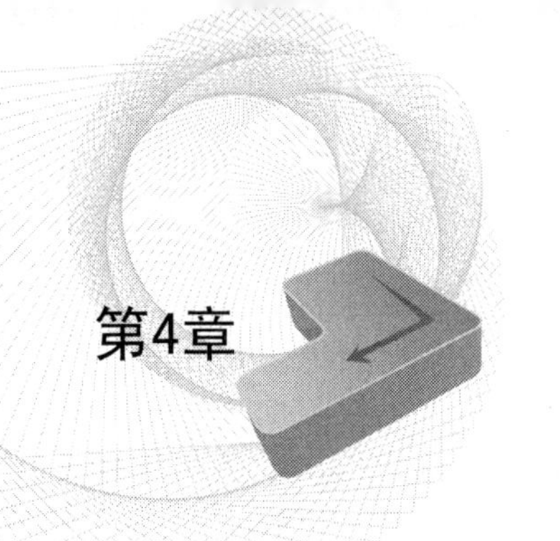

chapter 4

UNIX操作系统中文件系统的访问权限

在UNIX操作系统中，对文件（文件和目录）的访问有非常严格的控制（主要是文件的安全）。对文件的访问涉及的问题有：

(1) 文件的共享，就是若干个用户共同访问一个文件；

(2) 其他用户在不具备对该文件的访问权限时，不能访问该文件，同时更不能破坏该文件的内容。

UNIX操作系统对文件的访问权限为系统中的各用户（超级用户和普通用户）提供了可靠的安全保证，是该系统的一大特色。

4.1 用户的建立

前面的内容已经叙述了用户进入UNIX操作系统时，必须经过用户"登录"（包括正确输入login name和password），否则用户将被排斥在系统的大门外。对于系统中的每个用户，系统为其提供了用户主目录。用户在自己的主目录下，可方便地组织自己的文件，并能严格控制本系统的其他用户访问自己的文件。系统为每个用户建立了自己的.profile文件，并把用户的用户名和密码等重要的信息写入/etc/passwd文件中，以供用户登录时查阅和验证。

那么，用户登录时所涉及的用户登录名（login name）和口令（passwd）又是怎样建立起来的？

这个操作是在系统管理员事先为每个需要使用本系统的用户，在系统中建立各用户的账户（通常称用户账户或账户），这个账户使用户与计算机系统（即UNIX操作系统）之间建立起了一种"契约"或"合同"的关系，以此来验证登录系统的用户所输入的用户登录名和密码，如果用户所输入的这些信息与存放在/etc/passwd文件中的内容一致，则表明该用户是本系统的合法使用者，该用户就可进入UNIX系统。

本系统为每个用户分配登录名、口令字和访问权限以及该用户的主目录（HOME directory）等系统资源。以便于操作系统的管理者（系统管理员）能够了解系统中各用户的运行情况，控制这些用户对系统资源的访问权限；同时也方便用户组织属于自己的文件和控制系统中其他用户对自己资源的访问权限。

4.1.1 用户日常管理的内容和方法

UNIX 操作系统是一个多任务、多用户的分时操作系统，对系统中的用户进行管理是日常工作中的一项基本任务之一。日常的管理工作，通常涉及这几个方面的内容：

(1) 用户账户的增加、修改和删除操作；

(2) 用户组的增加、修改和删除操作；

(3) 用户口令的设置和控制；

(4) 超级用户权限的设置。

通常，可以通过下面的几种方法对用户账号进行管理：

(1) scoadmin 系统管理程序法；

(2) shell 命令法；

(3) 调用 Account Manager 程序法。

涉及用户账号管理操作的程序的具体内容，请参阅 UNIX 操作系统的有关系统管理方面的书籍。

在对用户账号的管理过程中，会涉及/etc/passwd 文件和/etc/group 文件的内容。

下面介绍/etc/passwd 文件和/etc/group 文件的内容。

1. /etc/passwd 文件

当用户需进入系统时，系统将用户所输入的 UID 和密码(login name 和 password)与保存在/etc/passwd 文件中的原始信息进行比对，以确定该用户是否可以进入系统。

【例 4-1】 下面以某台计算机系统中的/etc/passwd 文件为例给予说明(因为，此文件只能由系统管理员打开)。

```
#ls -l  /etc/passwd(按 Enter 键)  /* 用命令"ls -l"查看该文件 */
-rw-rw-r--   1 bin   root   1023   jan 23 12:10   /etc/passwd
#cat /etc/passwd(按 Enter 键)        /* 调用命令 cat 显示该文件的内容 */
root:x:0:3:superuser:/:
daemon:x:1:1:system daemon:/etc:
bin:x:2:2:owner of system commands:/bin:
sys:x:3:3:owner of system files:/usr/sys:
adm:x:4:4:system accounting:/usr/adm:
uucp:x:5:5:uucp administrator:/usr/lib/uucp:
auth:x:7:22:authentication administrator:/tcb/files/auth:
asg:x:8::8:assignable devicees:/:
cron:x:9:18:cron daemon:/usr/spool/cron:
sysinfo:x:10:10:system information:/usr/bin:
dos:x:15:15:dos devices:/:
mmdf:x:16:24:mmdf administrator:/usr/mmdf:
network:x:18:21:micnet administrator:/usr/network:
backup:x:20:23:backup administrator:/usr/backup://bin/sh
lp:z:67:32:printer administrator:/usr/spool/lp:
```

```
audit:x:79:17:Audit administrator:/tcb/files/audit:
#_
```

上面所显示的内容中，每一行都是一个用户的相关信息。每行共有 7 个字段，其格式为：

```
user id:password:uid:gid:user info:home directory:home shell
```

它们的含义介绍如下。

user id 为用户标识符域，它是一个长度可达 8 个小写字符的 ASCII 码的字符串。此字符串是由系统管理员为用户指定的，放在每个用户账户的第一个字段上。

password 为加密的口令域，由命令 cat 显示出来的是已加密的乱字符(无法识别的)。

uid 为用户标识号，是系统给予用户的唯一的 ID 码，其取值范围是 0～655 337 内的任一整数。

gid 是组标识号域，定义用户小组的标识，也称为默认组 ID 码，其取值范围是 0～32 767 内的任一整数。

user info 为用户注释信息域，是系统管理员输入的有关用户名的全称、电话号码等信息，该信息中不能含有冒号(因为冒号在文件/etc/passwd 中作为表项的域间间隔符)。

home directory 为用户登录(注册)目录域，是用户默认的登录目录(即该用户在进入系统时进行登录所进入的目录)。如超级用户的登录目录为根目录(/)，xdxt 用户的登录目录则为/usr/xdxt。该域中的任何路径名同样定义在用户的环境变量 HOME 中。登录目录也称为用户主目录。

home shell 为登录 shell 域，表明用户登录成功后执行什么 shell。通常，把 Bourne shell 作为系统的默认 shell。不同 UNIX 系统版本，所配置的 shell 不一样。如 Bshell、Cshell、Bashell 等。

在文件/etc/passwd 中的系统账户是一些如 root、daemon、bin、sys、adm、uucp、lp 等管理账户。这些账户是为相关的文件和目录而设立的。

【注意】

(1) 只有系统管理员具有对文件/etc/passwd 的修改权。由于该文件中存放了每个用户的信息，人们也把文件/etc/passwd 称为 UNIX 操作系统中的用户数据库。

(2) 系统管理员应经常检查文件/etc/passwd 的内容：

① 文件/etc/passwd 的属主和存取权限；

② 文件/etc/passwd 中每一项内容的正确性；

③ 每个用户的账户是否设置口令；

④ 用户 id 码为 0 的用户。

(3) 在文件/etc/passwd 中，UID 为 0 是很有用的。防止超级用户忘记自己的口令而不能登录系统，系统管理员可以建立一个特别的普通用户，并使之与 root 账户具有相同的 UID 号和 GID 号。这样在系统管理员忘记口令时，可以通过这一特别的普通用户

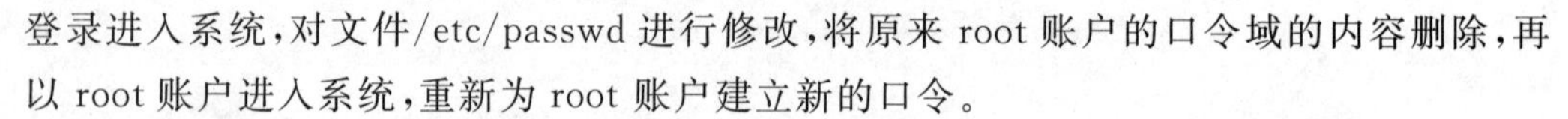

登录进入系统，对文件/etc/passwd进行修改，将原来root账户的口令域的内容删除，再以root账户进入系统，重新为root账户建立新的口令。

(4) 超级用户可以授权给普通用户(即知道root用户的登录口令)，让该用户通过命令su转换到超级用户状态，完成部分超级用户的功能。

2. /etc/group 文件

在UNIX操作系统中，为更好地对用户进行管理，系统提供了用户组的功能。用户组由若干个用户所组成。创建用户组是为了更好地控制对某类文件和目录的访问权限，即用户组允许一类用户共享文件(一个用户可以是若干用户组的成员之一)。

/etc/group文件保存用户组相关信息，这些信息记录系统中所有用户组名、用户组标识以及哪些用户参加了哪些组。对用户进行分组是UNIX系统管理和控制用户访问权限的一种有效方法。

【例 4-2】 下面显示文件/etc/group的内容。

```
#ls -l /etc/group(按 Enter 键)
-rw-rw-r—  1  bin  root  453  apr 25  09:23  /etc/group
#cat /etc/group(按 Enter 键)
root::0:
other::1:root,daemon
bin::2:bin,daemon
sys::3:bin,sys,adm
adm::4:adm,daemon,listen
uucp::5:uucp,nuucp
mail::7:
asg::8:asg
network::10:network
sysinfo::11:sysinfo,dos
daemon::12:daemon
terminal::15:
cron::16:cron
audit::17:audit
lp::18:lp
backup::19:
men::20:
auth::21:auth
mmdf::22:mmdf
sysadmin::23:
nogroup::28:nouser
group::50:ingres,dtsadm,test,gkk,dtk,fhkj,shi
#_
```

上面所显示的文件/etc/group，列出了四个域的内容：

```
name:passwd:gid:users
```

每个域间用冒号“:”分开，其含义简介如下。

name 域：为用户组名。如 root，other，bin，…；

passwd 域：为加密口令域。如果没有，则为空；

gid 域：为用户组标识号。其值小于 50 为系统用户可加入的组，等于 50 为一般用户可加入的默认的组，大于 50 则为一般用户可加入的新建立的用户组；

users 域：为用户名。表示用户组中所包含的用户。

【注意】

（1）请不要改变文件/etc/group 中任何默认的系统用户组的组号 gid。

（2）由于用户登录进入系统时，系统是从文件/etc/passwd 中读取 gid 值，而不是从文件/etc/group 中读取的，因此，必须保持文件/etc/passwd 和文件/etc/group 的一致性。

通常，用户可以对文件/etc/group 进行如下的操作：

（1）增加或修改用户组；

（2）改变用户的登录组；

（3）改变用户组的成员；

（4）在目录中设置文件创建时的用户组 gid 号。

4.1.2 su 命令

在 UNIX 操作系统中，提供了一个用户转换命令 su，它来源于英文 set user or super user，其功能是在不退出系统的情况下，使该用户转换成超级用户或另一个用户（make the user a super or another user）。在日常工作中，用户可以利用命令 su 实现从超级用户到普通用户的互换或者从一个普通用户转换到另一个普通用户。

该命令的语法格式：

```
su [ - ][name]
```

下面对该命令中的选项作说明。

-：确定用户在转换时，是否要改变工作环境；在命令 su 后面跟“-”，用户转换到另一用户时，其工作环境也随之改变。

name：是指定要转换的用户名。

如果在命令 su 后面不跟任何参数，就直接切换到 root 目录下。此时，命令 su 提示用户输入口令（此口令应该是超级用户的口令）。

1. 用户不退出系统而变为系统管理员

当某一普通用户获得系统管理员授权（即获得超级用户的登录密码）后，可从普通用户转换为超级用户，并可调用仅供超级用户使用的一些命令。系统的提示符也从“$”变成“#”。其过程是：

```
$ su(按 Enter 键)
password:_            /* 输入所获得的超级用户口令 */
```

```
#_                  /* 如果所输入的口令正确,系统立刻显示其提示符"#" */
```

如果所输入的口令不正确,系统在屏幕上再次提示用户输入口令:

```
passwd:_            /* 所输入的超级用户的口令不正确(通常是连续输入三次后),系统提示
                       如下的内容 */
sorry               /* 对不起,在这种情况下,普通用户利用超级用户的登录名 root 登录就不
                       能成功,也不能从普通用户切换到超级用户状态.这时系统仍然处于该
                       用户执行命令 su 前的普通用户状态 */
$_
```

2. 不退出系统而成为另一个用户

用户可以在命令 su 后面指定一个希望成为该用户的用户名,该用户就可成为所指定的用户,在切换后的用户环境中完成某些操作。如普通用户 xdxt 希望成为用户 grxdxt,该用户可通过输入如下命令:

```
$ su grxdxt(按 Enter 键)
passwd:_            /* 输入的口令一定是用户 grxdxt 的登录口令 */
$_
```

这时的用户就可以代为用户 grxdxt 工作了。

3. 改变工作环境

在 UNIX 操作系统中,不同的用户在自己的目录下工作的环境是不同的。命令 su 可以决定用户是否改变工作环境。如果用户希望改变工作环境,则在命令 su 后面跟一个减号"-"。

```
$ su grxdxt(按 Enter 键)              /* 不改变工作而变成另一个用户 */
passwd:_
$_

$ su - grxdxt(按 Enter 键)
password:_
Termibal type is vt600                /* 显示该用户现在所使用的终端型号 */
OK                                    /* 系统提示 OK 表示用户转换成功 */
$_
```

用户使用命令 su 把自己变成超级用户或另一普通用户,自己的用户名并没有改变。不论是用 who am i 还是 logname 都会看到仍然保持登录时所用的用户名(该用户的登录名 shell 和用户主目录均不改变)。

命令 su 的使用,就像平常人们兼职一样,自己还是自己,在目录中所处的位置也保持不变,只不过可以行使他人的权利而已。因此,当变成另一个用户后,该用户不许别人看的文件现在可以看了,不许别人执行的程序也可以执行了。

【例 4-3】 使用命令 su 和选项"-",从普通用户 xdxt 切换到超级用户(root 用户)。

并查看其主目录的改变情况。

```
$ su - root(按 Enter 键)
password:_                /* 输入所获得的超级用户口令 */
# pwd(按 Enter 键)
/                         /* 系统显示目前用户的主目录是根目录"/" */
#_
```

此时，由于用户是利用超级用户的 UID 和口令登录的，所以其工作环境(登录 shell、用户主目录)均发生变化。用户可以按 Ctrl+D 组合键来恢复自己原来的身份，即返回使用命令 su 之前的状态。

【注意】

使用命令 su 的普通用户必须得到授权和取得该用户的登录口令，这是关键。

4.2 文件系统的管理

在 UNIX 操作系统中，对文件系统的管理是系统管理员最常见的任务之一。本节所涉及的内容均以 SCO OpenServer 5 版本为例来介绍 UNIX 操作系统有关文件系统管理的相关内容。

4.2.1 文件系统的概述

在 UNIX 操作系统中，文件系统是该系统的一个独立的逻辑分区，是该系统的一部分。文件系统中包含文件、目录以及定位和访问这些文件的相关信息。UNIX 操作系统的文件系统分为基本文件系统(有的书也称为根文件系统 root file system)和子文件系统(如普通用户文件系统)。基本文件系统是整个文件系统的基础，是不能卸载(umount)的。而子文件系统通常以基本文件系统中某一子目录的身份出现，包括用做子文件系统的硬盘、软盘、USB 盘、CD-ROM 和网络文件系统 NFS 等，不像 DOS 操作系统那样使用逻辑盘。根文件系统和子文件系统都有自己独立的一套存储结构和目录结构。

UNIX 操作系统的文件系统可以创建在本地硬盘、CD-ROM 和软盘上。用户要对文件系统进行操作。例如要操作 SCO OpenServer 5 (UNIX)的文件系统，就必须先将该系统的两个文件系统：root 文件系统和/stand 文件系统安装在 UNIX 操作系统上。

这里，root 文件系统是系统的主文件系统，它包含了进入和操作系统所必需的程序和目录。root 文件系统用“/”表示。对此文件系统的访问模式为 read-write(读—写)。/stand 文件系统包含了诸如 boot 程序、核心/stand/UNIX 等引导系统所必需的程序，对此文件系统的访问模式是 read-only(只读)。

4.2.2 SCO OpenServer 5 的文件结构

SCO OpenServer 5 文件系统是一种带链接结构的倒树状目录结构。该目录结构仅有一个根目录，用“/”表示。根目录下含有若干子目录、文件等，子目录又含有自己的若干子目录、文件等。这样，所构成的目录一层嵌套一层，好像一棵倒置的大树，故称为倒树形结构。

在第2章中，已经对UNIX操作系统的主要目录做了介绍。在此对几个特别重要的目录再做一叙述。

1. 根目录“/”

通常，可以用命令“ls -l”来查看SCO OpenServer 5系统的根目录的相关内容：

```
#ls -l(按 Enter 键)
total 3578
-rw-------    1  root  sys   56       apr  23  11:23   .xauthority
-r--------    1  root  auth  0        apr  11  10:22   .lastlogin
-rw-------    1  root  root  12       apr  12  10:22   .mailrc@
drwxr-xr-x    3  bin   bin   512      apr  08  09:34   .odtpref
-rw-------    1  root  root  758      apr  13  09:12   .profile@
-rw-r--r--    1  root  sys   123      apr  08  08:23   .scoadmin.pref
-rw-r--r--    1  root  root  897      apr  05  06:32   .utillst2@
drwxr-xr-w    5  root  sys   512      apr  08  06:23   .xdt_dir
-rw-r--r--    1  root  sys   0        apr  08  08:23   .xdtsupcheck
-rw-r--r--    1  root  sys   2312     apr  08  08:23   main.dt
-rw-r--r--    1  root  sys   256      apr  08  08:23   personal.dt
drwxr-xr-x    3  root  sys   4534     apr  08  06:23   bin
drwxr-xr-x    12 root  sys   6756     apr  08  06:23   dev
drwxr-xr-x    24 bin   auth  8790     apr  08  06:23   etc
drwxr-xr-x    2  bin   bin   2453     apr  08  06:23   ibin
drwxr-xr-x    4  bin   bin   3201     apr  08  06:23   lib
drwxr-xr-x    2  root  root  512      apr  08  06:23   lost+found
drwxr-xr-x    4  root  bin   1024     apr  08  06:23   mnt
drwxr-xr-x    8  root  root  512      apr  08  06:23   opt
drwxr-xr-x    5  root  root  512      apr  08  06:23   pmd@
drwxr-xr-x    2  bin   bin   512      apr  08  06:23   sbin
drwxr-xr-x    2  bin   bin   512      apr  08  06:23   shlib
drwxr-xr-x    4  bin   bin   512      apr  08  06:23   stand
d--x--x--x    5  bin   bin   512      apr  08  06:23   tcb
drwxrwxrwx    4  sys   sys   2048     apr  08  06:23   tmp
drwxr-xr-x    5  root  sys   512      apr  08  06:23   udk
drwxrwxr-x    32 root  auth  512      apr  08  06:23   usr
drwxr-xr-x    5  root  sys   512      apr  08  06:23   var
-rw-r--r--    1  root  sys   4512     apr  08  08:23   trash.dt
-r--r-----    1  bin   mem   2312256  apr  08  08:23   UNIX@
#_
```

从上面所显示的内容可以看出，UNIX操作系统的根目录/包含了如下的系统目录。

/bin: UNIX系统命令(即实用程序)目录；
/dev: 设备文件(特殊文件)目录；
/etc: 附加程序和数据文件的目录；

/lib: C 语言的库文件目录;
/mnt: 安装目录;
/opt: 共享软件存储对象文件地址;
/shlib: 共享库;
/tcb: 属于 TCB 安全二进制和数据库文件;
/stand: 包括核心文件和启动文件的文件系统;
/tmp: 临时目录;
/usr: 用户应用程序的上级目录;
/var: 非共享软件存储对象文件地址.

上面所涉及的目录都是操作系统必需的目录。通常,如果普通用户因工作需要而增加目录,则只能在/usr 目录下创建子目录。

2. /bin 目录

该目录存放 UNIX 系统中 shell 的相关命令。诸如: sh、cat、cp、ls、ln、mkdir、find、cpio 等常用命令,为了让这些命令可以被操作系统中的所有用户调用。该目录应加在文件/usr/. profile 的变量 PATH 中。

3. /dev 目录

/dev 目录是系统存放特别文件(设备文件)的目录。每个设备文件代表一种设备。用户读写这些文件也就意味着读写了它所代表的设备。在此目录中的设备文件具有普通文件的属性,用户在调用这些设备文件时可以利用重定向符号将命令的执行输出结果重定向到具体的设备。

4. /etc 目录

该目录是为系统管理员而设置的。其中包含了系统管理所需的绝大部分文件并将超级用户模式下的一些命令专门存储在指定的目录内。这样可以减少普通用户错误地使用这些命令的机会。

/etc/default 目录中的数据文件包含了系统命令所用到的默认信息。如 boot 程序所需的默认数据信息在文件/etc/default/boot 中,tar 程序所需的默认数据信息在文件/etc/default/tar 中。

5. /stand 目录

本目录是文件系统安装点,它包含核心文件和启动文件的文件系统。利用命令"ls -l"可以看到:

```
#ls -l /stand(按 Enter 键)

total   34231
-r--------   1   bin   bin   67342   may   21   09:12   boot
-r--------   1   bin   bin   6342    may   12   09:12   bootos
```

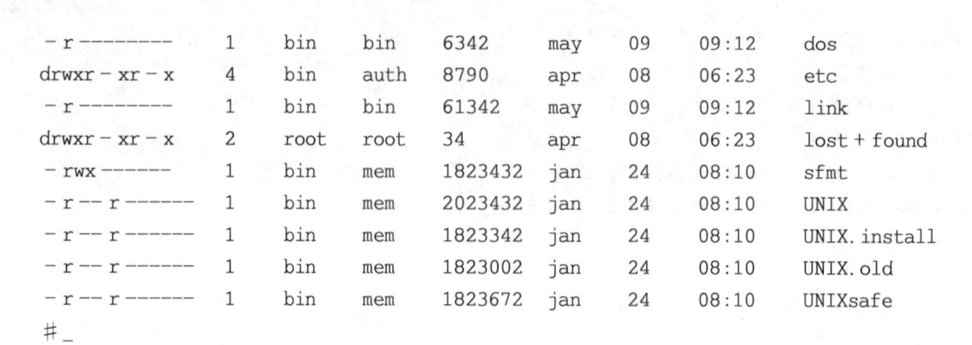

```
-r--------    1  bin   bin    6342     may  09  09:12  dos
drwxr-xr-x    4  bin   auth   8790     apr  08  06:23  etc
-r--------    1  bin   bin    61342    may  09  09:12  link
drwxr-xr-x    2  root  root   34       apr  08  06:23  lost+found
-rwx------    1  bin   mem    1823432  jan  24  08:10  sfmt
-r--r------   1  bin   mem    2023432  jan  24  08:10  UNIX
-r--r------   1  bin   mem    1823342  jan  24  08:10  UNIX.install
-r--r------   1  bin   mem    1823002  jan  24  08:10  UNIX.old
-r--r------   1  bin   mem    1823672  jan  24  08:10  UNIXsafe
#_
```

4.2.3 文件系统的建立

UNIX操作系统中，文件系统可以创建在硬盘、软盘和CD-ROM等介质上。在系统的安装过程中，必须按系统的要求在主硬盘上创建必要的文件系统(可由系统自行创建文件系统)。

通常，在主硬盘上至少要创建root文件系统和/stand文件系统。

root文件系统即根文件系统(用"/"表示)，此文件系统包含了操作系统必需的程序和目录以及系统中所有用户的目录和文件。

/stand文件系统即通常所提到的引导文件系统，一般比较小，它只包含了与系统引导有关的一些信息，主要是boot引导程序和系统核心/stand/UNIX等内容。

当然，可以在系统内建立很多文件系统，其中，最常见的是建立一个专门用于用户账号的文件系统，例如：/home。把用户账号与root文件系统分开，既可以保护系统的安全，又可以方便系统的维护，更利于系统的文件备份。

用户可以调用文件管理程序Filesystem Manager来完成自己对文件管理的所有操作。如果用户要增加对某种类型文件系统的支持，则可以利用"硬件/核心管理程序(Hardware/Kernel Manager)"将其驱动程序添加到操作系统的核心中。实际上，在添加驱动程序时，"硬件/核心管理程序"执行的是相应的mkdev(ADM)实用程序(这里的ADM指明程序mkdev是一个系统管理程序或命令)。

【例4-4】 在UNIX操作系统中添加DOS操作系统的文件系统，用户可调用命令mkdev dos。其过程如下：

```
#mkdev dos(按 Enter 键)

DOS filesystem support Configuration Program

1. Add DOS filesystem support to system configuration.
2. Remove DOS filesystem support form system configuration.

Select an option or enter q to quit:1(按 Enter 键)    /*用户选1*/

System configuration files have been successfully modified.
```

```
You must create a new kernel to effect the filesystem change you specified.
Do you wish to create a new kernel now?(y/n)y(按 Enter 键)  /*用户选 y*/

        The UNIX Operating System will now be rebuilt.
        This will take a few minutes. Please wait.

        Root for this system build is /

        The UNIX Kernel has been rebuilt.

Do you want this kernel to boot by default?(y/n)y  /*用户选 y*/
        Backing up UNIX to UNIX.old
        Installing new UNIX on the boot file system
The kernel environment includes device node files and /etc/inittab.
The new kernel may require changes to /etc/inittab or device nodes.

Do you want the kernel environment rebuilt?(y/n)y  /*用户选 y*/

The kernel has been successfully linked and installed.
         To activate it, reboot you system.

Setting up new kernel environmemt

#_
```

上述过程是在UNIX操作系统中添加另一操作系统的文件系统的步骤。在操作过程中，用户必须仔细阅读屏幕所提示的内容，在完成操作后，应按系统的要求重新创建并链接核心，然后再重新启动系统。这样，新添加的驱动程序就可以识别相应的文件系统了。

但用户所调用的有些命令诸如：ls、cp、cat、rm等不能直接对软盘进行操作。如果要对软盘进行上述命令操作，就必须先在指定的软盘上建立一个有效的文件系统，然后再将该软盘装载在硬盘的某个子目录下，该目录通常称为“安装点”。

操作过程为：

对软盘格式化，调用命令mkfs建立文件系统，再对软盘进行“装载”，使软盘挂在系统中某个子目录上。这样软盘就相当于硬盘中的一个子目录。用户可以调用上面提到的相关命令了。

在UNIX操作系统中建立文件系统所提供的命令mkfs是make file system的缩写，其含义是construct a filesystem，即构造文件系统，其功能是在特殊设备文件上构造一个文件系统。

该命令的语法格式：

```
/etc/mkfs device blocks
```

下面对该命令中的参数进行说明。

- device：为用户建立的文件系统的设备文件的路径名；

- blocks：为指定文件系统所包含的块数(即该文件系统的大小，单位为“块”)。

在 UNIX 操作系统中，通常可建立(支持)的文件系统列举如下。

- * AFS：快速文件系统；
- * DTFS：桌面文件系统；
- * EAFS：扩展的宏基快速文件系统(/stand 文件系统使用)；
- * HTFS：高吞吐量文件系统(系统默认值，root 文件系统使用)；
- * S51K：AT&T UNIX(R)系统 V 1K 文件系统；
- XENIX：XENIX(R)文件系统；
- * HS：High Sierra CD - ROM 文件系统；
- * ISO9660：ISO9660 CD - ROM 文件系统；
- NFS：Network(网络)文件系统；
- * DOS：DOS 文件系统(DOS、Windows 操作系统使用)；
- NetWare：NetWare 文件系统的 SCO 网关。

【说明】

上述有符号“ * ”的文件系统为常用文件系统。

下面举例说明文件系统的建立与安装。

【例 4-5】 在软盘 A 上建立文件系统。在 SCO UNIX 操作系统中，建立文件系统的命令：

```
# mkfs /dev/fd0135ds18(按 Enter 键)
```

命令 mkfs 建立文件系统，块设备文件/dev/fd0135ds18 的含义是指定 3″软盘 A(它类似于 DOS 操作系统中的 format 命令)。用户就完成了在软盘 A 上建立文件系统的操作。

【例 4-6】 在 3″软盘 A 上安装一个子文件系统。

```
# mount /dev/fd0135ds18 /fyc1(按 Enter 键)
```

这里的参数/fyc1 可以是任一个事先建立的空目录名，允许处于根文件系统的任何目录中。这个操作非常类似 Windows 操作系统的“映射虚拟盘”。从此以后，只要是操作子目录/fyc1，就是对 3″软盘 A 上的子文件进行访问。SCO UNIX 操作系统提供了如下操作软盘的命令：

```
cp /usr/include/ * .h /fyc1
rm /fyc1/stdio.h
mkdir /fyc1/xdxt
cp /usr/xdxt/ * .[ch] /fyc1/xdxt
vi /fyc1/xdxt/fn.c
ls -l /fyc1
```

用户可以对 3″软盘 A 完成拷贝(cp)、删除(rm)、编辑(vi)、列文件目录(ls)和建子目录(mkdir)等操作。

可以利用命令 mount 列出当前所有的子文件系统。而 umount 命令是拆除一个已经安装的子文件系统。

如果利用命令 umount 卸下一个已经安装的子文件系统，那么系统就无法访问此子文件系统。所以，在 C 语言程序中的 chdir("/")语句就是确保自己的当前工作目录不在一个子文件系统中。下面的命令就拆除了软盘 A 与目录/fyc1 的链接关系。

```
umount /dev/fd0135ds18
```

下面再通过网络文件系统 NFS 命令来安装一个文件系统，让读者加深对命令 mount 的理解。

要建立一个网络文件系统。假设有两台都安装了 NFS 软件包的主机 C 和 S，主机 C 期望共享主机 S 中文件目录/usr/grxdxt。在主机 S 的文件/etc/exports 中增加/usr/grxdxt。然后在主机 C 上执行如下命令：

```
mount - f NFS 203.123.54.189:/usr/rgxdxt /ccmulu
```

其中：203.123.54.189 是主机 S 的地址(即 IP 地址)，/ccmulu 是事先建立在主机 C 上的空目录。这样，在主机 C 上访问的文件/ccmulu/makefile 实际上是访问主机 S 上的文件/usr/rgxdxt/makefile。在局网或其他的高速网中，用 NFS 可非常方便地共享其他主机上的文件。

在 Linux 操作系统中，也可以调用 Windows 操作系统格式的磁盘分区。通常是先建立几个空目录，如目录/a，/c，/d，/u，/cdrom。分区 1 是 FAT32 格式的 C 盘，分区 4 是 FAT32 格式的扩充 D 盘。所对应的命令 mount 如下：

```
mount /dev/fd0 /a
mount /dev/hdc1 /c
mount /dev/hdc4 /d
mount /dev/cdrom /cdrom
mount /dev/sda1 /u
```

Linux 系统可以自动识别并支持 FAT32 格式的 Windows 文件系统。设备/dev/cdrom 是 CD-ROM 盘，设备/dev/sda1 是 USB 接口 Flash 盘，设备/dev/fd0 是软驱 A，而设备/dev/hdc1 是硬盘分区 1 上的 C 盘，设备/dev/hdc4 则是硬盘分区 4 上的 D 盘。系统对子目录/a，/c，/d，/u，/cdrom 进行访问，就实现了对其他文件系统的访问。

在 UNIX 操作系统中，设备文件分为字符设备文件和块设备文件，只有块设备文件才可以使用命令 mkfs 建立文件系统。因为，只有磁盘(磁带)设备才是块设备，才能使用命令 mount 把子文件系统安装到根文件系统中。

4.2.4 文件系统的结构

块设备所提供的界面是使得整个外存储设备看起来是简单的线性块的组合。使用块设备时不再关心底层物理磁盘的尺寸和特性。对块设备的特定编号的块的读取或写入请求,需要映射到对于设备的参数上(例如:磁盘的磁道号、柱面号、扇区号等)同时应启动相应的设备控制器(即俗称"适配卡"来完成磁盘的读写操作)。这些操作都是设备驱动器程序的功能。

UNIX 操作系统中的逻辑块设备是指硬盘的一个分区、一张软盘、一个 UBS 接口的 Flash 盘或光盘等。它们都对应着一个块设备文件。例如:/dev/fd0、/dev/hdc1、/dev/hdc4。用户可以在每个逻辑设备上建立一个独立的子文件系统。系统在块设备上建立起 UNIX 操作系统格式的子文件系统时,是把整个逻辑设备以"块"为单位划分,其编号为 0,1,2,3,…。磁盘设备(即块设备)读写的最小单位是"扇区"。通常,"扇区"的大小为"块"的大小。如:一块为 512B、1024B、4096B、…。

4.2.5 目录结构

在前面的 3.4 节中已经对 UNIX 操作系统的目录做了介绍,这里再详细对其目录结构做一叙述。

UNIX 操作系统的目录结构不像 Windows 操作系统的目录结构那样是树形结构,它是一种允许带交叉勾链的目录结构。每个目录表在系统中都被组织得像一个普通文件一样,存储于"文件存储区",有自己的 i 节点号。用户可以利用命令 ls 列出目录的大小而不是本目录下的文件大小的总和。

目录表中的组成基本单位是"目录项",每个目录项由一个"文件名—i 节点号"对构成。这种存储结构主要是提高目录的检索效率。下面以一个最简单的文件系统为例,说明 UNIX 操作系统的目录结构。UNIX 系统的基本版本中每块是一个磁盘扇区,大小为 512B。如果不采用把文件名和文件的索引信息分离的存储方法,而是将文件名和文件的索引信息存储在一起,假设存储文件名要用 14B,索引信息要用 64B,这样,目录项就需要 78B,512B 大小的每块,则最多可以放 6 个目录项。如果当前目录下有 100 个文件,需要访问的文件的文件名为 myfile.doc 存放在目录表的最末处。为了能够根据文件名获取该文件在磁盘的存储块索引信息,系统需要调入目录。第一次读入 1 块,含有 6 个目录项,比较这 6 个文件名,发现结果都不是用户所访问的文件 myfile.doc。接下来,再继续读入下一块。一直读到第 17 块时,才找到用户所需的文件名 myfile.doc,根据该文件的索引信息去访问磁盘相应的物理块,读取所需信息。

如果采用把文件名和索引信息分开的目录结构,即把索引信息存放在 i 节点中,在目录中仅存放文件名和 i 节点号。文件名 14B,i 节点号 2B,每个目录项 16B,一个磁盘块可存放 512/16=32 个目录项。这样,读入 4 块就可检索到用户所需的文件 myfile.doc 的 i 节点号,再根据 i 节点号读取 i 节点,只需要读入 i 节点区的一块信息。总共有 5 块磁盘操作,就可以根据文件名找到文件的索引信息。此方法比前面所讲的目录结构检索效率要高。

图 4-1 给出了 UNIX 操作系统的文件系统目录表的结构。可以让读者了解目录、i 节点和文件的关系。

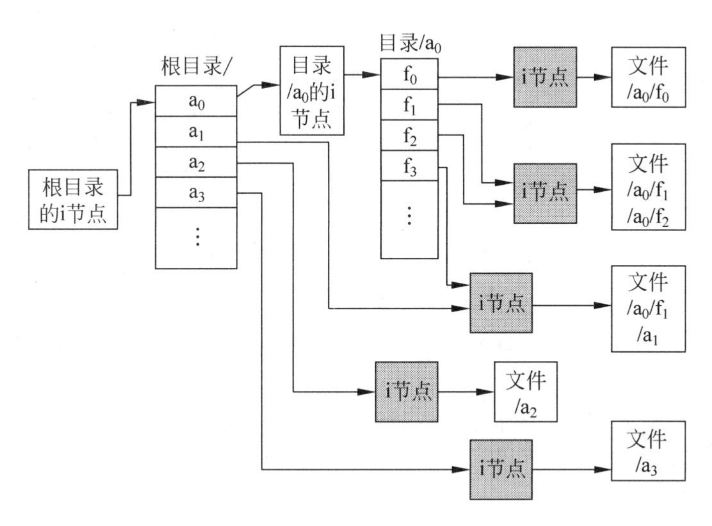

图 4-1 文件系统目录表的结构

图 4-1 中指出一个文件可以有多个文件名(也就是通过命令 ln 处理后,给文件产生一个别名)。如:图中的/a_0/f_1 和/a_0/f_2 是同一个文件,/a_1 和/a_0/f_3 为同一个文件。从 UNIX 文件系统的存储结构上看,要达到这样的效果是非常容易的,只要在不同的目录项中填写"文件名—i 节点号"时将 i 节点号记录为同一 i 节点号就可以了。

命令"ls -i"可以列出文件的 i 节点号。如果两个文件的 i 节点号相同,说明它们是调用同一个文件。命令"ls -l"所列出的文件的"link 数"(即链接数)就是同一个 i 节点被调用的次数。link 数被记录在 i 节点中,便于对文件的删除操作。

如果要删除图 4-1 中的文件/a_1,则不删除磁盘上的数据信息,这是因为文件的别名/a_0/f_3 还要访问此文件。但删除操作使 i 节点的 link 数减 1。当再删除文件/a_0/f_3 时,link 数再减 1,这样现在的 link 数为 0。于是,文件系统将释放该文件占用的文件存储区的存储块,同时释放这个 i 节点。这种方法是多个不同的调用共享同一个数据对象时常用的算法。在 UNIX 操作系统内核和网络协议软件中广泛应用。

根据 i 节点的 link 数可以判断出文件被多少个目录项所调用(共享)。普通文件的 link 数通常为 1。当文件的 link 数不为 1 时,从文件系统的存储结构上看,仅仅根据 link 数是无法直接找出系统中在哪些地方还有哪些目录调用了这个 i 节点。通常,用户可以利用命令"find -inum"查找指定 i 节点号的文件。

4.3 文件的访问权限

由于不同的用户可以共同使用一个文件,那怎样来防止文件被未获得相应访问权限的用户使用该文件以免该文件内容受到破坏?在前面的章节中,已经涉及了文件的访问权限。那什么是文件的访问权限?

在 UNIX 操作系统中,用户对各类文件的读/写和执行是严格按用户对该文件所拥有的读(read,用字母 r 表示)、写(write,用字母 w 表示)和执行(execute,用字母 x 表示)进行的。因此,每个文件都有九种存取权。即:

文件所有者	同组人	其他人
rwx	rwx	rwx

这九个字母的位置是每三个字母一组,对应三个等级。每个等级的用户对一个文件都有三种访问权限。字母出现的位置表示用户对该文件有相应的访问权限,该位置如果没有字母(用"-"表示)则无访问权限。例如,某一普通文件为"-rwxrw-r—",表示该文件的所有者(也称为文件属主)具有读、写和执行的权限,同组人只有读、写权限,而其他人对该文件则仅有读的权限。

用户对文件所拥有的这三种访问权限,是 UNIX 系统中除用户登录(输入 UID、口令)后的第二道安全线。

4.3.1 文件的阅读权限

文件的阅读权限是 UNIX 操作系统对文件的访问者所赋予的阅读权,用 r(即 read)表示。调用命令 ls -l 时所显示的结果中,发现有 r 的,这里 r 表示有阅读权,"-"则表示无阅读权。

在 UNIX 系统中,也可以用三位二进制来表示文件的读、写和执行权限,即 1 为有权访问该文件,0 为无权访问该文件。

"r--"用二进制表示则为 100,所对应的八进制为 4。

对普通文件的阅读权,意味着允许用户可以阅读和复制该文件。也可以调用命令 cat 来显示普通文件的内容。如果该文件是目录文件,该文件的阅读权被禁止,非文件属主用户则不能用命令"ls -l"来显示该目录的内容。当然,也不能用命令 cat 来显示目录文件的内容。

【例 4-7】 利用命令"ls -l"显示用户主目录"/usr/xdxt"普通文件和目录文件的阅读权 r。

```
$ cd(按 Enter 键)                    /* 返回主目录 */
$ pwd(按 Enter 键)                   /* 显示所返目录的路径名和目录名 */
/usr/xdxt                            /* 显示出当前用户的工作目录 */
$ ls - l(按 Enter 键)
drwxrwxr - x    2 xdxt   other    512    jan  12   10:22    xdxt1
drwx -----      6 rgxdxt other    1024   jun  10   08:22    rgxdxt1
- rwxr - xr - x 2 xdxt   other    512    may  05   09:11    xdxt1.txt
…
$ ls - l rgxdxt1(按 Enter 键)
ls:can not access directory rgxdxt1:permission denied (error 13)
$ _
```

从上面的例子可以看出,目录文件 rgxdxt1 对非文件主用户是禁止读、写和执行的操作的。这样,若其他用户用命令"ls -l"查看该目录文件时,应是被禁止的。

4.3.2 文件的写入权限

文件的写入权限是 UNIX 操作系统对文件的访问者所赋予的写入权，用 w(即 write)表示。调用命令"ls -l"所显示的结果中，发现有 w 的表示，w 即表示有写入权，"—"则表示无写入权。在 UNIX 系统中，可以用三位二进制来表示文件的读、写和执行权限，即 1 为有权访问该文件，0 则无权访问该文件。这样，写权限(-w-)的二进制表示为 010，它对应的八进制数为 2。

对于普通文件的写入权，是允许将新的数据写入该文件或者对该文件进行修改。

对于目录文件，是允许用户修改该目录的内容，即往该目录拷贝文件或删除该目录中的文件；如果该目录的写入权被禁止，用户就不能对该目录及其子目录拷贝或删除文件。

【例 4-8】 利用相关命令来查看用户主目录"/usr/xdxt"普通文件和目录文件的写(w)权限。

```
$ cd (按 Enter 键)
$ pwd (按 Enter 键)
/usr/xdxt
$ ls - l(按 Enter 键)
drwxrwxr - x     2 xdxt    other     512    jan   12   10:22     xdxt1
drwx -----       6 rgxdxt other      1024   jun   10   08:22     rgxdxt1
- rwxr - xr - x  2 xdxt    other     512    may   05   09:11     xdxt1.txt
- r—r—r --       1 xdxt    group     3421   jun   05   10:23     xdxt
…
$ _

$ cd ./xdxt1(按 Enter 键)
$ pwd(按 Enter 键)
/usr/xdxt/xdxt1
$ ls - l (按 Enter 键)
- rw - r—r --    1 xdxt   group   1243   apr 22    11:34   xdxt11.txt
$ rm - i xdxt11.txt(按 Enter 键)
remove xdxt11.txt ? y(按 Enter 键)
/ * 系统询问是否删除 xdxt11.txt 文件,用户回答要删除 * /
rm:xdxt11.txt not remove: permission denied (error 13)
$ cat >> ./xdxt11.txt (按 Enter 键) / * 利用命令"cat"和重定向输出 * /
./xdxt11.txt:cannot creat   / * 用户输入命令后系统显示的内容 * /
```

通过上面的例子可以看到，如果文件没有赋予写(w)的权限，对该文件是不能进行修改等操作的。

4.3.3 文件的执行权限

在 UNIX 操作系统中，对文件的访问者所赋予的执行权，用 x(即 execute)表示。调用命令"ls -l"时所显示的结果中，发现有 x 的表示，x 即表示有执行权，"—"则表示无执行权。在 UNIX 系统中,可以用三位二进制来表示文件的读、写和执行权限,即 1 为有权访问该文件,0 为无权访问该文件。这样,写权限(--x)的二进制表示为 001,它对应的八进制数为 1。

对普通文件来讲,执行权就是允许用户将文件名作为一个 UNIX 操作系统的命令给予执行。

对目录文件来讲,执行权就意味着用户有搜索和列目录以及从该目录中复制文件的权限。

如果目录文件被禁止执行,用户是不能调用命令 cd 来改变当前目录的。也就是说,只要不给目录文件的同组和其他用户赋予执行权限,就能阻止其他用户对该目录中的文件的访问。

由于用户对文件的访问权限取决于用户对文件所属的目录所拥有的权限,如某用户的主目录的权限为"drxw------",这样,同组用户和其他用户都不能访问该用户的目录以及所有文件和子目录。

在实际应用中,文件的访问权限共有 18 种。这些权限可分为:

(1) 普通文件和目录文件的访问权限;

(2) 阅读权、写入权和执行权;

(3) 文件主、同组用户和其他用户的权限。

综上所述,就目录文件来讲,具有阅读权的用户才可以使用命令"ls -l"或其他类似命令访问目录的内容;具有写入权,才允许用户修改目录的内容(增加或删除文件及子目录)。由于目录的执行权限不同于普通文件的执行权限,故有的书将目录的执行权限称为目录的搜索权限。

文件访问权限的应用含义见表 4-1。

表 4-1　文件访问权限的应用含义

权　　限	目录文件的操作	普通文件的操作
—(无权限)	拒绝权限	拒绝权限
r(read,读)	允许用命令列出该目录的内容	允许访问该文件的内容
w (write,写)	允许修改该目录中的内容(往该目录中拷贝文件或删除文件,在此目录中建立或删除子目录)	允许修改该文件的内容
x(execute,执行)	允许搜索目录、查找文件	允许将文件以命令方式运行

4.3.4 文件和目录权限、属主及同组的设置与修改的命令

在 UNIX 操作系统中,不会出现无主的文件,但是,文件的属主会经常改变,所以系统提供了命令 chown 来改变文件或目录的属主。

在 UNIX 操作系统中,为用户提供了文件主人用来改变文件所有者的命令 chown。该命令是英文 chang owner 的缩写,其描述的含义是 chang owner ID,即改变文件属主的标识(ID)。该命令的功能是改变文件和目录的属主。

该命令的语法格式：

```
chown 所有者 文件名或目录名
```

【说明】

(1) 调用此命令的用户必须是文件的主人。超级用户可以改变系统中任何文件的所有者；普通用户只能改变属于自己的文件的所有者。

(2) 调用命令 chown 的用户必须是在文件/etc/passwd 中所存在的用户。

(3) 改变目录的所有者，仅对所指定的目录起作用，而对该目录中的文件、子目录不起作用，除非用户特别指出。

(4) 命令 chown 的作用范围仅限于树状目录的一个层次。

【例 4-9】 利用命令 chown 把文件“xdxt1.txt”的属主 xdxt 改变为 rgxdxt。

```
$ ls -l xdxt1.txt(按 Enter 键)
-rwxr-xr-x 2  xdxt other   512  may  05   09:11   xdxt1.txt
$ chown rgxdxt xdxt1.txt(按 Enter 键)
$ ls -l xdxt1.txt(按 Enter 键)
-rwxr-xr-x 2 rgxdxt  other  512  may  05   09:11   xdxt1.txt
$ _
```

从所显示的信息发现，文件的属主已经改变。

4.3.5　改变文件或目录存取权限的命令

在 UNIX 操作系统中，所有的文件在刚建立的时候是不可执行的，如果想把某个文件变成可执行的文件，就必须改变文件的存取权限。如果用户不希望同组人修改自己的文件或不允许其他人阅读这些文件，用户可以调用命令 chmod 来修改文件的存取权限以对文件实施保护。命令 chmod 是英文 chang mode 的缩写，其描述的含义是 change the access permissions of a file or directory，即改变文件或目录的存取权限。该命令的功能是设置或修改文件或目录的访问权限。

该命令的语法格式一(通常也称为符号方式)：

```
chmod [who][+|-|=][mode…]file…
```

上式中，who 可以分别代表以下内容。

- u：指文件属主 user；
- g：指文件的同组用户 group；
- o：指文件的其他用户 other users；
- a：指文件的所有用户 all users；
- ＋：给指定的用户添加存取权限；
- －：取消指定用户对该文件的存取权限；
- ＝：给指定用户设置该文件的存取权限；
- mode：可设置文件的访问权限。即：

r——设置阅读权限；

w——设置写入权限；

x——设置执行权限；

s——用于当条件执行时，给文件属主设置用户标识(ID)或组标识；

t——用于设置附着位。当在目录上设置附着位后，该目录中的所有文件，除文件的属主和 root 用户外，其他任何用户均不能进行删除操作。而仅超级用户可以设置附着位。

如果将上式中的 who 项省略，则表示(系统默认)所有用户(all users)。

上面的格式可表示为：

谁	操作符	许 可 权
a (all 所有的人)	+、-、=	r(read 阅读权)、w(write 写入权)、x(execute 执行权)
g (group 同组人)	+、-、=	r(read 阅读权)、w(write 写入权)、x(execute 执行权)
o (others 其他人)	+、-、=	r(read 阅读权)、w(write 写入权)、x(execute 执行权)
u (user 文件属主)	+、-、=	r(read 阅读权)、w(write 写入权)、x(execute 执行权)

也就是说，所有用户对文件都可设置三种访问权限。

【例 4-10】 给文件 xdxt1.txt 的其他用户增加写入权限。

```
$ ls -l xdxt1.txt(按 Enter 键)
-rwxr-xr-x  2  rgxdxt    other    512  may  05   09:11   xdxt1.txt
$ chmod o+w xdxt1.txt(按 Enter 键)
$ ls -l xdxt1.txt(按 Enter 键)
-rwxr-xrwx  2  rgxdxt    other    512  may  05   09:11   xdxt1.txt
$ _
```

从上面所显示的信息中发现，文件 xdxt1.txt 的其他用户已经有写入权限了。

【例 4-11】 还是以文件 xdxt1.txt 为例，将该文件的同组用户保留执行权限，同时取消其对该文件的阅读、写入权限。

```
$ ls -l xdxt1.txt(按 Enter 键)
-rwxrwxr-x  2  rgxdxt    other    512  may  05   09:11   xdxt1.txt
$ chmod g=x xdxt1.txt(按 Enter 键)
$ ls -l xdxt1.txt(按 Enter 键)
-rwx--xr-x  2  rgxdxt    other    512  may  05   09:11   xdxt1.txt
$ _
```

从上面所显示的信息中发现，文件 xdxt1.txt 的同组用户保留执行权限，同时取消了阅读、写入权限。

【例 4-12】 可以用一命令行的操作来完成上面所举的例子。

```
$ chmod o+w, g=x xdxt1.txt (按 Enter 键)
$ _
```

上述命令的执行结果是文件 xdxt1. txt 的其他用户增加了写访问权限，而同组用户仅有执行权限。

对一个文件的访问权限可以调用命令 chmod 进行多重设置，各参数间用逗号隔开(逗号两边不能有空格)。

【例 4-13】 为了防止其他用户(同组和其他组的用户)读取目录 xdxt 中的文件，可以利用命令 chmod 取消其他用户对该目录的读/写权限。

```
$ chmod go - rwx xdxt(按 Enter 键)
$ _
```

这样，其他用户就不能读取和修改目录 xdxt 中的文件了，也不能调用命令 cd 进入该目录。

【例 4-14】 利用命令 chmod 中的参数"="设置文件 xdxt1. txt 的访问权限。

```
$ ls - l xdxt1.txt(按 Enter 键)
- rwx -- xr - x  2  rgxdxt    other    512  may  05   09:11   xdxt1.txt
$ _
$ chmod go =  xdxt1.txt(按 Enter 键)
$ ls - l xdxt1.txt(按 Enter 键)
- rwx ------   2  rgxdxt    other    512  may  05   09:11   xdxt1.txt
$ _
```

【例 4-15】 用命令 chmod 对文件 xdxt1. txt 的所有用户设置读/写访问权限。

```
$ chmod a = rw xdxt1.txt(按 Enter 键)
$ ls - l xdxt1.txt(按 Enter 键)
- rw - rw - rw -   2  rgxdxt other  512  may  05   09:11   xdxt1.txt
$ _
```

在调用该命令时，最常见的错误是普通用户企图修改属于别人的文件的访问权限，在这种情况下，系统会提示 chmod: can't change filename(不能改变该文件的访问权限)的出错信息。如果用户所指定的文件名或目录名有错，系统也会出现 chmod: can't access filename(不能访问该文件)。

命令 chmod 的语法格式二(通常也称为绝对方式或数字方式)：

```
chmod nnn filename( or directoryname)
```

这里所指的数字方式，就是命令 chmod 用三个八进制数字(nnn)，分别描述文件属主、同组用户和其他用户对文件的访问权限。一次规定三个等级的用户对指定文件或目录具有九种访问权限。程序中的 nnn 是 0～7 之间的一位八进制数，见表 4-2。

表 4-2 chmod 对文件的访问权限

	所有者			同组人			其他人		
存取权	r	w	x	r	w	x	r	w	x
数字	4	2	1	4	2	1	4	2	1

将每一个等级用户所享有对文件或目录的访问权限对应的数字加起来形成一位八进制数，每个等级的用户享有的文件访问权限用数字表示在表4-2中。

例如：某普通文件的访问权限为644，3个八进制数字分别为6，4，4，表示为文件属主、同组用户、其他用户对文件的访问权限，用下面的表示方式更为直观。

八进制：　6　4　4

二进制：　110　100　100

访问权限：　rw-　r--　r—

上面的式子表示：文件属主可以对文件进行读/写，同组用户对文件只能读，其他用户对文件也只能有读的访问权限。如果用命令ls列出来的结果为：

```
-rw-r—r—    1 …
```

【例4-16】 用数字表达式把普通文件xdxt1.txt设置成对所有用户具有读、写和执行的访问权限。

```
$ chmod 777 xdxt1.txt(按 Enter 键)
$ _
```

【例4-17】 把普通文件xdxt1.txt设置成对所有用户具有读、写访问权限。

```
$ chmod 666 xdxt1.txt(按 Enter 键)
$ _
```

用户可以利用命令“ls -l”查看命令chmod所执行的结果。

该命令的数字格式通常适用于文件初建时设置初始化访问权限。三位八进制数中，最左边的一位是表示文件属主，第二位为同组用户，第三位为其他用户。

表4-3给出了命令chmod用数字定义所有用户对文件具有访问权限的情况。

通常，在创建普通文件时，系统给文件所设置的默认访问权限为“rw-r—r—”，即三位八进制数为644，就是说，所有的文件创建时都不能执行，文件的主人有读、写权限，而同组人和其他用户仅有读权限。如果该文件的属主想要对该文件有执行权限，就必须调用命令chmod来改变该文件的访问权限。

创建目录时的访问权限是由各用户主目录（HOME目录）中的文件“.profile”中的命令umask决定的。通常，命令umask初始设置成“umask 022”，即把同组人和其他人的写权限屏蔽掉了。所以，在创建目录时的默认访问权限是“rwxr-xr-x”，即三位八进制数为755，这就是说，目录创建时，目录的主人有读、写和执行权限，而同组人和其他用户有读、执行权限。修改文件“.profile”中的命令umask可以决定创建子目录时的默认访问权限。

chmod命令用数字方式时每一组的定义见表4-3。

表 4-3 chmod 命令用数字方式时每一组的定义

文件所有者		文件同组人		文件其他人	
7	rwx	7	rwx	7	rwx
6	rw-	6	rw-	6	rw-
5	r-x	5	r-x	5	r-x
4	r--	4	r--	4	r--
3	-wx	3	-wx	3	-wx
2	-w-	2	-w-	2	-w-
1	--x	1	--x	1	--x
0	---	0	---	0	---

4.4 umask 命令

在 UNIX 操作系统中，提供了改变文件访问权限的另一命令 umask，它是 user mask 的缩写，其描述为 get or set file-creation mode mask，即得到或设置文件创建模式掩码。该命令在有的书中称为掩码，它的功能有：①用一字符组去控制保留或删除另一字符组的某些部分；②实现屏蔽的字符组。命令 umask 是一个 shell 的内部命令。它是进程属性的一部分，每个进程对应一个 umask 值，命令 umask 可以修改 shell 进程自身的 umask 属性。

【例 4-18】 显示当前系统的掩码值。

```
$ umask(按 Enter 键)   /* 显示当前的 umask 值 */
umask 022              /* umask 值为八进制的 022 */
$ _
```

上面所显示的内容，其含义是在新建立的文件和目录中，不含有掩码值中所列出的访问权限。

掩码值：022

二进制：000 010 010

掩掉的文件或目录的访问权限：----w—w-

这说明，所建立的文件和目录的初始访问权限中，同组用户和其他用户的写访问权限被掩掉。这些用户对新建立的文件不可执行写操作，不能修改新建立的目录的目录表。

UNIX 系统中可设置的掩码值有 022、027、077。

通常把默认值设为 022。而 umask 077 是最为严厉的访问权限限制。因为，它是除了文件或目录的属主外，其他用户对文件或目录无任何访问权限的。

命令 umask 的功能是用于在文件创建时把访问权限的某些位屏蔽掉。该命令是一种二进制的位屏蔽操作(通常写成八进制的形式)。二进制对应的位为 1，表示删除原有的访问权限；二进制对应的位为 0，则表示保留原有的访问权限；用原访问权限的数字值减去屏蔽值就是新文件或目录的访问权限的值。

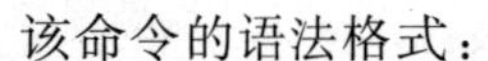

该命令的语法格式：

```
umask [nnn]
```

在上述语法格式中，命令 umask 不带参数时，则显示用户文件的当前屏蔽字；如果指定了 nnn 值，则设置掩码。nnn 为三位八进制数。三位八进制数中的每一位可以是三位二进制数的任意组合来设置文件或目录的读、写和执行权限。三位八进制数从最高位(左边第一位)开始，每位八进制数分别对应文件属主、同组用户和其他用户。

在创建新文件或目录时，系统把默认的访问权限的数字减去用户给的 nnn 值，便形成了相应的文件或目录的访问权限的设置。例如文件或目录的访问权限原值为 777，umask 022 所产生的新文件或目录的访问权限值为 755；如果原值为 755，则新值为 644。也就是用文件或目录的原访问权限值减去掩码后所得到的就是文件或目录的访问权限。

如果系统管理员将命令 umask 放在系统级/etc/profile 文件中，就可以控制系统中所有用户创建文件时的访问权限。

用户在创建文件或目录时，系统为用户赋予了默认值。目录的默认值为 777，则访问权限为“rwxrwxrwx”；文件的默认值为 666，其访问权限为“rw-rw-rw-”。

【例 4-19】 利用命令 umask，设置创建文件的掩码，要求文件的所有用户均有读 r 权限。

```
$ umask 002(按 Enter 键)
$ _
```

【例 4-20】 设置创建文件掩码，要求文件的属主具有读、写和执行 rwx 访问权限，同组用户仅有读、写 rw 访问权限，而其他用户则仅有读 r 访问权限。

```
# umask u = rwx, g = rw, o = r(按 Enter 键)
# umask (按 Enter 键)
013
# _
```

如果用户这时要创建文件，所创建的文件的访问权限应为“rwxrw-r—”。

下面给出了文件或目录所对应的 umask 值。

表 4-4 给出了命令 umask 的权限说明。

表 4-4 命令 umask 的权限说明

数字	文件权限	目录权限	说　明
0	rw-	rwx	文件的读、写权限和目录的读、写、查找权限
1	rw-	rw-	文件和目录的读、写权限
2	r--	r-x	文件的读权限和目录的读、查找权限
3	r--	r--	文件和目录的读权限
4	-w-	-wx	文件的写权限和目录的写、查找权限
5	-w-	-w-	文件和目录的写权限
6	---	--x	文件无访问权限和目录的查找权限
7	---	---	拒绝文件和目录的所有访问权限

用户不能直接调用命令 umask 来创建一个可执行的文件，用户只能是在创建文件后再调用命令 chmod 来修改该文件的访问权限才能使该文件成为可执行的文件。

通常，将命令 umask 放在自动执行的批处理文件中，如：用 csh 作登录 shell 时，就将命令 umask 加到文件. login 或文件. cshrc 中；如果用 sh 作为登录 shell 时，可以将命令 umask 放到文件. profile 中。

由于掩码值是进程的一部分，系统调用 umask 是修改当前进程的掩码值。系统调用的函数 umask 语句为：

```
int umask(int new_mask);
```

new_mask 为指定的新掩码值，函数返回值为原来的掩码值。为了读取进程的掩码值而不改变它，就需要调用 umask 两次。

习题

1. UNIX 操作系统的文件访问权限有几种，用什么字符表示？
2. 如何用二进制数和八进制数表示文件的访问权限？
3. 系统把各类用户的相关信息存放在哪个文件中？
4. 对这些用户的日常管理涉及几个方面的内容？
5. 通过什么方法对用户账号进行管理？
6. 怎样在一张软盘上建立一个文件系统？
7. 怎样建立一个网络文件系统？
8. UNIX 操作系统支持哪些文件系统？
9. chmod 命令的功能是什么？
10. umask 命令的作用是什么？创建一个目录的访问权限是多少？建立一个新文件的访问权限是多少？

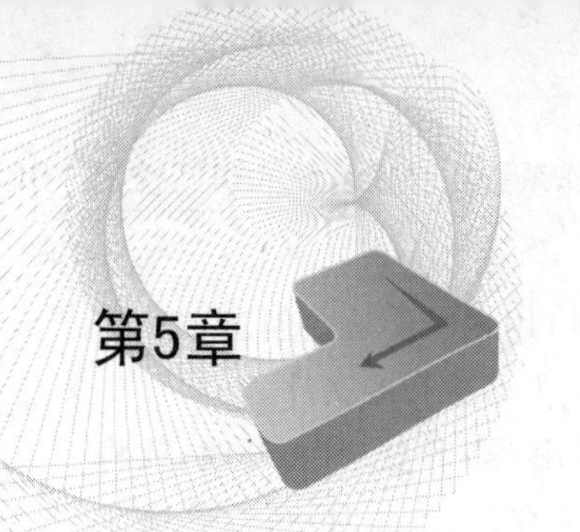

Vi 编辑器

在 UNIX 操作系统中，为用户提供了诸如行编辑器、全屏幕编辑器(emacs、ed、ex、Vi)等应用工具(类似于 Windows 操作系统中的文字处理程序 Word 和 WPS 等)，用户可以方便地利用这些工具开发自己的软件(文件)。

行编辑器：就是每次所做的修改只能在一行之中或一组行之间进行。进行修改时，需先给出所需修改文本文件的行号，然后再做修改。由于行编辑器不能看到所编辑内容的范围和上下文，使用户应用起来极不方便。但可以用于搜索、替换或复制大块文本。

全屏幕编辑器：由于它每次显示全屏幕用户正在编辑的内容，用户可以在屏幕中随意移动光标对所显示的编辑内容进行修改，并可以方便地逐屏浏览整个文本文件的内容，所以全屏幕编辑器是用户日常运用较多的编辑软件。UNIX 操作系统提供了全屏幕编辑软件 Vi。

5.1 Vi 编辑器的概况

Vi 是 visual 的缩写，其含义可理解为可视化，是大多数 UNIX 操作系统版本都支持的一个全屏幕编辑软件，它具有字处理程序的灵活性和简单易用的特性。使用 Vi 时，用户对文件的修改内容会立刻显示在屏幕上，屏幕上光标的位置指明了用户在文件中的位置。用户可以较方便地建立、修改、插入或删除文本，也可以寻找和替换文本，复制、剪切和粘贴文本块。在 Vi 编辑中的文件均为 ASCII 文件。Vi 提供了 100 多条应用命令，给用户编辑文本文件创造了非常方便的环境。

Vi 有两个版本：view 编辑器和 vedit 编辑器。

View 编辑器：它是设了只读标志的 Vi。如果用户只想查看文件的内容而不进行修改操作，调用 view 编辑器就更方便。View 编辑器可以防止用户对文件的不经意修改，这样可以保证文件的安全性。

Vedit 编辑器：它是面向初学者的一种全屏幕编辑器。

5.2 Vi 编辑器的工作模式

Vi 有三种工作模式：命令(编辑)模式、文本输入模式和底行命令模式。

1. 命令模式

用户进入 Vi 后，即处于命令模式。在命令模式下用户所输入的内容均被解释成命令送给 Vi 编辑程序。在此方式下，用户输入的所有字符均不在屏幕上显示出来，用户不用按 Enter 键。这些命令的主要功能有移动光标、修改文件等。

2. 输入模式

当用户要建立一个新文件进入 Vi 后，就必须使 Vi 处于文本输入模式，即用户可以按键盘上的 a、A、i、I、o、O 键中任一个。在此模式下，用户通过键盘输入的内容均以 ASCII 文本来接受和显示。

用户在输入文本时，每行结束时应该按 Enter 键。如果输入完毕，用户可按 Esc 键回到命令模式。

3. 底行命令模式

在此模式中，用户以冒号开始的所有命令均在屏幕的最底行显示并把光标移到该处。这样，Vi 编辑程序进入了底行命令模式（也称为状态行），用户可以在此输入相关的命令来完成保存整个文件、将文件的一部分存盘或读入用户所需的其他文件，也可执行 shell 命令而不退出 Vi 编辑程序。

底行命令模式与命令模式的区别在于，它输入结束后必须按 Enter 键。如果用户在进入 Vi 编辑程序中，不知当前处于哪种工作模式，可连续按 Esc 键，当听到嘟嘟声时，表明已在命令模式中。

```
$ vi fy11(按 Enter 键)
```

右边的图 5-1 给出了 Vi 编辑软件工作模式之间的相互关系。

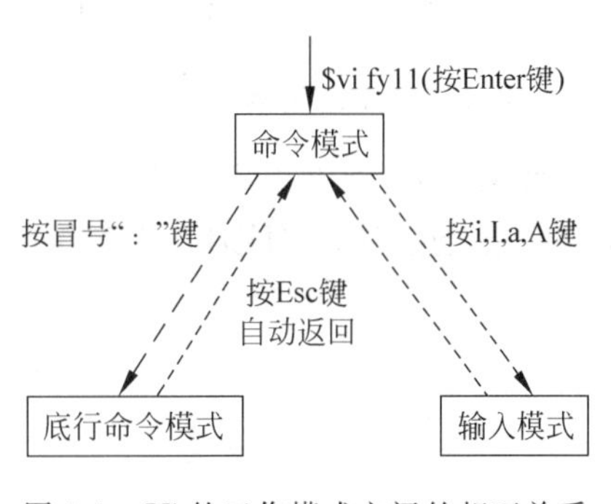

图 5-1 Vi 的工作模式之间的相互关系

假定用户利用 Vi 编辑程序编写文件 fy11。

5.3 Vi 编辑器的进入和退出

1. 设置终端

由于 Vi 是面向屏幕的编辑程序，如果用户所使用的终端类型与 Vi 所默认的终端类型不一致，就有可能在用户进入 Vi 编辑器后移动不了光标，用户无法正常编辑文件。所以在用户使用 Vi 之前，需对所用的终端进行设置。所涉及的参数包括用户所用终端的设备码。设置终端的方法是调用 shell 命令：

```
TERM = code(按 Enter 键)
Export TERM(按 Enter 键)
```

code 为各类设备所对应的设备码，有关设备的信息，通常是存放在/etc/termcap 文件中。

如果用户对终端进行设置后，进入 Vi 还是不能正常工作，可以输入命令显示终端的所有设置：

```
: set all(按 Enter 键)
```

通过查看所设置的终端参数是否正确，否则重新设置。

例如：

```
: set showmode(按 Enter 键)          /* 设置显示模式 */
: set number(按 Enter 键)            /* 在 Vi 编辑程序中设置显示行号 */
```

2. 进入 Vi

当用户设置好终端后，即可进入 Vi 编辑器。

1）建立一个新文件

使用 Vi 编辑程序编辑文件时，系统为其分配一内存区域(称为编辑缓冲区)，作为用户执行所有的编辑操作区。当用户编辑一个已存在的文件时，系统将该文件复制到缓冲区中，在缓冲区中对该文件的副本进行编辑。通过键盘输入：

```
$ Vi 文件名(按 Enter 键)
```

此文件名(通常用户习惯用西文字符或汉语拼音作为文件名)是用户所要建立的新文件或已经存在的文件名。在系统处理此命令后，在屏幕上显示：

```
_
~
~
~
~
"文件名"[新文件]
```

光标停在屏幕的左上角，等待用户输入 Vi 的命令。

2）编辑一个已有的文件

```
$ Vi 文件名(按 Enter 键)
```

此文件名是用户所要编辑的文件名。当系统处理此命令后，在屏幕上显示：

```
文本
:
~
~
~
```

```
:
"文件名" [文件名、行数、字符数等相关信息]
```

此处显示的文本是用户编辑文件的具体内容。

通常,进入 Vi 可以采用如下方式之一。

直接启动方式:

```
$ Vi(按 Enter 键)
```

启动 Vi,从第 1 行起编辑文件 filename:

```
$ Vi filename(按 Enter 键);
```

启动 Vi,从第 n 行起编辑文件 filename:

```
$ Vi +n filename(按 Enter 键)
```

启动 Vi,从最后一行起编辑文件 filename:

```
$ Vi + filename(按 Enter 键)
```

启动 Vi,在系统瘫痪后恢复文件 filename:

```
$ Vi -r filename(按 Enter 键)
```

启动 Vi,从含有指定字符的那一行开始编辑文件 filename:

```
$ Vi +/字符串 filename (按 Enter 键)
```

3. 退出 Vi

由于用户对文件所进行的编辑内容是在缓冲区中实现的,所以在完成对文件的编辑后,如果需对其内容进行保存(即存盘),就必须在退出 Vi 之前,对该文件进行写盘操作。

通常,有如下几种保存文件和退出 Vi 编辑程序的方法。

(1) 输入":w"(按 Enter 键),将当前用户所编辑的 ASCII 文本写入磁盘,但不退出。该命令也可以将所编辑的 ASCII 文本按用户所指定的文件名保存起来,即:w filename (按 Enter 键)。

(2) 输入":q"(按 Enter 键),本命令是在对欲修改的文件未做修改时可调用的。通常,用户输入":q!"命令将不保存所编辑的 ASCII 文本而直接无条件退出 Vi 编辑程序。

(3) 输入":wq"(按 Enter 键),保存当前编辑缓冲区中的 ASCII 文本并退出 Vi 编辑器。

(4) 输入"ZZ",以原文件名将所编辑的 ASCII 文本文件存盘并退出 Vi 编辑器。

注:w——write 写,q——quit 退出。

5.4 Vi 编辑器的光标设置

在命令模式中,用户可对已有的文本设置光标。

1. 按字符移动光标

用户可通过键盘中的四个方向键(← ↑ → ↓)移动光标来完成对 ASCII 文本文件的修改(通常:此方法是终端的通信屏设置成 7 位传送时才有效)。

用户也可通过如下的键完成对光标的移动:

h	向左移动一位光标	l 或 CR	向右移动一位光标
k	向上移动一行光标	j 或 CR	向下移动一行光标

2. 在一行中设置光标

在一行中,设置光标的最简单方法是按 h、l 或←、→键完成左、右移动。为了快一些移动光标,用户也可以在此命令前加数字 n。例如,按 n+h 组合键一次可左移 n 个字符,按 n+l 组合键一次可右移 n 个字符。但 n 的最大值为一行所能显示的字符数,如果超过则仅能移到行首或行尾。

用户也可通过按退格键 Backspace 或 n+Backspace 组合键来完成光标的移动。

3. 按行设置光标

用户可通过按 j、k、CR 键或 n+j、n+k、n+CR 组合键完成对行的光标设置。

4. 按字设置光标

这里的"字"是指一单词,即是某些分隔符之间的一个字符串。下面介绍按字设置光标的命令。

按 w 键:光标向右移一个字,光标在下一个字的首字母处;

按 n+w 组合键:光标向右移 n 个字,其余与按 w 键相同;

按 W 键:光标向右移一个字,但只将空格作为字的分隔符,光标在下一个字的第一个字符处;

按 n+W 组合键:光标右移 n 个字;

按 b 键:光标向左移一个字。如果当前光标不在某个字的第一个字符处,则将光标移到它所在字的第一个字符处;如果光标是在某个字的第一个字符处,则将光标移到前一个字的第一个字符处;

按 n+b 组合键:光标向左移 n 个字,其余与按 b 键相同;

按 B 键:光标向左移一个字,但字是以空格为分隔符。光标左移到字的第一个字符处;

按 n+B 组合键:光标左移 n 个字,停在对应字的第一个字符处;

按 e 键：光标向右移一个字，分隔符与按 w 和 b 键相同。如果光标不在某个字的最后一个字符处，按 e 键则将光标移到它所在字的最后一个字符处；如果光标是在某个字的最后一个字符处，则按 e 键将光标移到下一个字的最后一个字符处；

按 n+e 组合键：光标向右移 n 个字，停在相应字的最后一个字符处；

按 E 键：光标右移一个字，分隔符的约定与按 W 和 B 键相同；

按 n+E 组合键：光标右移 n 个字，光标停在相应字的最后一个字符处。

5. 按句设置光标

Vi 允许按句子设置光标。“!”、“.”或“?”后面跟两个空格作为句子的结束符。使用如下的 Vi 命令可使光标以句子为单位移动。

按(键：将光标移到本句首；

按)键：将光标移到下句首；

按 n+(组合键：将光标左移 n 句，光标停在该句首；

按 n+)组合键：将光标右移 n 句，光标停在该句首。

6. 按段设置光标

Vi 允许按段设置光标。段与段间跟一个空行分隔。使用如下的 Vi 命令可使光标以段为单位移动。

按{键：光标移到本段首字符；

按}键：光标移到下段首字符；

按 n+{组合键：光标向上移 n 段，停在该段首字符；

按 n+}组合键：光标向下移 n 段，停在该段首字符。

7. 在屏幕中、首和尾设置光标

Vi 提供了如下几个较为常用的命令。

按 Shift+h 组合键：光标定位于屏首字符处；

按 Shift+m 组合键：光标定位于屏中间行的首字符处；

按 Shift+l 组合键：光标定位于屏最后一行的首字符处。

8. 在文本中设置光标

用户可通过如下命令来完成文本内容的移动。

按 Ctrl+f 组合键：将屏幕(窗口)内容下移一屏(通常为 24 行)。

按 Ctrl+d 组合键：窗口向下移动半屏(通常为 12 行)，光标停在新屏的左上角。

按 Ctrl+b 组合键：窗口向上移一整屏(通常为 24 行)，光标停在新屏的左下角。

按 Ctrl+u 组合键：窗口向上移动半屏(通常为 12 行)，光标停在新屏的左上角。

按 Ctrl+g 组合键：在当前光标行显示出文件名、该行是否被修改、行号、最后一行的行号和光标所在行在编辑缓冲区所有文本中所占的百分比(例如：“filename” [modified] line 30 of 100---30%----)。

按 n+Shift+g 组合键：将光标移到指定行的第一个非空格字符处。

按 Shift+g 组合键：将光标移到文本最后一行的第一个非空格字符处。

5.5 建立文本

在用户进入 Vi 编辑程序后，通过如下的命令可以建立文本。

1. 附加文本

通常，这种操作用于在已有的文件后面增加新的内容。

附加文本有两个命令：a 和 A。

用户操作：先按 Esc 键进入命令模式后，按 Esc 键，再按 a 或 A 键方可完成附加文本的操作。

按 a 键：将以后输入的文本附加在当前光标位置的后面；

按 A 键：将以后输入的文本附加在当前光标所在行的最后。

例如在"Select command letter，"插入新的内容。输入：

```
<a> please <Esc>_                /* 在当前光标后插入"please" */
可得到：
Select command letter,please.
<A> OK.<Esc>                     /* 在当前行尾插入"OK" */
可得到：
Select command letter,please ok.
```

用户在按 a 和 A 键命令附加文本后，光标停留在被附加文本的最后一个字符处。

2. 插入文本

Vi 提供了 i 和 I 命令以完成文本的插入。

用户操作：先按 Esc 键进入命令模式后，按 Esc 键，再按 i 或 I 键方可完成插入文本的操作。

按 i 键：在光标的前面插入所需文本；

按 I 键：在光标所在行的行首插入所需内容。

例如：Washoe is a chimpanzee.

<i>young <Esc> 在 chimpanzee 的第一个字母 c 之前插入 young 得到：Washoe is a young chimpanzee.

例如：metal coins were made in China.

<I>The first <Esc> 在该行的行首插入 The first 得到：

The first metal coins were made in China.

如果用户需在文本中多处插入所需内容，在一处插入操作完成后，必须按 Esc 键退出文本输入状态，再将光标移到第二处，进行插入操作。

3. 插入整行

Vi编辑程序提供了o和O命令以完成用户插入整行（通常是插入空白行）的操作。

用户操作：先按Esc键进入命令模式后，按Esc键，再按o或O键方可完成整行文本的操作。

按o键在光标所在行的下面插入一空行，光标移到空行首，用户可以插入所需文本；

按O键在光标所在行的上面插入一空行，光标移到空行首。

例如：The first metal coins were made in China.

People strung them together and carried them from place to place.

在此例的两句中插入一句：

The first metal coins were made in China.

They were around and had a square hole in the center.

People strung them together and carried them from place to place.

当用户完成所需的操作后，按Esc键进入命令状态，就可以输入：wq（按Enter键），将所需内容保存在当前目录下用户所给的文件名中，然后退出Vi编辑程序。

5.6 Vi编辑程序的提高操作

Vi编辑程序有一个与WPS文字处理程序相类似的功能，就是可对所编辑的文本进行块拷贝。下面介绍通常的操作过程。

1. 定义所要拷贝的文本块

(1) 首先将光标移到所要拷贝的文本的第一行首，输入ma 。这里的a是任意的小写英文字母，用作所要移动的文本块的开始标记（即文本块首）；

(2) 将光标移到所要拷贝的文本块的最后一行，输入mb 。这里的b是任意一小写英文字母，用作所要移动的文本块的结束标记（即文本块尾）。

【注意】

用户所输入的ma或mb在屏幕上并不显示。

2. 文本块的拷贝

Vi编辑程序提供了如下的方法来完成文本块的拷贝。

调用底行命令co完成拷贝。

① 用户输入 ：'a,'b co . 把指定的文本块拷贝到当前行（这里用“.”表示当前行）的后面。

② 例如用户输入 ：2,5 co 20 把指定的第二行至第五行的文本内容拷贝到第 20 行之后。

假设现有文件 UNIX001. txt,其内容如下。利用 Vi 所提供的文本块拷贝命令,将其内容的 1 至 3 行拷贝到第三行后面。

UNIX operation system is very usefull operation system. SCO UNIX Open Server.

The first metal coins were made in China.

People strung them together and carried them from place to place.

机上操作的步骤：

① 进入 Vi 编辑程序,编辑所指定的文本文件 UNIX001. txt。

```
$ Vi ./UNIX001.txt(按 Enter 键)
    UNIX operation system is very usefull operation system. SCO UNIX Open Server.
    The first metal coins were made in China.
    People strung them together and carried them from place to place.
~
~
"UNIX001.txt 5 lines, 156 characters
```

② 将光标移到第一行,输入 ma(定义文本块的块首),再将光标移到第三行,输入 mb(定义文本块的块尾)。

③ 将光标移到第三行,进行文本块的拷贝。

用户操作：：'a，'b co . 完成所需的文本拷贝。

如果用户想删除所定义的文本块内容,可输入命令：

```
: : 'a, 'b d  /* 即把所定义的文本块内容给予删除 */
```

用户可以利用 UNIX 操作系统的命令 cat 来显示所编辑的文本文件。

```
$ cat UNIX001.txt(按 Enter 键)
    UNIX operation system is very usefull operation system. SCO UNIX Open Server.
    The first metal coins were made in China.
    People strung them together and carried them from place to place.
$ _
```

3. 文本的删除

在 Vi 编辑程序中,利用删除命令可完成对字符、字、行、句和段的删除。

(1) 字符的删除

按 x 键：删除字符。利用 x 可以删除光标后面的若干字符。例如：按 x 键删除光标后面的一个字符；按 4+x 组合键则删除光标后面的 4 个字符。

(2) 删除字

按 d+w 组合键：从当前处删除到本字结束(包括字后面的空格)；按 n+d+w 组合键则删除 n 个字。

(3) 删除行

按 d+d 组合键：删除光标所在行的内容(不论光标在该行何处)；

按 n+d+d 组合键：从光标行算起，删除 n 行；

按 shift+d 组合键：从光标处删到行尾。

4. 替换命令

在 Vi 编辑程序中，可以利用下面的命令完成用户所需的内容替换。

按 s 键：将光标处字符替换为所指定的字符串。在用户进行操作时，s 将光标下字符变为“$”，表示替换从此处开始。若替换位置不对，按 Esc 键退出。s 命令是进入文本输入方式，替换字符串的结束标志为 Esc，同时返回命令方式。

按 n+s 组合键：从光标处可是将 n 个字符替换为所指定的字符串。ns 命令将被替换的最后一个字符变为“$”，表示此是被替换的结束处。其他同 s。

按 S 键：将光标所在行变为空白，光标调到行首，用指定的字符串替换这一行的文本。其他同 s。

5. 全局修改命令

通常，在 Vi 编辑程序中，可以通过下面的命令实现对整个文本的编辑。

:g/字符串(按 Enter 键) 查找每行第一个指定的字符串；

:s/旧文本/新文本(按 Enter 键) 用新文本替换一个旧文本；

:s/旧文本/新文本/g(按 Enter 键) 用新文本替换行中所有的旧文本；

:g/标志文本/s/旧文本/新文本/g(按 Enter 键) 在全缓冲区查找含有“标志文本”的行，将这些行中的所有旧文本用新文本替换。

6. Vi 编辑程序中编辑多个文件

```
$ vi file1 file2 file3 file4(按 Enter 键)
```

这时，Vi 把第一个文件的内容显示出来，用户对它进行编辑后，可用命令“:w”进行写，然后，用“:n”命令读第二个文件并显示出来(n 表示 next 下一个)，再对它进行编辑，然后再用“:w”命令将修改过的文本保存……

如果用户在编辑文本的过程中，不记得该文本是属于哪个文件时，可以输入命令“:args”，Vi 将在屏幕底部给出提示。如果用户需重新编辑第一个文本文件时，可以输入“:rew”，第一个文件显示在屏幕上。

综上所述，Vi 编辑程序虽为用户提供了丰富的操作命令，但用户常用的还是 Vi 编辑程序的保存和退出命令：

按 Z+Z 组合键：将缓冲区的文本写到进入 Vi 编辑程序时指定的文件名中，然后退出 Vi；

:wq(按 Enter 键) 与 ZZ 功能相同；

:w filename(按 Enter 键) 把缓冲区的内容写到指定的文件中,而不退出 Vi;

:q(按 Enter 键) 如果所指定的文件已经存在,系统将给出提示而不执行 w 命令;

:w! filename(按 Enter 键) 当指定文件已经存在时,系统强行以缓冲区的内容覆盖原文件的内容;

:q! (按 Enter 键) 不写缓冲区的内容,直接退出 Vi。

在用户调用 Vi 编辑软件编辑较大的程序时,为防止自己因为疏忽而造成所编辑的信息丢失,应该在文本编辑过程中,经常输入":w(按 Enter 键)"的操作。

习题

1. Vi 是一个什么软件,怎样进入 Vi?
2. Vi 有几种操作模式?用什么字符表示这些操作模式?
3. 怎样退出 Vi,所涉及的命令各有什么不同?

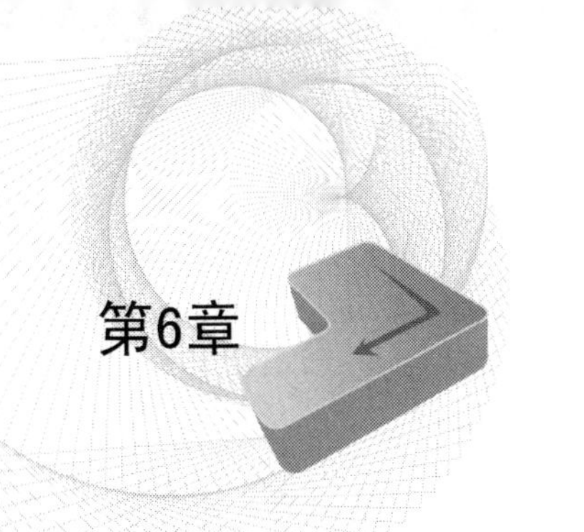

## chapter 6

UNIX操作系统的磁盘操作

在计算机系统中，尤其是工作在 UNIX 操作系统环境中的计算机系统，主要是运用最为广泛的 SCO UNIX 操作系统（OpenServer）。在实际工作中，用户与其打交道时更为关心的通常是：①磁盘（硬盘）；②它所支持的计算机总线结构等。

6.1 硬盘在 UNIX 操作系统中的作用

由于硬盘的容量非常大（通常，多为几百个 GB 以上的磁盘容量），UNIX 操作系统的所有程序和数据所需的磁盘空间安装环境，通常都是只能在硬盘上安装。在安装系统之前，可能会涉及对硬盘的格式化，此工作是由系统管理员在安装系统前完成的（除非是整个系统出现了无法恢复的故障，才对硬盘进行格式化一次）。有的书会介绍格式化程序 format，也会以格式化软盘来说明此程序的运用过程。由于软盘使用的机会越来越少（因为有了 U 盘和移动硬盘的缘故），本书不对软盘作介绍。

硬盘是由多个盘片组成，每片可分为两面，每面可分成若干条磁道（典型的为 500～2000 道磁道），各磁道之间有一定的间隔。为了使磁盘上存储的信息处理起来简单化，在每条磁道上存储的信息都是相同数量的二进制位。也就说，内磁道存储的信息密度比外磁道的信息存储密度高。每条磁道又划分成若干扇区，其典型值为 10～100 个扇区。每个扇区的大小为 600 个字节，分为两个字段。一个是存储控制信息的段；而另一个是存储数据的数据段。存储容量为一个盘块（一块＝512 个字节）。有的书就直接讲一个扇区的大小为 512 个字节（这是指所存储的数据信息而不包括存储控制信息）。

通常，计算硬盘容量的公式（单位为字节）为

$$硬盘容量＝柱面×磁头数×每磁道扇区数×512^{B}$$

通常，把磁盘可分为固定磁头磁盘和移动磁头磁盘。固定磁头磁盘就是每条磁道上都有一读/写磁头，所有的磁头都装在一刚性磁臂上。通过这些磁头可以读/写磁盘的所有磁道。这样，提高了磁盘的 I/O 速度。这种结构的磁盘主要用于大容量的磁盘。移动头磁盘是每一个盘面仅配一个磁头，磁头装在磁臂上。它能读/写该盘面上的所有磁道，以该磁头移动进行寻道。这种方式是以串行方式访问磁道，故 I/O 速度较慢。由于此结构较简单，所以仍被广泛用于中小型磁盘设备中。

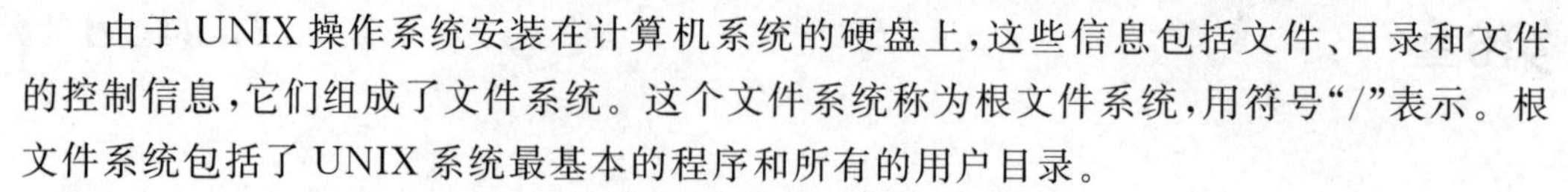

由于UNIX操作系统安装在计算机系统的硬盘上，这些信息包括文件、目录和文件的控制信息，它们组成了文件系统。这个文件系统称为根文件系统，用符号"/"表示。根文件系统包括了UNIX系统最基本的程序和所有的用户目录。

当然，UNIX操作系统允许用户建立和使用其他的文件系统，特别是由用户在别的磁盘(如软盘等)建立新的文件系统。这样做的目的主要是扩充系统的可用存储空间。文件系统建立后，要安装在系统中才能供用户使用。这样的文件系统，也称为用户文件系统或者子文件系统。

6.2 SCO UNIX系统支持的总线

ISA(Industry Standard Architecture，工业标准结构)；

EISA(Extended Industry Standard Architecture，扩展工业标准结构)；

MCA(Micro Channel Architecture，微通道结构)；

PCI(Peripheral Component Interconnect，外部组件互连)；

PCMCIA(Personal Computer Mermory Card Interface Association，个人计算机存储卡接口协会)。

1. ISA和EISA总线

(1) ISA总线是在1984年为80286 PC设计的总线。它的带宽为8位(二进制)，最高传输率为2Mb/s。

(2) EISA总线是在20世纪80年代末为克服ISA总线的不足而设计的。其带宽为32位，最高传输率为32Mb/s。可以连接12台外部设备。

2. 局部总线VESA和PCI

(1) VESA(Video Electronic Standard Association)总线在20世纪90年代初推出，其带宽32位，最高传输率为132Mb/s。仅能带2～4台外部设备，不支持Pentium系列CPU。

(2) PCI总线是在20世纪90年代随着Pentium系列CPU的迅速推出，Intel公司为了用户的需要和计算机的发展，而推出的能支持64位CPU的总线。PCI在CPU和外部设备之间插入了一道复杂的管理层(硬件和软件)，用于协调数据传输和提供一致的接口。在管理层中配有数据缓冲，通过该缓冲区可将线路的驱动能力放大，使PCI总线最多能支持10种外部设备，并能使高主频的CPU很好地运行。

PCI既可连接ISA、EISA等传统型总线，又可支持Pentium系列的64位CPU。

SCO OpenServer系统支持大部分的磁盘控制器(IDE、EIDE、ESDI、Compaq IDA、SCSI等)，所支持的硬盘有IDE、EIDE、ESDI、IDA、SCSI等。

6.3 SCO UNIX 系统环境下计算机设备的中断划分

设备中断见表 6-1。

表 6-1 SCO UNIX 系统环境中的设备中断

中断	八进制	设 备	备 注
0	0	时钟	不能另作他用
1	1	控制台(键盘)	不能另作他用
2	2	网络适配卡(网卡)、磁带驱动器控制器或其他外设适配卡	
3	3	串口 COM2	
4	4	串口 COM1	
5	5	次并行口 lp2	
6	6	软盘控制器	不能另作他用
7	7	主并行口 lp0 或 lp1	
9	11	IRQ2 链	不能另作他用
11	13	SCSI 主机适配器 0	不能另作他用
12	14	SCSI 主机适配器 1	
13	15	FPU	不能另作他用
14	16	ST506/ESDI/IDE 控制器 0	不能另作他用
15	17	ST506/ESDI/IDE 控制器 1	

为了使计算机系统的硬件设备能正常运行,在操作系统中必须安装相应的设备驱动程序。由于操作系统商家都会将各种设备的驱动程序与系统程序一起打包,所以在安装过程中,用户应该根据具体情况认真而仔细地选择所需要的设备驱动程序。否则,会发生设备中断的冲突。为此,在系统安装时,最好不要在计算机中添加任何附加的硬件设备,所带的各种硬件设备应尽量采用厂商提供的默认设置。

6.4 硬盘设备的驱动程序

SCO UNIX 操作系统所支持的硬盘(硬盘控制器)有如下类型: IDE、EIDE、ESDI、CompaqIDA、SCSI 硬盘控制器。

不同的硬盘配置了不同的驱动程序,见表 6-2。

表 6-2 设备的驱动程序

设备驱动程序	功 能
wd	用于 ISA、EISA、MAC 和 PCI 总线计算机上的 WD1010 或 ST506 接口的硬盘,也包括 IDE 和 EIDE 硬盘
Sdsk	用于所有的 SCSI 硬盘控制器的驱动
esdi	用于 MAC 总线计算机上的 WSDI 硬盘控制器的驱动
St506	用于 MAC 总线计算机上的配置为 ST506 接口的 ESDI 硬盘控制器的驱动
ida	用于 Compaq IDA 硬盘控制器的驱动
Omti	用于 ONTI 硬盘控制器的驱动

SCO UNIX 系统可以同时使用多个硬盘。

在 UNIX 系统的磁盘驱动器中，含有一系列过程，例如用于打开磁盘驱动器的 gdopen 过程、启动磁盘控制器的 gdstartegy 过程、磁盘中断处理的 gdintr 过程。所谓过程，实际上就是执行一个子程序来完成这一操作。

前面讲述了磁盘操作的相关命令，这些命令在系统中执行后把结果显示在屏幕上、打印在纸上或存储在磁盘中。磁盘的读、写命令具体是怎样工作的？作为计算机系统方面（专业）的人员，有必要了解这些过程。下面就对 UNIX 系统中的磁盘读、写操作做一简单介绍。

6.4.1 打开磁盘驱动器的过程 gdopen

前面已经讲过，UNIX 系统中把设备看做是一种特殊类型的文件来进行管理和调用。因为要使用文件，就必须先打开它。打开磁盘驱动器的 gdopen 过程就是完成此操作的过程。该过程的输入参数是设备号，无输出参数。进入该过程后，首先检查系统中是否有输入参数 dev 所指定类型的磁盘驱动器。若有，再检查它是否已被打开，如果尚未打开，便将此驱动器打开，即将磁盘控制器表中的标志 b—flag 设置为 B—ONCE；再调用 gdtimer 过程启动对应的控制器和设备短期时钟闹钟，用于控制磁盘驱动器的执行时间。若系统中无指定类型的磁盘驱动器，则设置相应的出错信息后返回。

6.4.2 启动磁盘控制器的过程 gdstart

在进行磁盘的读、写操作之前，应首先装配磁盘控制器中的各个寄存器（即设备初始化），然后再启动磁盘控制器。这些功能是由 gdstart 过程完成的。该过程的输入参数是控制器号 ctl，无输出参数。进入该过程后，先从磁盘设备控制表中找到 I/O 队列的队首指针，若它为 0，表示 I/O 队列为空，无 I/O 缓冲区可取，于是返回；否则，将控制表中的忙闲标志 bactive 置“1”，设置磁盘控制器中的各个寄存器，例如磁盘地址寄存器、内存总线地址寄存器、控制状态寄存器、字计数器等，最后启动磁盘控制器读（或写）后返回。

而 gdstartegy 过程的主要功能，是把指定的缓冲首部排在磁盘控制器 I/O 队列的末尾，并启动磁盘控制器。输入参数是指向缓冲首部的指针 bp，无输出参数。进入该过程后，先检查磁盘控制器队列是否为空，若空，把缓冲首部的始址赋予 I/O 队列的队指针；否则，将该缓冲首部排在磁盘控制器 I/O 队列的末尾，然后再判断磁盘设备是否忙。若不忙，调用 gdstart 过程启动磁盘控制器，以传输 I/O 队列中第一个缓冲区中的数据；否则返回。

6.4.3 磁盘中断处理的过程 gdintr

当磁盘 I/O 传送完成并发出中断请求信号时，CPU 响应后将通过中断总控程序进入磁盘中断处理过程 gdintr。该过程的输入参数为控制器号 ctl。进入该过程后，先检查磁盘是否启动，若尚未启动，程序便不予理睬即返回；若已启动，则还须先通过对状态寄存器的检查，以了解本次传送是否出错。若已出错，便在控制终端上显示出错信息。由于磁盘的出错率较高，因而并不采取一旦出错就停止传送的策略，而是做好重新执行的准备，然后再传送。仅当重试多次都失败，且超过了规定的执行时间时，才设置出错标志。如果未出错，则继续传送下一个缓冲区中的数据。

现代的计算机系统，对于磁盘的 I/O 操作基本上都采用了 DMA 传输方式。有关 DMA 方面的知识，请参阅计算机硬件方面的书籍。

6.4.4 磁盘读、写程序

1. 磁盘的读写方式

1）读方式

在 UNIX 系统中有两种读方式：一般读方式，只把盘块中的信息读入缓冲区，这由 bread 过程来完成；提前读方式，当一进程按顺序读一个文件所在的盘块时，会预见到所要读的下一个盘块，因而在读出指定盘块（即当前块）的同时，可提前把下一盘块（提前块）中的信息也读入缓冲区。这样，当以后需要该盘块的数据时，由于该数据已在内存中，故而可缩短读此盘块数据的时间，从而改善了系统的性能。提前读功能是由 breada 过程完成。

2）写方式

在 UNIX 系统中有三种写方式：一般写、异步写、延迟写。

一般写方式：这是真正把缓冲区中的数据写到磁盘上，且进程须等待写操作完成。这由 bwrite 过程完成。

异步写方式：进程无须等待写操作完成便可返回。这是由 bawrite 过程完成的。

延迟写方式：该方式并不真正启动磁盘，而只是在缓冲区首部设置延迟写标志，然后便可释放该缓冲区，并将此缓冲区链入空闲表的末尾。以后，当有进程申请到该缓冲区时，才将其中的内容写入磁盘。这样做的目的是为了减少不必要的磁盘 I/O 操作，因为只要没有进程申请到该缓冲区，其中的数据就不会写入磁盘，若再有进程需要访问该缓冲区的数据时，便可直接从空闲链表中摘下该缓冲区，而不必从磁盘读入。延迟写方式是由 bdwrite 过程完成的。

2. 磁盘的读过程

1）一般读过程 bread

该过程的输入参数是文件系统号（即逻辑设备号）和块号。进入该进程后，先调用 getblk 过程申请一个缓冲区，若缓冲区首部标明该缓冲区中数据是有效的，便无须再从磁盘读入，直接返回；若所需数据尚未读入，则应先填写缓冲区首部，如设置读标志，以表明本次是读操作。再就是设置块的初始字符计数值（一般此值应是 2 的 n 次方，如 1024），接下来是通过块设备开关表转入相应的 gdstartegy 过程，启动磁盘读入所需数据。由于在一般读方式下，进程要等待读操作完成，故须调用 sleep 过程使自己睡眠，直至读操作完成时，再由中断处理程序将该进程唤醒，最后将缓冲区首部的指针 bp 作为输

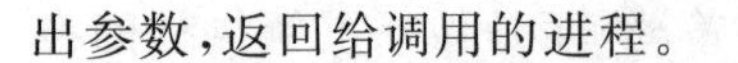

出参数，返回给调用的进程。

2）提前读过程 breada

该过程的输入参数是当前读的文件系统号（即逻辑设备号）和块号，以及提前读的文件系统号和盘块号。进入该进程后，先判断当前块是否在缓冲区池；若不在，需要调用 getblk 过程申请一个缓冲区。若缓冲区中的数据无效，则应填写缓冲区首部，通过块设备开关表转入相应的 gdstartegy 过程，启动磁盘读入所需数据。若当前块已在缓冲区或所分配的缓冲区中的数据有效，都将转去读提前块。

若提前块的数据缓冲区不在缓冲池中，也需调用 getblk 过程，为该提前块分配一个缓冲区。若所得到的数据缓冲区中的数据有效，则调用 brelse 过程将该缓冲区释放，以便其他进程对该缓冲区的访问；否则，填写缓冲区首部，再启动磁盘读所需数据。最后，若当前块缓冲区在缓冲池中，则调用 dread 过程去读当前块；否则，调用 sleep 过程使自己睡眠，直至读操作完成时，再由中断处理程序将该进程唤醒，最后将缓冲区首部的指针 bp 作为输出参数，返回给调用的进程。

3. 写过程

1）一般写过程 bwrite

该过程的输入参数是缓冲区指针 bp。进入该过程后，根据 bp 指针找到缓冲区首部，设置缓冲区首部初值，通过设备开关表转入相应的 gdstartegy 过程，启动磁盘。如果是一般写，应等待 I/O 操作完成。为此，需调用 sleep 过程使自己睡眠，直至读操作完成时才被唤醒，再调用 brelse 过程释放该缓冲区。如果是异步写，且有延迟写标志，则在给缓冲区写上标志后，将其放入空闲链表的首部。

2）异步写过程 bawrite

它与一般写进程非常相似，但不需等待 I/O 操作完成即可返回。进入 bawrite 过程后，设置异步写标志，再调用 bwrite 过程来完成所要求的操作。

3）延迟写过程 bdwrite

延迟写过程很简单。它只需要设置延迟写标志和数据有效标志，再调用 brelse 过程来释放该缓冲区，并将此缓冲区链入空闲链表的末尾。以后，当某进程调用 getblk 过程而获得该缓冲区时，再用异步写方式将缓冲区的内容写入磁盘。

用户可以调用 Hardware/Kernel Manager（硬件/核心管理程序）来检查或配置系统相关参数。

习题

1. 熟悉常用硬盘的组成结构。
2. SCO UNIX 支持哪些总线？
3. 怎样划分 SCO UNIX 系统环境中的设备中断？
4. 解释磁盘的读/写过程。

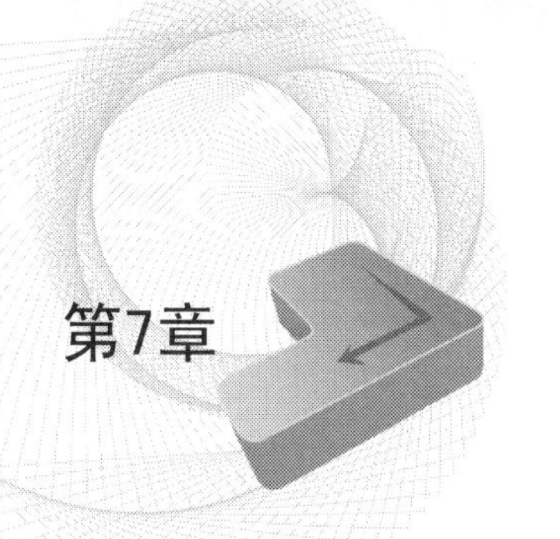

第7章 chapter 7

UNIX操作系统的shell

在操作系统中，用户几乎都是通过系统调用（程序）和用户调用（命令）来操作计算机系统的。前者是以编写程序中调用系统所提供的一些子程序来完成用户的要求；而后者则是通过键盘或鼠标输入操作系统提供的命令交由计算机执行来达到其目的。不论是程序的调用还是命令的输入都不是直接送到计算机的硬件（包括操作系统的内核）去执行的，而是首先通过操作系统的命令解释（编译）程序处理后再交给计算机硬件（内核）执行。例如，DOS/Windows 操作系统中的命令解释程序 command.com；UNIX 操作系统中的 shell 程序。命令解释（编译）程序是一个实用程序，作为用户和计算机系统之间的接口。也就是说，人们是通过命令解释程序（如 command.com，shell）来使用计算机系统的。

在 UNIX 系统中，shell 把用户输入的命令或程序解释后交内核（kernel）执行。shell 还提供了程序设计语言。shell 语言是一种命令语言。可以编写出批处理的 shell script 文件，此文件本身是一个文本文件，它是由 ASCII 码构成的，所以不能直接执行。UNIX 操作系统提供了几种 shell。

通常有 Bourne shell，Korn shell，C shell 和 Ba shell 等。这些 shell 都有自己的文本格式的 shell script 文件。下面介绍各种 shell 的相关信息，见表 7-1。

表 7-1 shell 和 shell 的程序名

shell 的程序名	提示符	shell 的名称
/bin/sh	$	Bourne shell
/bin/ksh	$	Korn shell
/bin/bash	$	Bourne Again shell
/bin/csh	%	C shell
/bin/tcsh	%	TC shell

7.1 /bin/sh

它是由 AT&T 贝尔实验室的 Bourne 开发的，故称为 Bourne shell，也称为 B-shell。它是 UNIX 操作系统最早的 shell，也是 UNIX 的标准 shell。它存放在/bin 目录中，其文件名为 sh。

7.1.1 进入系统

前面已经介绍了在 UNIX 操作系统中,把使用系统的用户分为普通用户和超级用户两种。这样划分的目的是为了系统的安全。各类用户在需要进入系统时都必须先登录,在验证其身份后方可进入系统。即:

```
login:(输入用户名并按 Enter 键)
passwd:(输入口令并按 Enter 键)
   ⋮
$ _      /* 这是输入普通用户名和口令后得到的系统提示符 */
```

或

```
#_  /* 这是输入超级用户名 root 和口令后得到的系统提示符 */
```

Shell 程序是用户登录系统后就被调入计算机系统的内存中,直到用户退出系统之前一直处于运行状态。如果用户要退出 shell,只需输入命令:

```
$ exit(按 Enter 键)             /* 普通用户的退出,也可以按 Ctrl + D 组合键退出 */
login:_
```

或

```
# shutdown 或 haltsys          /* 超级用户退出系统的命令 */
login:
```

7.1.2 shell 对 UNIX 命令的解释

下面介绍 shell 是怎样工作的。先以 DOS 操作系统的命令 dir 为例:

```
 $ dir(按 Enter 键)             /* 用户输入 dir 并按 Enter 键 */
dir: not found                  /* 系统提示 dir 命令没有找到 */
```

明确一点,dir 是属于 DOS 操作系统的列文件目录的命令,当用户在 UNIX 系统的提示符状态下输入 dir 并按 Enter 键,shell 对此命令进行解释并执行。当 shell 没有找到一个文件名为 dir 的可执行文件(发现 dir 不是 UNIX 操作系统的命令)时,shell 就返回一条错误信息(dir:not found)。

```
$ ls-l /usr/team01/ * (按 Enter 键)
total 24
- rw - rw - rw -  1 team01 group 2314 may 12 12:12:23 2001 tea01
- rw - rw - rw -  1 team01 group 3014 may 14 22:02:23 2001 tea02
⋮
$ _
```

由于命令"ls-l"是 UNIX 系统的显示文件目录等信息的命令,shell 对其解释并执行后,便可在屏幕上得到相应的结果。

从上面的例子可以看到，Boure shell 是 UNIX 操作系统的命令解释程序（类似于 DOS 系统中的 command. com 程序的功能）。

7.1.3 shell script 脚本文件的建立

可以利用 Boure shell 提供的编程语言来建立一个 shell script 文件。设所编写的文件名为 riqi。这个文件完成命令 date 和 who 的功能。

用户可通过 Vi 编辑程序来完成 riqi 文件的编辑。通过命令 cat 来显示 shell script 文件 riqi 的内容：

```
    $ cat riqi(按 Enter 键)
:
# @ #  - show date and users shell script
#
date
who-u
$ _
```

可以看到，文件 riqi 非常类似“DOS”系统中的批命令文件（其扩展名为 * * *. bat）。

由于 shell script 文件 riqi 是 shell 提供的 script 语言编写的，所以执行时必须要调用 shell 的文件名 sh 才可以执行，即：

```
$ sh riqi(按 Enter 键)            /* 执行 shell script 的一种方法 */
Mon July 15 14:18:12 BJT 2007
root tty01 July 15 14:18:12.254
team01 tty03 July 15 14:18:12.255
$ _
```

在此实例中，sh 把 riqi 作为一个参数来调用，并执行 riqi 中提供的两个命令行。

【说明】

(1) 在该例子中，冒号“：”表明紧随其后面的文本是 shell script 文件的内容。

(2) “#”表示后面是注释信息。

(3) “@ #”字符串是命令 what 获取 shell 文件标题的方法，命令 what 扫描参考文件，显示含有“@ #”的注释部分的信息。

7.1.4 shell 对多命令的解释

在 UNIX 系统中，可利用 shell 所提供的编写程序功能把若干个 UNIX 的命令放在一起来完成用户所要求的功能。例如，可以编写一个改变用户界面的 shell script 文件。

首先，用 Vi 编辑程序编写一个文件名为 refilename 的 shell script。现在可以利用 UNIX 系统命令 cat 来显示文件 refilename 的内容：

```
$ cat refilename(按 Enter 键)
:
#@ (#) refilename shell script
```

```
echo"please enter old filename : \c"
read old
echo "please enter new filename: \c"
read new
mv $ old $ new
echo "file $ old is now called $ new \n"
$ _
```

【说明】

这里的反斜杠“\”后面的字符由 shell 从它的正常解释中转义，即使用反斜杠“\”以消除单个字符的特殊含义。

由于所编写的 shell script 文件的执行权限被限制(即通过 Vi 编辑器编写的文件，其文件主只有读/写(r/w)权限，而无执行(x)权限)，可以调用 UNIX 系统的命令 chmod 来对此文件的访问权限进行设置，这样就可以使 shell script 文件成为一个可执行的文件。即：

```
$ chmod u + x refilename(按 Enter 键)
```

这样，就可以在系统提示符下直接输入 shell script 文件名来完成所需的操作：

```
$ ./refilename(按 Enter 键)                    /* 执行当前目录下的 refilename */
Please enter old filename:fyc1(按 Enter 键)    /* 屏幕提示用户输入原文件名，如 fyc */
Please enter new filename: fycfile ( 按 Enter 键) /* 屏幕提示用户输入新的文件名，如
fycfile */
File fyc is now called fycfile.                  /* 屏幕显示出程序的执行结果 */
$ _
```

在此例中，可以看到 shell script 文件具有非常好的交互功能，也可以根据用户的爱好来改变操作界面。

shell 所提供的编程序语言实际上是把 UNIX 系统的相关命令组合在一起，所以 shell 又被称为命令程序设计语言(command programming language)。

7.1.5 执行 shell script 文件的方法

通常，执行 shell script 文件有三种方法。

(1) 输入改向法。shell 从命令文件中读入命令并进行处理。

例如：

```
$ sh < fycname(按 Enter 键)
 "sh"从文件"fycname"中读取命令并执行。
```

(2) 直接使用“sh”命令，后面跟所需文件名。

例如：

```
$ sh riqi(按 Enter 键)
```

shell 把 riqi 当做参数来调用。

(3) 使用命令 chmod。

首先通过 UNIX 系统命令 chmod 来改变 shell script 文件的访问权限,再在系统提示符下输入通过命令 chmod 处理后的文件名。例如:

```
$ chmod u + x refilename(按 Enter 键)
$ ./refilename(按 Enter 键)
```

7.2 /bin/csh

C-shell 最早由加利福尼亚大学的 William N. joy 于 20 世纪 70 年代开发,最初运用在 BSD 2.0 版本的 UNIX 系统上。它相对 B-shell 来讲,其所提供交互作用更方便,编写程序更灵活,有不少的编程结构的风格类似于 C 语言,故称为 C-shell。

在 UNIX 系统中,sh 和 csh 都是作为标准命令提供。csh 启动时,将自动执行用户主目录下的 .cshrc 文件中的命令。如果它作为登录 shell 运行,再执行主目录中的 .login 文件中的命令。不同的用户有自己独立的主目录,所以,不同的用户有自己独立的 .cshrc 文件(这类似于 DOS 操作系统中的批处理文件 Autoexec.bat)。UNIX 系统不同的应用程序提供了不同的批处理文件,这些应用程序一启动就会搜寻一个批处理文件,其文件都是以"."开头的,例如:Vi 编辑程序的 .exrc、mail 邮件传输的 .mailrc 和 B-shell 的 .profile 文件。

7.3 /bin/ksh

K-shell 是由贝尔实验室的 David Korn 于 1986 年开发的。它是 B-shell 的一个超集(提升版本),支持带类型的变量、数组等,其功能比 sh 更强。

7.4 /bin/bash

通常把 Bourne Again shell 称为 bash,是 Linux 系统的标准 shell(默认 shell),它与 B-shell 兼容,在 B-shell 的基础上进行了扩充,同时吸取了 C-shell 的一些特点。它的命令行编辑方法更方便,可以直接使用键盘上的上下键进行全屏幕操作,便于交互式操作。

不同的 shell 其功能几乎是兼容的,作为 UNIX 系统的一个用户,知道自己所运行的是哪一种 shell 是非常重要的。用户可以通过如下的命令了解自己所运行的是何种 shell:

```
$ grep $ LOGNAME /etc/passwd(按 Enter 键)
team01:x:200:50::/usr/team01:/bin/sh
$ _
```

上面所显示的一行信息中,第一域中显示的内容是该用户的注册名,最后的一个域就是用户注册进入系统时所使用的 shell 的文件名 sh。

在第二单元的 AIX 操作系统中，还将介绍涉及 shell 的有关内容。读者可以更进一步了解 shell 的有关知识。

习题

1. 试说明 UNIX 操作系统所支持的几种 shell 程序。
2. shell 的作用是什么？
3. 执行一个 shell script 文件有几种方法？
4. 试说明 SCO UNIX 操作系统中文件系统的管理/维护方法。
5. 试说明 SCO UNIX 操作系统的文件系统类型。
6. 试说明 SCO UNIX 操作系统的文件系统创建方法。

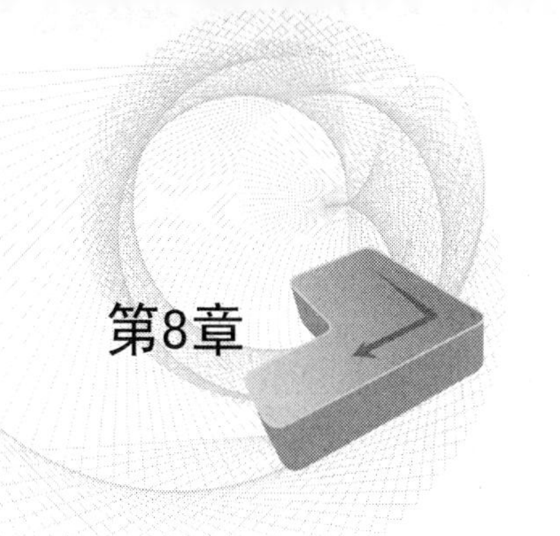

第8章　　chapter 8

UNIX操作系统的管理与维护

UNIX 操作系统的管理与维护所涉及的内容非常复杂，通常包括如下几个方面：

(1) 系统的安装与升级；

(2) 系统的启动与关闭；

(3) 用户管理与安全维护；

(4) 进程管理与控制；

(5) 文件系统的管理与维护；

(6) 硬件设备的管理与维护；

(7) TCP/IP 网络的管理与维护；

(8) 日常性的公共管理与维护。

这里，只对文件系统的管理和维护、TCP/IP 网络的管理与维护以及日常性的公共管理与维护做介绍。

8.1　文件系统的管理和维护程序

在 SCO UNIX 操作系统中，文件管理与文件系统的管理是不一样的。文件管理实际上就是指对各类文件的操作(即调用操作系统的相关命令)，就是对文件进行显示、复制、移动、删除以及链接和查找等操作。

文件系统的管理与维护，是只有系统管理员才能做的操作。这些操作包括文件系统的建立、安装、拆卸和维护等。

为了便于对文件系统的管理与维护，SCO UNIX 系统配置了一个完成文件系统管理的管理软件，即文件系统管理程序 Filesystem Manager。通常，系统管理员在日常的工作中可以利用此软件完成对文件系统管理和维护的大多数工作。

用户可以通过下面的方法之一启动 Filesystems Manager(文件系统管理程序)。

(1) 在图形界面的桌面系统中，依次单击 System Administration 图标、Filesystems 图标、Filesystem Manager 图标。

(2) 在命令行中输入并执行 scoadmin filesystem manager 或 scoadmin f 命令。

(3) 在命令行中输入并执行 scoadmin 命令以启动 SCO admin 系统管理程序，然后再选择 Filesystems/Filesystem Manager。

当 Filesystem Manager 启动后，用户当前的系统中有关的文件系统将显示在其主屏幕上。其中，已安装了文件系统的左侧显示一个 Mount 图标（图形界面）或字母 m（字符界面）。下面给出了文件系统管理程序启动后的界面，如图 8-1 所示。

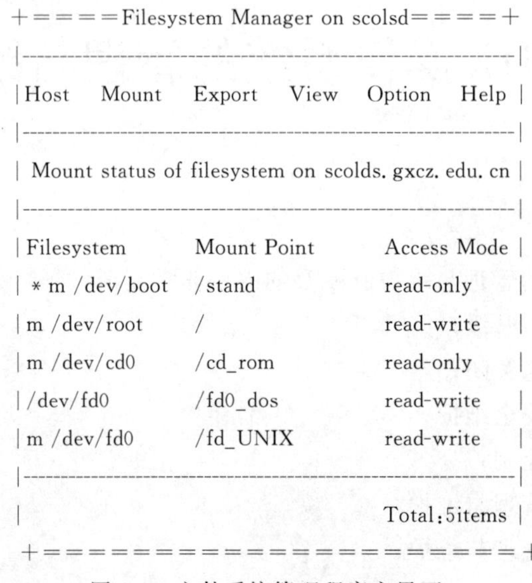

图 8-1 文件系统管理程序主界面

8.2 文件系统的类型

SCO UNIX 操作系统支持多种类型的文件系统。表 8-1 列出了 SCO OpenServer Release 5 所支持的文件系统类型。

表 8-1 SCO OpenServer Release 5 所支持的文件系统类型

类　型	说　明
HTFS	High Throughput 文件系统（系统默认值。Root 文件系统使用）
EAFS	Extended Acer Fast 文件系统（/stand 文件系统使用）
AFS	Acer Fast 文件系统
S51K	AT&T UNIX System V 1kB 文件系统
DTFS	Compression 文件系统
HS	High Sierra CD-ROM 文件系统
ISO9660	ISO 9660 CD-ROM 文件系统
Rockridge	Rockridge CD-ROM 文件系统
XENIX	XENIX 文件系统
DOS	DOS 文件系统（DOS、Windows 操作系统使用）
NFS	Network 文件系统
NetWare	NetWare 文件系统的 SCO 网关
LMCFS	LAN Manager 客户文件系统

用户在 Filesystem Manager 中,选择 View|Filesystem Type 命令即可查看当前系统中所有文件系统的类型(除 Filesystem Manager 不能管理的 LMCFS 文件系统外)。例如,某系统中各个文件的类型如图 8-2 所示。

```
+=====Filesystem Manager on scolsd====+
|------------------------------------------------------------|
|Host   Mount   Export   View   Option   Help |
|------------------------------------------------------------|
|   Types of filesystem on scolds. gxcz. edu. cn     |
|------------------------------------------------------------|
| Filesystem        Mount Point       Type      |
| * m /dev/boot     /stand            EAFS      |
| m /dev/root       /                 HTFS      |
| m /dev/cd0        /cd_rom           ISO9660   |
| /dev/fd0          /fd0_dos          DOS       |
| m /dev/fd0        /fd_UNIX          HTFS      |
|------------------------------------------------------------|
|                              Total:5items    |
+=========================+
```

图 8-2 文件类型

8.3 文件系统的驱动程序

SCO UNIX 操作系统中,任何一个文件系统类型都具有用以对其支持的设备驱动程序。如果一个文件系统类型的驱动程序没有配置到操作系统的核心之中,系统就不能识别该类型的文件系统。

SCO OpenServer Release 5 系统的 ht 驱动程序总是默认地配置在系统核心之中,以提供对 HTFS、EAFS、AFS、S51K 等文件系统类型的支持,其中 HTFS 是 SCO OpenServer Release 5 系统的默认文件系统类型。

在文件系统中,如果要增加对某种文件系统的支持,就必须将欲支持的文件系统驱动程序加到操作系统的核心中。用户可以调用 Hardware/Kernel Manager(硬件/核心管理程序)的 mkdev 实用程序来完成此操作(mkdev 是一个系统管理程序)。mkdev 程序存放在/usr/lib/mkdev 目录中。如果用户希望在 UNIX 操作系统的环境中调用 DOS/Windows 的相关文件,就可执行命令 mkdev dos。具体过程如下:

```
#mkdev dos(按 Enter 键)
DOS filesystem support Configuration Program

1. Add DOS filesystem support to system configuration.
2. Remove DOS filesystem support from system configuration.

Select an option or enter q to quit:1(按 Enter 键)
```

```
        System configuration files have been successfully modified.
      You must create a new kernel to effect the filesystem chang you specified.
Do you wish to create a new kernel now?(y/n)y(按 Enter 键)

        The UNIX Operating System will now be rebuilt.
        This will take a few minutes. Please wait.

         Root for this system build is /
        The UNIX Kernel has been rebuilt.

Do you want this kernel to boot by default?(y/n)y(按 Enter 键)
Backing up UNIX to UNIX.old
Instailling new UNIX on the boot file system.
The kernel environment includes device node files and /etc/inittab.
The new kernel may require changes to /etc/inittab or device nodes.

Do you want the kernel environment rebuilt?(y/n)y(按 Enter 键)

The kernel has been successfully linked and installed.
        To activate it ,reboot your system.

Setting up new kernel environment
#_
```

上面是将 DOS/Windows 文件系统的驱动程序加入到 UNIX 操作系统核心的步骤。

在完成此项操作后,应按照系统的要求重新创建并链接到核心,然后再重新启动系统,使系统按修改后的环境设置工作平台。用户就可以访问自己所添加的文件系统类型的文件了。

8.4 文件系统的创建

文件系统是操作系统中的一个独立的逻辑分区。在文件系统中,包含了文件、目录和对文件进行定位及访问所必需的信息(如 i 节点信息)。

文件系统可以建立在软盘、硬盘或 CD-ROM 光盘上。在安装操作系统的过程中,必须按照操作系统的要求在基本硬盘(通常是主硬盘)上创建相应的文件系统。

对于 SCO OpenServer Release 5 系统来讲,一般情况下都要在基本磁盘上创建两个文件系统,一个是 root 文件系统,另一个是/stand 文件系统。root 文件系统(也称为根文件系统,用"/"表示)包含了操作系统所必需的程序和目录、系统中所有用户的目录和文件。/stand 文件系统就是通常所说的引导文件系统,它比较小,只包含了与系统引导有关的信息,主要是 boot 引导程序和操作系统核心/stand/UNIX 等。

也可以在主硬盘上创建多的文件系统。最为常见的是创建一个专门用于管理用户账号的文件系统,如:/u 或/home。这样,把用户账号与 root 文件系统分开,既可以保护操作系统的安全，又便于系统的维护，特别是在对系统进行备份时就显得更为方便。

8.5 用户账号的管理

因为UNIX操作系统是一个多用户的分时系统，所以系统的管理会涉及接纳新用户（建立新用户），删除不需要的用户。用户进入UNIX操作系统时，必须先按照系统管理员事先为其创建的用户的账号（账户）登录（正确输入用户名——UID和口令）方可。对于系统的注册用户，系统提供了用户主目录。在用户主目录下，用户可以方便地组织自己的文件，并可控制其他用户对自己文件的访问权限。系统还为用户建立了适当的.profile文件。

在UNIX系统中，用户也称为账户或用户账户，是系统的使用者。用户账户是用户与计算机系统之间的一种联系方式，拥有一个账户就表明此用户是系统中的合法用户（也就是说，需要登录系统的用户，必须是先前在系统中记录在案的用户），它有系统给其分配的用户注册名、口令、访问权限和用户主目录（HOME目录）等资源。

通常，用户的账户管理涉及如下内容：

(1) 用户账户的增加、修改和删除；

(2) 用户组的增加、修改和删除；

(3) 口令的设置和控制；

(4) 超级用户权限的设置；

(5) 安全特征文件的改变。

可以通过下面的方法对用户账户进行管理：

(1) scoadmin系统管理程序；

(2) shell命令行；

(3) 在桌面系统窗口中单击Account Manager程序。

用户账户管理中要涉及/etc/passwd和/etc/group文件。了解这两个文件对系统管理员来讲，是非常重要的。

8.5.1 账户管理文件/etc/passwd

用户进入系统所涉及的相关信息（主要是用户账户信息，这些信息包括用户登录名、口令等）存放在UNIX操作系统的/etc/passwd文件中。在用户进入系统时，系统通过查看该文件的内容（实际上是将用户所输入的内容与该文件中原来保存的内容进行比较）来决定该用户是否为合法用户，以便访问系统。

下面列出了某机器的/etc/passwd文件的内容：

```
#ls-l /etc/passwd(按 Enter 键)          /* 利用命令 ls-l 列出该文件的相关信息 */
    -rw-rw-r-- 1 bin auth 1024 May 21 10:21 /etc/passwd
#cat /etc/passwd(按 Enter 键)           /* 利用命令 cat 显示该文件的内容 */
```

```
root:x:0:3:Superuser:/:
daemon:x:1:1:System daemons:/etc:
bin:x:2:2:Owner of system commands:/bin:
sys:x:3:3: Owner of system files:/usr/sys:
adm:x:4:4:System accounting:/usr/adm:
uucp:x:5:5:UUCP administrator:/usr/lib/uucp:
auth:x:7:21:Authentication administrator:/tcb/files/auth:
asg:x:8:8:Assignable devices:/:
cron:x:9:16:Cron daemon:/usr/spool/cron:
sysinfo:x:11:11:System information:/usr/bin:
dos:x:16:11:DOS device:/:
mmdf:x:17:22:MMDF administrator:/usr/mmdf:
network:x:18:10:MICNET administrator:/usr/network:
backup:x:19:19:Backup administrator:/usr/backup:/bin/sh
nouser:x:28:28:Network user with no access privileges:/:/bin/false
listen:x:37:4:Network daemons:/usr/net/nls:
lp:x:71:18:Printer administrator:/usr/spool/lp:
audit:x:79:17:Audit administrator:/tcb/files/audit:
#_
```

从上面所显示的/etc/passwd文件的内容可以看出，每一行都是一个用户的有关信息。每行信息有七个字段。其格式为：

user id:password:uid:gid:user info:home directory:home shell

下面介绍格式中的内容含义。

(1) user id为用户标识符。它是一个ASCII码的字符串，通常的长度为3～8个小写字符。该字符串由系统管理员指定。它位于每个账户的第一个字段上。

(2) password是加了密的口令字段。用户可以调用cat命令来显示该内容，但看见的是乱码(即所显示的口令是经过加密后的信息)。如果此字段为空，则表示该账户此时没有口令。

(3) uid是用户标识号，是用户在系统中的唯一ID号码。其取值是0～655 337间的任一个整数。uid也是系统内部的标识号，并在一个网络中标识一个注册名，即它表示一个用户。个人账户的uid最小值为200，最大值为60 000。当一个用户退出网络时，相应的uid码就作废了。

(4) gid是组标识符。它是说明用户小组的标识，又称默认组ID码，其取值是0～32 767间的整数。gid值可以设置，也可以不设置。如果当一个小组中有多个成员要存取一个或多个目录/文件时，最好设置gid标识。

(5) user info是用户注释信息字符段。它是由系统管理员输入的用户注册的相关信息。如用户名的全称、电话号码等。该信息中不能用冒号，因为冒号在/etc/passwd文件中作为各字符段的间隔符。

(6) home directory为注册目录字段，是用户默认的注册目录(即用户主目录)。也就是用户在系统注册时所进入的目录，如超级用户的注册目录为根目录(/)，而普通用户如 team01 的注册目录则是/usr/team01。这里出现的路径名也定义在用户的环境变量 HOME 中。

(7) home shell 是注册的 shell 字段。它指定用户注册后执行什么 shell。通常,如果用户没有指定使用哪种 shell(即该字段为空),系统就将 Bourne shell(B-shell)作为默认的 shell。

(8) /etc/passwd 文件包含了每个用户的信息,有人戏称它是 UNIX 系统中的用户数据库。只有系统管理员(超级用户)才有权修改该文件。

8.5.2 /etc/group 文件

/etc/group 文件是系统用来记录用户组信息的。它记录了系统中所有存在的用户组名、用户组标识以及哪些用户属于哪个组。将用户分组也是 UNIX 操作系统对用户进行管理和控制访问权限的一种有效方法。

下面列出某机器的/etc/group 文件的内容:

```
#ls -l /etc/group(按 Enter 键)
-rw-rw-r-- 1 bin auth 384 may 15 09:12 /etc/group
#cat /etc/group(按 Enter 键)
root::0:
other::1:root,daemon
bin::2:bin,daemon
sys::3:bin,sys,adm
adm::4:adm,daemon,listen
uucp::5:uucp,nuucp
mail::7:
asg::8:asg
network::10:network
sysinfo::11:sysinfo,dos
daemon::12:daemon
terminal::15:
cron::16:cron
audit::17:audit
lp::18:lp
backup::19:
mem::20:
auth::21:auth
mmdf::22:mmdf
sysadmin::23:
nogroup::28:nouser
group::50:ingress,dtsadm,test,gkk,dtk,fhkj,shi
#_
```

从上面所显示/etc/group 文件的内容中可以看出,每行信息有四个字段。其格式为:

```
name:passwd:gid:users
```

每个描述字段用冒号作为分隔符,各字段的含义如下。

- name 字段是用户组名，如 root，other，bin，…。
- passwd 字段是加密口令。
- gid 字段是用户组标识号，其值小于 50 的为系统用户可加入的组；等于 50 的为一般用户可加入的默认的组；而大于 50 的为用户可加入的新建立的用户组。
- users 字段是用户名，它表示用户组内所包含的用户。

通常，不希望改变/etc/group 文件中的任何默认的系统用户组的 gid。在 UNIX 系统中，用户组由若干个用户组成。创建用户组的目的是控制对某类文件和目录的访问权限，即用户组允许某一类用户共享文件。一个用户可以同时是若干组的成员之一，可以访问这些组的文件和目录。

由于用户注册进入系统时，系统是从/etc/passwd 文件中读取 gid 而不是从/etc/group 文件中读取 gid，所以这两个文件具有一致性。

8.5.3 账户的操作

1. 增加用户账户

操作人员可以调用 Account Manager 程序对用户账户进行修改，也可以利用 shell 命令法来完成对用户账户的修改。系统管理员可以利用后一种方法完成此操作。

现在以建立注册名为 feng01 的用户账户为例讲述此方法。

(1) 在/etc/paswd 文件的最后为新用户增加有 feng01 用户相关内容的行：

```
#cat >> /etc/passwd(按 Enter 键)
feng01: :208:50: :/usr/feng01:/bin/sh(按 Enter 键)
<ctrl - d>(按 Enter 键)
#_
```

(2) 为新用户设立口令：

```
    #passwd feng01(按 Enter 键)
    Setting password for user: feng01
    Password chang is forced for feng01.

            Choose password
    You can choose whether you pick a password or have the system creat one for you.

    1. pick a password
    2. pronounceable password will be generated for you
 Enter choice(default is 1):1(按 Enter 键)
Please enter new password:
New password:________(按 Enter 键)
/*输入新口令,此输入内容不在屏幕上显示*/
Re_enter password: ________(按 Enter 键)/*再次重复输入新口令*/
#_
```

(3) 为新 feng01 用户设立主目录：

```
#mkdir /usr/feng01(按 Enter 键)
#_
```

(4) 把 feng01 新用户与/usr/feng01 主目录链接，使其成为该主目录的属主，并使/usr/feng01 目录与目录的属主所在的组有链接关系。

```
#chown feng01 /usr/feng01(按 Enter 键)
#chgrp group /usr/feng01(按 Enter 键)
#_
```

(5) 为新用户设立存取(访问)权限：

```
#chmod 755 /usr/feng01(按 Enter 键)
#_
```

将 Bourne shell 的启动文件拷贝到新用户主目录中，使其成为其属主。

```
#cp /usr/lin/mkuser/sh/profile /usr/feng01/.profile(按 Enter 键)
#chown feng01 /usr/feng01/.profile(按 Enter 键)
#chgrp group /usr/feng01/.profile(按 Enter 键)
#_
```

上述的各步操作，介绍了利用 shell 命令法增加新用户账户，完成了把注册名设定为 feng01 的操作过程。

2. 删除用户账户

通常，要删除一个用户账户，实际上是删除“建立用户账户的内容”。还是以前面所创建的 feng01 用户账户为例，介绍其删除过程。

(1) 删除该用户主目录中的.profile 文件：

```
#rm /usr/feng01/.profile(按 Enter 键)
```

(2) 删除该用户的主目录：

```
#cd ..                          /* 回到上一级目录 */
#rmdir /usr/feng01(按 Enter 键)   /* 删除 feng01 目录 */
```

(3) 执行 rmuser 命令，删除/etc/passwd 文件中有关 feng01 用户账户的登记内容(一行记录信息)：

```
#rmuser feng01(按 Enter 键)
#_
```

现在已完成了用户账户的修改操作。

3. 用户账户管理的特殊操作

通常，在用户账户管理的过程中，有时会根据当时的情况，改变用户的职权(即授予其特殊的访问权限)来完成一些特殊操作。

1) 授权普通用户执行 root 用户的某些命令

在 UNIX 系统中由于安全的考虑,不允许普通用户执行超级用户的命令。但在实际操作中,有时也需要指定某一普通用户在给授权的情况下执行超级用户才能执行的命令。其过程是:

以 root 用户注册系统,再给要指定的普通用户建立执行指定命令的授权,而不是给该用户完全的 root 访问权限。

通过 UNIX 系统的 asroot 命令(其英文描述为 run a command as root,即按 root 权限执行命令)建立指定命令的授权,然后再将其命令执行权限授予指定的用户。

该命令的语法格式:

```
/tcb/bin/asroot command [option]
```

在该语法格式中,command 是指通过 asroot 命令要执行的命令(即欲授权普通用户要执行的超级用户命令);[option]是要授权命令所带的选项。

普通用户执行超级用户命令的过程如下:

① 在超级用户环境下,将希望某指定用户执行的命令,拷贝到指定的目录/tcb/bin/rootcmds 中。

② 修改文件的权限,使其与文件控制数据库(/etc/auth/system/files)所确定的访问权限一致。

③ 修改/etc/auth/system/authorize 文件,将要使用的命令添加到以 root 为首的那一行内容中。该文件的默认内容如下:

```
#cat /etc/auth/system/authorize(按 Enter 键)
audit:audittrail
auth:su,passwd
backup:queryspace,create_backup,restore_backup
cron:
lp:printqueue,printerstat
mem:
sysadmin:
terminal:
uucp:
root:shutdown
#_
```

/etc/auth/system/authorize 文件的格式:

一级子系统授权,二级子系统授权,三级子系统授权……

要实现用户得到一个子系统授权,并能在这样的授权下执行所授权的命令,就应该对该文件进行编辑,也就是把所要授权给普通用户的 root 命令加到子系统中所对应的行里。

下面完成上述内容的操作(允许普通用户执行 root 命令,即 asroot 命令应用)。

进入 Account Manager 程序。首先以 root 用户的身份注册进入系统，然后进行具体操作：

```
# cd /tcb/files/rootcmds(按 Enter 键)
# ls -l(按 Enter 键)
total 14
- r - x ------ 1 root sys 6746 may 21 2002 shutdown
…
# cp /bin/rm /tcb/files/rootcmds(按 Enter 键)
/* 将 root 命令拷贝到指定的/tcb/files/rootcmds 目录中 */
# fixmog(按 Enter 键)                              /* 确保文件的正确属性 */
```

(1) 对授权文件进行编辑：

```
# vi /etc/auth/system/authorize(按 Enter 键)      /* 进入 Vi 编辑文件 */
audit:audittrail
auth:su,passwd
backup:queryspace,create_backup,restore_backup
cron:
lp:printqueue,printerstat
mem:
sysadmin:
terminal:
uucp:
root:shutdown,rm,integrity,fixmog
~
~
:wq(按 Enter 键)                                  /* 保存文件，退出 Vi 编辑程序 */
#_
```

(2) 执行"scoadmin"程序，完成授权操作：

```
# scoadmin(按 Enter 键)
```

选择 Account Manager 功能项，在其界面中选择一个用户账户，然后将光标切换到 Account Manager 程序的主菜单，接着选择 User|Authorization 命令。在此界面中，用户不要选"[]Use system default authorization for this user account"的默认值。将光标切换到 Not Authorized 中，这样可选择有关命令，如 rm 命令、integrity 命令、fixmog 命令，然后再单击 Add 按钮，最后单击 OK 按钮以确认，退出 Account Manager 程序。

现在，普通用户就可以执行在/etc/auth/system/authorize 文件中的以 root 开头的这一行中所列出的全部命令了。

(3) 普通用户在授权后执行 rm 命令：

```
$ /tcb/bin/asroot rm(按 Enter 键)
asroot:/tcb/files/rootcmds/rm:File Control database inconsistency
asroot:The system's integrity may be compromised.Run integrity(ADM)
Usage:rm [ - fiEr] file …
```

执行 rm 命令：

```
$ /tcb/bin/asroot rm /cat.txt(按 Enter 键)
/* 删除 root 用户在根目录中的一个名为 cat.txt 的文件 */
```

（4）执行关机命令：

```
$ /tcb/bin/asroot shutdown -g1 -y(按 Enter 键)
Shutdown started Sat Jul 20 08:23:11 CST 2001
Broadcast Message from root (tty03) on scosys Jul 20 08:23 2001 …
The system will be shut down in 60 seconds.
Please log off now.
Broadcast Message from root (tty03) on scosys Jul 20 08:23 2001 …
THE SYSTEM IS BEING SHUT DOWN NOW!!!
Log off now or disk your files beong damaged.
Shutdown proceeding please wait …
/tcb/files/rootcmds/shutdown:573 Hangup

                ★★ safe to power off ★★
                        - or -
                ★★ Press Any Key to Reroot ★★
```

2）su 命令的使用

su 命令来源于 set user，其英文描述为 make the user a super or another user，即使该用户成为超级用户或另一个用户。该命令的功能是从一个账户暂时切换到另一个账户下而不事先退出系统。该命令可以实现超级用户和普通用户的操作互换或者从普通用户到普通用户的操作切换。

命令语法格式：

```
su [ - ][name[arg… ]]
```

用户在使用该命令时，如果不带参数，将切换到 root 账户下。此时的 su 命令将提示用户输入账户的口令。如果要退回到用户原来的账户中，可以输入 exit 命令或按 Ctrl+D 组合键。

例如：把 team01 普通用户切换到 root 账户中。

```
$ su(按 Enter 键)
password: (按 Enter 键)          /* 用户输入 root 用户的口令 */
#_
#pwd(按 Enter 键)                /* 查看普通用户的主目录，看是否改变 */
/usr/team01                      /* 用户的主目录未改变 */
#_
```

当“#”提示符出现在屏幕上，说明用户已经从普通用户切换到 root 的账户环境中了。

【说明】

普通用户在使用 su 命令时，必须先授权，同时应该知道进入该超级用户的口令。

习题

1. 了解 UNIX 操作系统的管理与维护。
2. 怎样完成一个普通用户的增加、删除？
3. 超级用户给一个普通用户授权执行 root 命令的步骤有哪些？

第二单元

AIX操作系统

本单元主要介绍有关 AIX 操作系统的内容。AIX 操作系统是 IBM 公司基于 UNIX 系统开发的业界领先的优秀商务 UNIX 操作系统，在可靠性、可用性、开放性、扩展性、高性能、安全性等方面都非常突出，尤其是在 Internet 网络的关键应用领域以及系统和硬件管理能力方面，其性能表现更为出色，受到了业界的普遍认可和广泛使用。

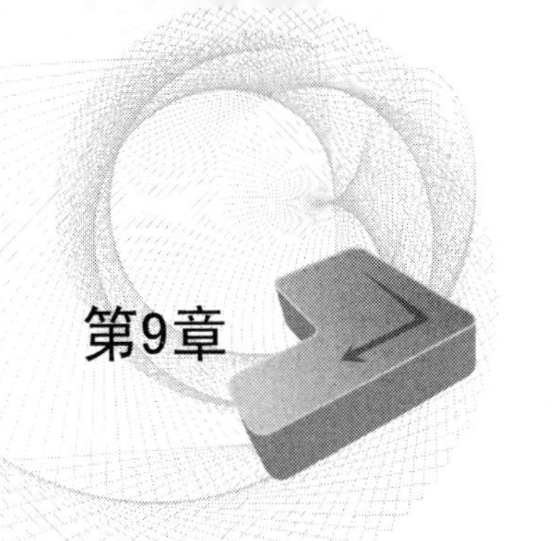

第9章 chapter 9

AIX操作系统的基本概念

经常会在一些书籍或IBM的培训资料中见到如下的术语，这些术语是IBM的经典商标。IBM是国际商用机器公司的注册商标。下面的商标可能会出现在美国或其他国家：

AIX®	AIX 5L™	Common User Access®
Current®	Hummingbird®	Language Environment®
MVS™	Notes®	OS/2®
PAL®	Perform™	POWER2™
PS/2®	pSeries™	RISC System/6000®
RS/6000®	400®	

这些商标有各自的含义，如：Java和所有的Java基本商标是Sun Microsystem公司在全球注册的商标；

Microsoft、Windows、Windows NT和Windows logo是微软公司在全球注册的商标；

UNIX是Open Group在全球注册的商标；

Linux是Linus Torvalds在全球注册的商标。

通过图9-1来说明AIX操作系统在计算机中所起的作用；图9-2向人们展示了AIX操作系统是怎样工作的。

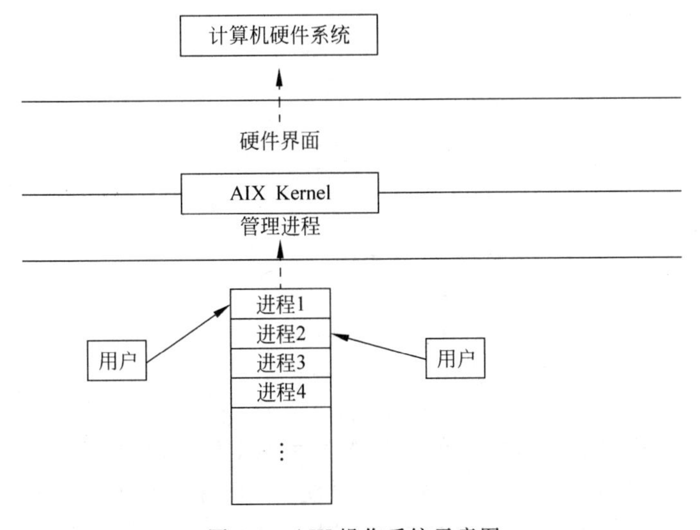

图9-1 AIX操作系统示意图

图 9-1 给出了 AIX 操作系统的工作环境。用户的应用程序通常是通过管理层再到系统的核心(即 AIX kernel),通过软、硬件接口,然后交给硬件来执行。

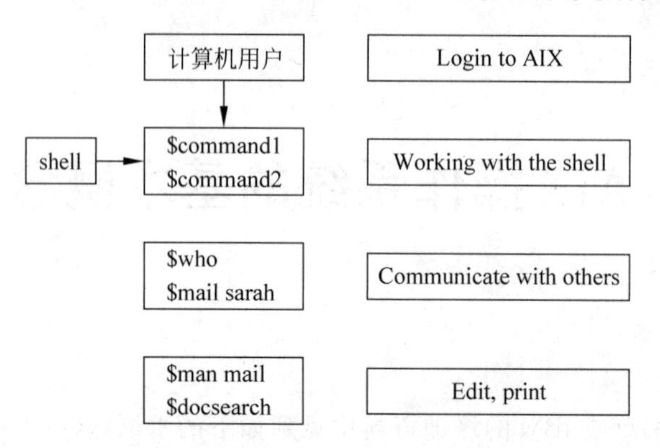

图 9-2 在 AIX 操作系统中的工作示意图一

【说明】

计算机系统是由许多硬件和软件组成的。硬件中有打印设备、播放游戏的 CD-ROM 等。为了控制这些硬件设备以及实现在用户中的设备分配,就必须装入操作系统并给予运行。在 AIX 操作系统中,有一个称为 AIX Kernel 的特殊程序来完成与硬件间的接口,此 Kernel 控制对硬件设备的访问。

另一方面,用户运行不同的程序,例如打印或删除一个文件,这些运行在 AIX 进程中的程序也由 AIX Kernel 控制。AIX Kernel 是 AIX 操作系统的核心。

下面给出 AIX 系统中的文件系统与外设等的工作示意图,如图 9-2 和图 9-3 所示。

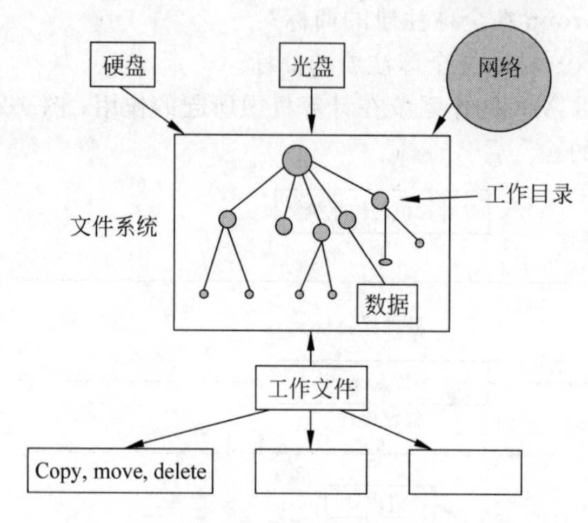

图 9-3 在 AIX 操作系统中的工作示意图二

【说明】

AIX 是一个多用户操作系统。在进入 AIX 系统工作之前,用户必须用自己的用户名和口令登录 AIX 系统。进入自己的文件系统(即系统启动中,文件树被装入系统,AIX 支持不同类型的文件系统。文件系统被嵌入一个大的文件树中,这个文件树驻留在磁盘上，其他的部分可能在CD-ROM上或从另一个网络系统中的某一计算机中嵌入）。

在用户登录成功后，shell命令翻译程序等待用户输入一个命令并执行它，shell中的AIX用户界面如图9-4所示。

多个用户可以同时在AIX系统或一个网络中工作。AIX提供了非常丰富的工具和命令，用户可以通过命令man来获取相关命令的文档资料。

那AIX是什么呢？它是针对IBM计算机的特性，对UNIX操作系统版本做了一定的优化，是运行在IBM系列机上的UNIX操作系统。

【说明】

当用户成功登录AIX系统时，将启动一个特殊的程序——shell。

shell等待用户输入命令和程序并给予执行，在其他方面，shell是一个命令解释程序。

shell有许多特征（如匹配文件名、行编辑命令等）帮助用户完成日常工作。

可以通过图9-5来说明AIX操作系统的功能。

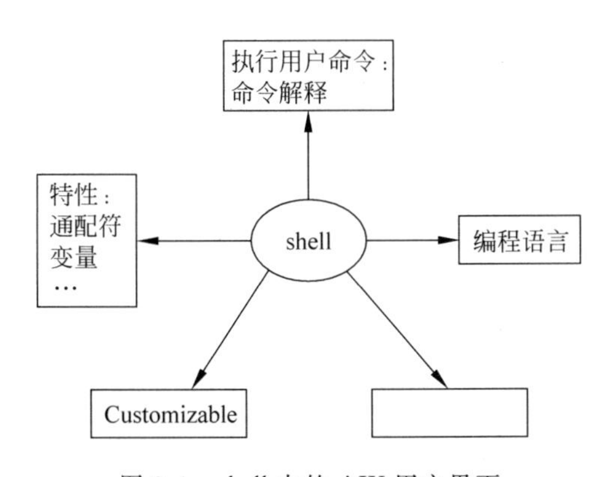

图9-4　shell中的AIX用户界面

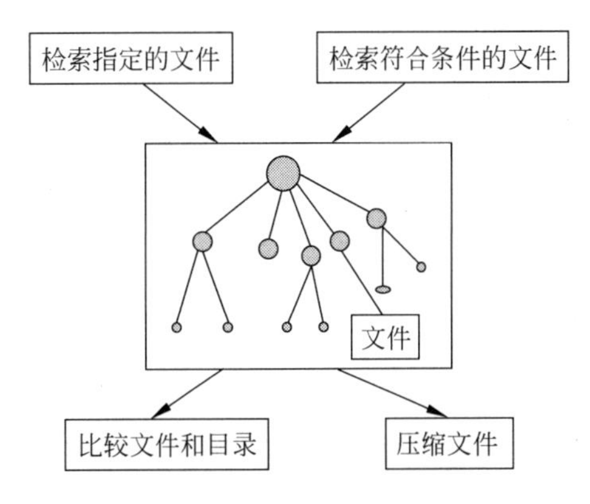

图9-5　AIX操作系统的实用性

【说明】

AIX操作系统提供了许多命令来满足用户的要求。例如：

检索指定文件的命令find；

在大范围检索文件的命令grep；

比较文件和目录的命令；

对文件实行压缩和解压的命令。

在本单元后面的章节中，将讲述这些命令。

小结

（1）在AIX系统中，AIX kernel起到连接硬件设备、控制进程运行的作用。

（2）用户与AIX系统的接口是shell。shell提供一个非常大的功能就是命令解释。

(3) 为了保存数据，AIX 系统采用了由文件和目录构成的等级严格的文件树结构。

(4) AIX 提供了非常广泛的功能。

习题

1. 操作系统的哪些部分直接与硬件相互作用？
2. 操作系统的哪些部分与用户有直接作用？
3. 哪种编辑器能访问大多数 UNIX 平台？
4. AIX 用户的图形界面有哪些？举例说明。
5. AIX 支持哪些文件系统？

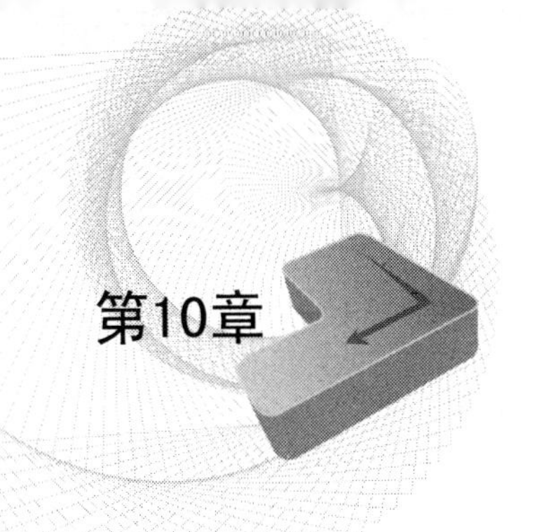

第10章 chapter 10

AIX系统的使用

本章介绍几个AIX操作系统的命令，使用户了解登录和退出系统、AIX命令的状态结构以及怎样执行一个AIX命令。

10.1 登录与退出

1. 登录

```
login:team01(按 Enter 键)
team01's password:(输入口令并按 Enter 键)
$ _
```

2. 退出

```
$<ctrl—d>
```

或

```
$ exit(按 Enter 键)
```

或

```
$ logout(按 Enter 键)
Login:_
```

【说明】

由于AIX系统是一个多用户系统，每个用户都有自己的用户名和口令。当系统已经启动后，等待用户登录，登录提示符(login:)显示在屏幕上。用户输入自己的用户名即可。如果用户名需要一个口令，系统给出一个输入口令的提示，用户输入口令，但所输入的内容不会显示在屏幕上。

当用户登录成功后，屏幕显示一个提示符(通常为$)，这是shell程序等待用户输入一个命令。

如果用户想退出AIX系统，在系统提示符状态下按Ctrl+D组合键或输入exit即可。也可输入命令logout退出系统。

10.2 password 命令

本命令可以建立或改变用户的口令。

```
$ passwd(按 Enter 键)
Changing password for "team01"
Team01's old password:
Team01's new password:
Enter the new password again:
$ _
```

用户可以根据这些提示来完成对用户"team01"口令的更改。

【说明】

(1) 在 AIX 系统中,用户口令是确保系统安全的主要途径。每个用户所拥有的口令不能被其他用户破译。

(2) passwd 命令用于修改用户口令,这是一个 shell 调用的简单例子。

(3) 系统启动 password 进程,提示用户先输入旧口令,然后输入两次新口令,只有两次输入一致时,旧口令才作废。

(4) 当 password 进程结束,系统提示用户输入别的命令,也就是系统给出提示符。

10.3 AIX 系统的命令格式

```
Command  option(s)  argument(s)
   ↑         ↑          ↑
  命令      选项        参数
```

可以看到 AIX 命令格式中包含三部分:

```
$ mail    - f    newmail
  ↑       ↑         ↑
 命令    选项       参数
```

【说明】

在一个命令中可以带多个选项、多个参数。

表 10-1 中列举了命令行中常见的错误。

表 10-1 命令行中常见的错误

错 误	正 确
① 间隔	① 间隔
$ mail - f newmail $ who-u	$ mail f newmail $ who u

续表

错　　误	正　　确
② 顺序	② 顺序

$ mail newmail　f
$ team01 mail　　　$ -u who
	$ mail　f newmail
	$ mail team01
	$ who　u

③ 多选项	③ 多选项
$ who　m　u $ who　m u	$ who　m　u $ who　mu
④ 多参数(参数中无间隔)	④ 多参数
$ mail team01team02	$ mail team01 team02

10.4 who 命令

本命令可以列出登录系统的用户。

```
$ who(按 Enter 键)
root lft0 sept 4 14:35
team01 pts/0 sept 4 18:23
$ who am i(按 Enter 键)
Team01 pts/0 sept 4 18:23
$ whoami(按 Enter 键)
Team01
$ _
```

10.5 clear 命令

本命令清空终端屏幕。

```
$ clear(按 Enter 键)
```

10.6 finger 命令

本命令可以列出当前用户的相关信息。

```
$ finger team02(按 Enter 键)
Login name: team02
Directory: /home/team02 shell: /usr/bin/ksh on since mar 04 15:23:12 on tty2
No plan
```

【说明】

用户可以在命令 finger 后面加上自己的用户名来查看自己的相关信息。

10.7 mail 命令

本命令可以完成邮件的发送/接收。

10.7.1 发送邮件

```
$ mail team01(按 Enter 键)
Subject: meeting
There will be a brief announcement meeting today in room 602 at noon.
<ctrel—d>
Cc:(按 Enter 键)
```

```
$ mail team20@sys2
Subject:Don't Forget!
Don't forget about the meeting today!
<ctrl — — d>
Cc:(按 Enter 键)
```

【说明】

当用户给同一系统中的另一个用户发邮件时，可输入 mail 用户名。如果是给另一系统的用户发邮件时，就必须要指定计算机(通常是主机)名，例如：

```
Mail <username>@<hostname>
```

10.7.2 接收邮件

你有新邮件 /* 通常在屏幕的左上角有英文提示: you have new mail */

```
$ mail
Mail [5.2 UCB][AIX 5.X] Type ? for help
"/var/spool/mail/team01": 2messages 1new
U 1 team05 tues jan 7 10:50 10/267 "Hello!"
>N 2 team02 wed jan 8 11:25 16/311 "Meeting"
? t 2
From team02 wed jan 8 11:25 2005
Date: wed 8 jan 2005 11:25
From:team02
To:team01
Subject:Meeting
Cc:
There will be a brief announcement meeting in room 602 at noon.
? d (删除信息)
? q (退出 mail 命令)
```

【说明】

在 mail 操作中用户可以使用下列命令。

d：删除信息。

m：发送信息。

R：给信息发送者一个回执。

q：脱离信息，退出 mail 环境。

s：将信息附加到文件中。

t：显示信息。

通常，用户为了获得更多的命令列表，可用"?"来提示或查看 AIX 命令相关信息。

mail -f 显示用户自身邮箱的信息列表。当用户退出 mail 程序时，未删除的信息被写到当前的文件中。

10.7.3 write 命令

本命令提供了与另一登录用户对话的通信环境，每个用户可以实现交互通信。

```
$ write team01 or $ write sarah@moon
```

10.7.4 wall 命令

本命令可以向系统的所有用户终端发送信息。对系统的用户来讲是非常有用的。例如：

```
$ wall The system will be inactive from 10 pm today.
```

【说明】

用户为了接收信息，就必须登录系统。

为了进行交互，用户可以用命令 write：

```
$ write sam(按 Enter 键并接着输入)
I will need to re - boot the system at noon(按 Enter 键)
o(按 Enter 键)
```

开始对话。下一行开始的 o 意味着信息结束(over)，而 sam 可以立即回答。现在，sam 输入：

```
$ write bill Thank you for letting me know!(按 Enter 键)
oo(按 Enter 键)
```

这里的 oo 意味着 over and out，告诉对方，没有别的内容了，按 Ctrl＋D 组合键结束对话。

命令 write 也能访问正在工作的远程网络服务器，为了实现访问，应输入命令：

```
write <username>@<hostname>
```

这样就可以与别的用户对话了。

10.7.5 talk 命令

本命令可以用于本地同一个系统或跨网络访问。通过命令 talk，一个用户邀请另一用户进行对话，实现允许两个用户通信。

```
$ talk fred(按 Enter 键)
```

如果邀请被接受，每个用户的屏幕划分为上下两个窗口，上面窗口显示所接受对方的内容。

按 Ctrl+C 组合键关闭连接。

talk 命令也可以用于网络中，如需要与 sys1 中的用户 fred 对话，输入命令：

```
$ talk fred@sys1(按 Enter 键)
```

10.7.6 mesg 命令

本命令能与系统中的任一用户发送信息。

```
$ mesg n                    /* 拒绝信息 */
$ mesg y                    /* 允许发送信息 */
```

用户在使用这些命令时，可以利用键盘的相关键来完成某些操作。

键盘定义见表 10-2。

表 10-2 相关键定义

键	功 能
Backspace	纠正错误
Ctrl+C	终止当前命令返回到 shell
Ctrl+D	传送结束或到文件结尾
Ctrl+S	暂停屏幕输出
Ctrl+Q	恢复因按 Ctrl+S 组合键暂停的屏幕输出
Ctrl+U	删除输入行

10.7.7 man 命令

AIX 系统提供了一个查询所有命令信息的命令 man。它可以提供命令、子程序和文件的相关信息。这些信息包括：

```
- PURPOSE (在线描述其用途)
- SYNTAX(语法或称为命令格式)
- FLAGS
- FILES (相关文件)
- EDSCRIPTION
```

```
- RELATED
- BUGS (旧特性)
```

举例：将命令 who 的相关信息显示出来。

```
$ man who(按 Enter 键)
Purpose
Identifies the user currently logged in.
Syntax
who [ -a | -b -d -h -i -I -m -p -q -u -H -T][file]
who { i | I }
Description
The who command displays information about all users currently on the local system.
The following information is displays:
login name, workstation name, date and time of login.
Flags Displays information about the current terminal.
    - m who -m 命令等效于 who am i/who am I 命令
- u 或 - i Displays the user name, workstation name, login time, line activity, and process ID
of rach current user.
```

举例：显示使用本系统的用户。

```
$ who(按 Enter 键)
```

这是 ATE(Asynchronous Terminal Emulation,异步终端仿真)文件。通常是放在/etc/utmp 文件中,它包含用户和所产生的信息。

```
$ man -k print(按 Enter 键)
```

结合本章所学内容,读者可以回答以下问题。

1. 指出下面正确的命令行：

```
$ du - s k
$ df - k
$ du - a - k
```

2. 给出如下操作的命令：

(1) 修改口令的命令；
(2) 清屏幕的命令；
(3) 显示当前日期的命令；
(4) 退出当前 shell 的命令。
* 本章的习题和答案在附录 2 中。

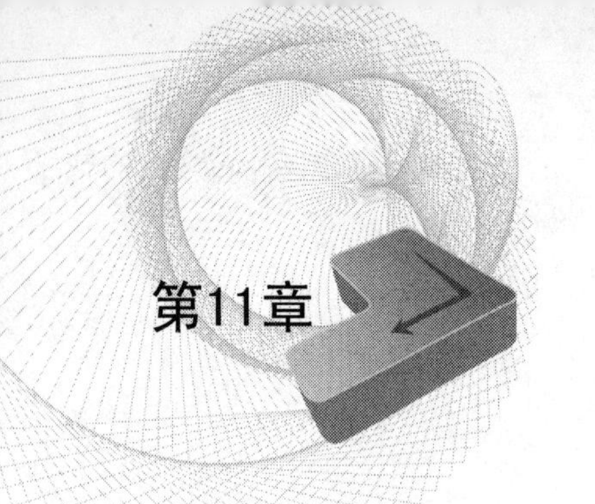

chapter 11

文件和目录

本章介绍文件和目录的基本概念，通过学习，使同学了解和熟悉不同的文件类型，熟悉 AIX 文件系统的结构以及怎样建立和删除目录（文件）。

11.1 文件的描述

什么是文件？文件通常是：

一个数据采集；

一个字符流或一个“字节流”；

操作系统赋予的无结构文件。

因为在 UNIX 操作系统中，文件是属于流式文件（也称为无结构文件）；而其他操作系统的文件则是有结构文件（也称为记录文件）。

11.1.1 文件的类型

普通文件：正文或代码数据。

目录文件：存放一系列文件的内容列表。

特殊文件：描述硬件或逻辑设备。例如：CD-ROM 设备被描述为/dev/cd0。

【说明】

（1）一个普通文件可能包含任意文本或代码数据，而文本文件是可读的，也是可显示或打印的；代码数据也称为二进制文件，是由计算机阅读的，二进制文件是可执行的。

（2）目录所包含的是系统需要访问的所有文件的信息，但不包含现实（临时）数据，每个目录项描述任一文件或子目录。

（3）特殊文件通常描述系统使用的设备。

（4）在 UNIX 操作系统中，还有链接文件和管道文件。

AIX（UNIX）是用“i 节点”来实现文件的检索的。

通常，文件/目录的 i 节点描述如表 11-1 和表 11-2 所示。

表 11-1 目录

名字	i 节点号	名字	i 节点号
subdirl	4	myfile	10

表 11-2 i 节点表

#	类型	访问权限	链接数	用户	组	大小	位置
4	目录	755	2	team01	staff	521	磁盘
10	文件	644	1	team01	staff	96	磁盘

通常,目录表的 i 节点数与 i 节点表中的 i 节点号相对应。表 11-1 中的文件 myfile 可以利用 Vi 编辑软件建立。目录和文件的信息存放在磁盘上。

【说明】

(1) 一个目录中包含所属的文件或子目录的信息,对一个文件的类型是唯一的。目录占用的存储空间比目录中所有文件占用的空间小。目录可以与相关文件和子目录一起构成一组。

(2) 每个目录项包含一个文件或子目录名和相关联的 i 节点号(i—node number)。

(3) 当用户调用命令访问一个文件时,将使用文件名,而系统则用文件名来搜索与该文件名一致的 i 节点号。一旦找到 i 节点号,系统将访问 i 节点表,从中查询有关文件特有的信息。例如:i 节点表中保存有文件的属主用户 ID、文件类型、文件最近修改日期、大小和存放位置。一旦系统知道文件的位置,实际数据(actual data)就可保存。

【说明】

UNIX 操作系统的目录结构等级是非常严谨的。图 11-1 所示的文件结构仅是典型的 AIX 文件系统的一部分。

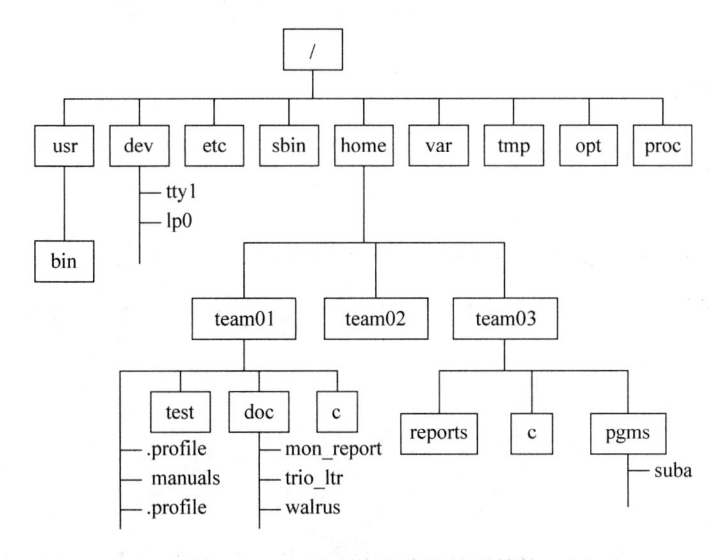

图 11-1 AIX 系统的分级目录结构

/(根)目录包含许多操作系统重要的目录,列举如下。

./sbin:系统启动时所使用的目录。

./dev:描述设备的特殊文件。

./etc:用于系统管理的系统配置文件。

/usr 目录包含如下系统程序。

./usr/bin:本目录中有 ls、cat、date 等用户命令。

/home:存放用户登录系统的目录和文件。

/var:存放动态变化的文件。

/tmp:存放临时需要的或建立的应用程序(文件)。

/opt:存放基本的 Linux 命令,如 tar、gzip、gunzip、bzip2 等,这些命令安装在/opt/freeware/bin 目录中。

/proc:目录支持 AIX 5L。这个虚拟文件系统规划与文件相关的进程和核心数据。

11.1.2 路径名

AIX 系统的路径名与 UNIX 系统类似。

在系统中,一系列文件名通过"/"隔开,它表示路径。

1. 绝对路径名

绝对路径名也称为全路径,从根"/"目录开始。如:

```
/home/team01/doc/mon_report
/usr/bin/ls
```

2. 相对路径名

相对路径名从当前目录开始。如:

```
./test1 或 test1 (. 表示当前目录)
../team03/.profile(.. 表示父目录,也称为上一级目录)
```

用户可以调用命令"where am I ?"查看自己当前的目录(位置)。也可用如下命令来完成:

```
$pwd(按 Enter 键)
/home/team01
```

【说明】

pwd 命令显示用户当前工作目录的绝对路径名。如果用户需要进行删除文件等操作时,最好先用 pwd 命令查看自己所在的目录,以免造成不必要的损失。

11.2 列表目录

语法(命令格式):

```
ls [目录]
```

1. 列当前目录的内容

```
$ls(按 Enter 键)           /* 用户也可用命令"ls -l"更详细了解目录的内容 */
c doc manuals test1
```

2. 列所有文件(包括 .文件,也称为隐含文件)

```
$ ls -a(按 Enter 键)
. .. .profile c doc manuals test1
```

3. 列所有文件直到目录树终点

```
 $ ls - R(按 Enter 键)
c doc manuals test1
./c:
./doc:
mon_report trio_ltr walrus
```

【说明】

ls 命令用于列目录中的内容,该命令有许多选项。如果不指定文件或目录名,ls 命令列出当前目录中的内容。

通常,ls 命令按字母排序显示信息。-a 选项可以列出隐含文件,-R 选项列出所有子目录。

4. 文件长列表

```
    $ls -l(按 Enter 键)
- rwxrw - rw -  1 fyc gsxdxt1 1220 may 4 19:45 fycxdxt1.txt
drwxr - - r - -  2 fyc gsxdxt1 2340 apr 3 10:23 gsxdxt
⋮
```

此命令与 UNIX 操作系统的列文件命令 ls 的功能类似(有关命令 ls 更详细的内容请参阅第一单元中的第 2 章)。

命令“ls -i”可以显示文件的“i 节点”号。

目录的大小,其空间允许以 512 个字节增量增加。

11.2.1 改变当前目录

语法(命令格式):

```
cd [目录]
```

1. 从目录/home/team01 转到/home/team01/doc

```
$ cd doc(按 Enter 键)          /* 相对路径 */
$ cd /home/team01/doc          /* 绝对路径 */
```

2. 转到主目录

```
$ cd (按 Enter 键)
```

3. 转到父目录(上一级目录)

```
$ cd ..(按 Enter 键)
```

【说明】

命令 cd 后面不带参数,它将自动返回到用户主目录。这个目录就是用户登录时进入的目录。

11.2.2 建立目录

语法(命令格式):

mkdir 目录

例如:在/home/team01 目录下建立子目录 test。

```
$ mkdir /home/team01/test(按 Enter 键)          /* 绝对路径 */
```

或

```
$ cd /home/team01(按 Enter 键)               /* 转到要访问的目录 */
$ mkdir test(按 Enter 键)                    /* 相对路径 */
```

【说明】

(1) mkdir 命令通过指定 dir_name 参数,一次可以建立一个或多个新的目录。每个目录包含标准项.(点)和..(点点)。

(2) 命令 mkdir 的"-m"选项带一正整数(如:-m700),指定所建立目录的访问权限。例如:

```
$ mkdir -m700 /home/team01/test(按 Enter 键)
```

目录 test 的属主对其拥有读/写/执行权限(即:rwx)。

11.2.3 删除目录

语法(命令格式):

rmdir 目录

例如：删除目录/home/team01/test。

```
$ rmdir /home/team01/test(按 Enter 键)
```

【说明】

所要删除的目录必须是空的。如果欲删除的目录不空时，系统会显示提示信息。例如：

```
$ rmdir doc(按 Enter 键)
mdir: doc not empty
```

【说明】

如果目录中仅有.和..内容，则认为是空的。

11.2.4 多目录工作

1. 建立多个目录

例如在 team01 目录下建立多个子目录：

```
$ mkdir -p dir1/dir2/dir3(按 Enter 键)
```

图 11-2 给出了 mkdir 命令的工作示意图。

2. 删除多个目录

例如删除 team01 目录下所建立的多个子目录：

```
$ rmdir -p dir1/dir2/dir3(按 Enter 键)
```

【说明】

命令 mkdir 带选项“-p”，可同时建立多个子目录。如果目录 dir1、dir2 已经存在，则建立 dir3。

命令 rmdir 带选项“-p”，首先删除目录 dir3，然后删除 dir2，最后删除目录 dir1。如果所要删除的目录不空，用户无写(w)权限，则不能删除，所调用的删除命令终止。

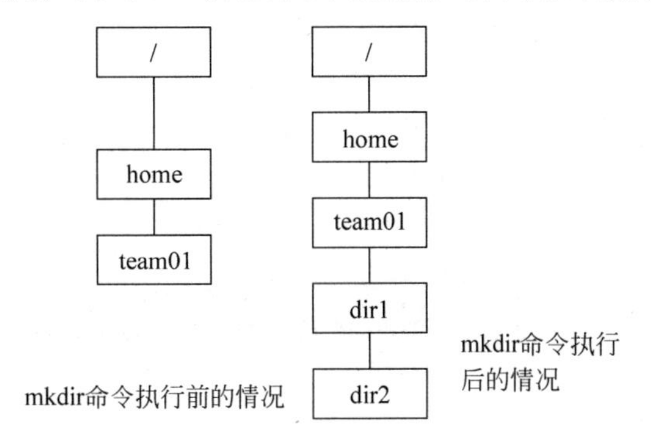

图 11-2 mkdir 命令的工作示意图

11.2.5 显示目录信息

```
$ ls -ldi mydir(按 Enter 键)             /* 命令 ls 带三个选项参数 ldi */
51 drwxr - xr - x 2 team01 staff 512 jan 17 17:38 mydir
$ istat mydir(按 Enter 键)
Inode 51 on device 10/8 directory
Protection: rwxr - xr - x                /* 目录文件的访问权限 */
Ownetr: 208(team01) Group:1 (staff)
Link count: 2Length 512bytes
Last updated: Thu jan 17 21:05:43 2002
Last modified: Thu jan 17 17:38:52 2002
Last accessed: Fri Jan 18 13:30:00 2002
```

【说明】

选项"-i"的功能是在第一列显示 i 节点数。命令"ls -d"显示一个目录的 i 节点信息。

ls -lc：显示更新时间；

ls -l：显示修改时间；

ls -lu：显示访问时间。

命令 istat 显示指定文件或目录的 i 节点信息。AIX 系统为文件和目录保存上述的三个时间。更新时间与修改时间是有差别的，前者是最新修改的 i 节点信息，而后者则是改变文件或目录本身的内容。访问时间是指最后一次对文件的读/写操作时间。读操作改变文件的访问时间，但不是它的更新或修改时间，因为读操作没有使文件或目录的信息发生改变。

11.2.6 AIX 文件名

在 AIX 系统中，文件名的选择有以下要求。

(1) 最好是其内容的说明；

(2) 应仅用字母和数字来作为文件名，如：大小写字母和数字、#、@等；

(3) 文件名中不能有空格；

(4) 不能有 shell 中的一些字符，如：

＊ ？ ＞ ＜ / ； & ！[ ] $ \ ' " ( )等；

(5) 不能用"＋"或"－"作为文件名的开头；

(6) 用户文件不能与系统文件同名；

(7) 文件名前的.(点)是命令 ls 中正常的隐含文件；

(8) 文件名最长为 255 个 ascii 字符；

(9) AIX 系统中，文件名没有扩展名(不像 DOS/Windows 操作系统)的概念。.(点)是文件名的一部分。

11.2.7　touch 命令

本命令可以改变文法的访问(access)和修改时间(modification times),也可以用来建立一个长度为零的文件(即空文件)。

【说明】

命令 touch 有两种用途。如果所指定的文件不存在,则建立一个空文件。如果所指定的文件存在,则以当前的日期和时间来替换最后的修改时间(即命令"ls -l"所显示的时间)。如果没有指定时间,命令 touch 则用当前日期和时间。

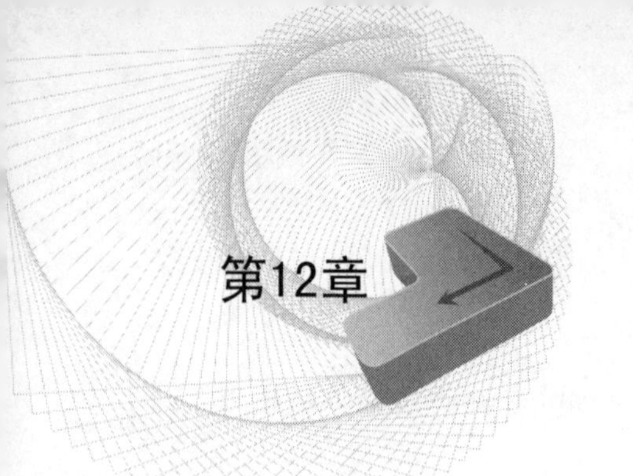

第12章 chapter 12

文件的操作

本章介绍若干条 AIX 系统中操作文件的常用命令，以使读者了解和掌握对文件的拷贝、更名、链接、显示和打印等操作。

12.1 拷贝文件

语法（命令格式）有如下两种格式：

（1）cp 源文件 目的文件

（2）cp file1 file2 … target_dir / * 将若干个文件拷贝到所需要的目录中 * /

第一种格式是文件的拷贝，而第二种则是把多个文件拷贝到指定的目录中。

例如：将/home/team03/pgms/suba 文件拷贝到/home/team01/doc 目录中并改名为 programa。cp 命令的执行情况在图 12-1～图 12-3 中示意。

```
$ pwd(按 Enter 键)
/home/team01/doc
$ cp /home/team03/pgms/suba programa(按 Enter 键)
```

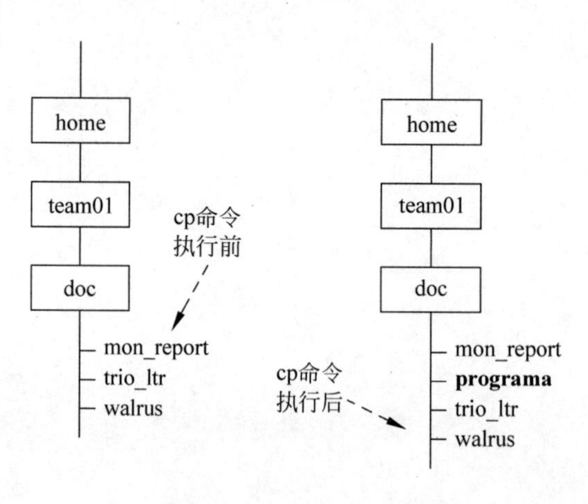

图 12-1 cp 命令的执行示意图一

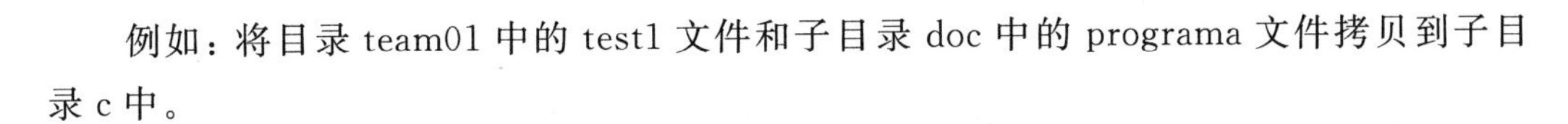

例如：将目录 team01 中的 test1 文件和子目录 doc 中的 programa 文件拷贝到子目录 c 中。

```
$ cd /home/team01(按 Enter 键)
$ cp doc/programa test1 /c(按 Enter 键)
```

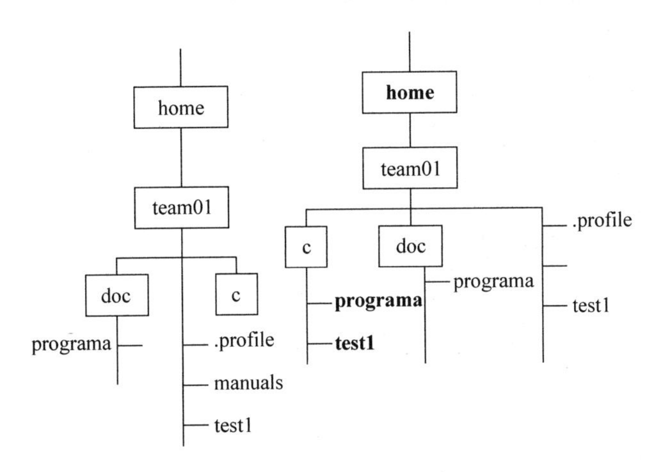

图 12-2　cp 命令的执行示意图二

例如：将子目录 doc 中的 trio_ltr 文件拷贝到子目录 c 中。

```
$ cd /home/team01/doc(按 Enter 键)          /* 转到子目录 doc */
$ cp trio_ltr ../c(按 Enter 键)             /* 执行命令 cp 完成指定的拷贝 */
```

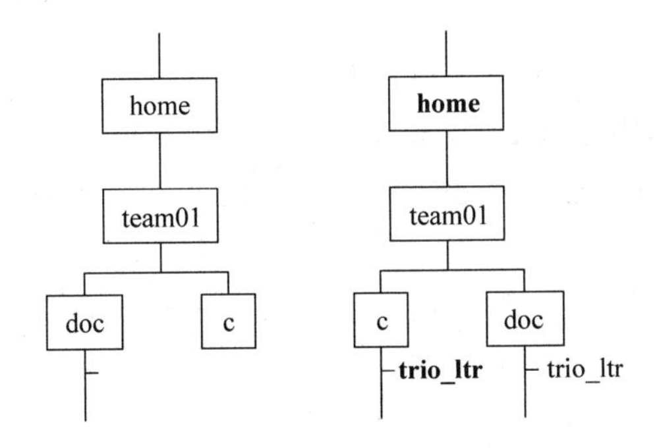

图 12-3　cp 命令的执行示意图三

【说明】

当执行 cp 命令时，如果所指定的目的文件已经存在，则 cp 命令将在无警告的情况下用源文件内容覆盖原来的目的文件内容。为了避免失误，通常用命令“cp -i”来进行文件的拷贝。

如果一次要拷贝多个文件，则所指定的目的文件必须是一个目录。如果目的文件是一个目录，则所拷贝的文件与源文件同名。

命令“cp -R”可以将源目录中的所有文件、子目录及其中所有的文件拷贝到新的目录。

例如：

```
$ cp -R /home/team01/mydir /home/team01/newdir(按 Enter 键)
```

12.2 移动和重命名文件的命令

语法(命令格式)：

```
mv 源文件 目的文件
$ pwd(按 Enter 键)
/home/team01/c
$ mv trio_ltr t.letter(按 Enter 键)
```

【说明】

AIX 系统中，没有专门用于重新命名的命令，重新命名的操作通常由命令 mv 来完成。

例如：将子目录中的文件 t.letter 移到子目录中并把文件名更名为 letter。

```
$ pwd(按 Enter 键)
/home/team01/c
$ mv ../doc/mon_report .(按 Enter 键)
```

mv 命令的执行示意图如图 12-4 所示。

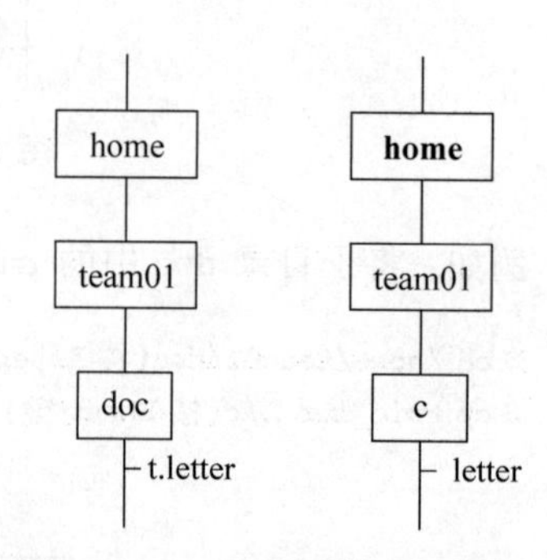

图 12-4 mv 命令的执行示意图

【说明】

源文件(source)可以是一个文件或一系列文件。如果源文件是一系列文件，则目的文件必须是一个目录。

目的(target)文件可以是一个文件或一个目录。

如果给出的目的文件名已经存在，用户对此文件或目录又有访问权限，操作时系统在不给出任何出错信息的情况下用新的内容(即源文件的内容)覆盖原来的目的文件。为了避免失误，通常用命令“mv -i”。

12.3 显示文件内容的命令

1. cat 命令

语法(命令格式)：

```
cat file1 file2 …
$ cat walrus(按 Enter 键)
"The time has come," the Walrus said,
"To talk of many things:
Of shoes - and ships - and sealing wax -
```

```
Of cabbages - and kings -
And why the sea is boiling hot -
And whether pigs have wings."
From The Walrus And The Carpenter
by Lewis Carroll (1871)
```

【说明】

如果命令 cat 所显示的文件内容多于一屏,光标停在文件的最后部分,用户仅能阅读该文件显示在屏幕上的最后一屏。

2. pg 命令、more 命令

语法(命令格式):

```
pg 文件名
more 文件名
$ pg walrus(按 Enter 键)
"The time has come," the Walrus said,
"To talk of many things:
Of shoes - and ships - and sealing wax -
Of cabbages - and kings -
And why the sea is boiling hot -
And whether pigs have wings."
:(按 Enter 键)
说明:一次一页(one page at a time)
  $ more walrus(按 Enter 键)
"The time has come," the Walrus said,
"To talk of many things:
Of shoes - and ships - and sealing wax -
Of cabbages - and kings -
And why the sea is boiling hot -
And whether pigs have wings."
walrus (100%) (按 Enter 键)
```

【说明】

pg 命令显示指定的文件内容时,一次显示一页。每屏后面跟一个提示符,按 Enter 键接着显示剩余的页面,按 h 键可以获得帮助信息。

more 命令的功能与 pg 命令类似,它一次一屏地连续显示文件内容。如果要暂停,可在屏幕底部输入词 more。如果按 Enter 键可增加一行新内容;按 space bar(空格键)则显示文件的下一屏。本命令从一个文件中读出内容时,显示一个"%"表示已读文件内容占总的内容的百分比;按 h 键可获得帮助信息。

3. wc 命令

命令 wc 计算指定文件的行数、字和字符数。

```
$ wc [ - c] [ - l] [ - w] filename(按 Enter 键)
```

本命令可以带以下选项。

-c：计算字符数；

-l：计算行数；

-w：计算字数。

例如：

```
$ wc myfile(按 Enter 键)
17     126     1085     myfile
行数      字数      字符数
```

12.4 链接文件的命令

语法(命令格式)：

```
ln source_file target_file
```

命令 ln 允许一个文件具有多个文件名(也称为别名)。

例如：

```
$ pwd(按 Enter 键)
/home/team01
$ ln manuals /home/team02/man_files(按 Enter 键)
```

【说明】

在命令 ln 中，源文件与目的文件同一个“i 节点”(Both copies use the same i-node)，即文件 manuals 与 man_files 的“i 节点”相同。

12.5 删除文件的命令

语法(命令格式)：

```
rm file1 file2 file3…
```

本命令可以删除一个或多个文件。例如：

```
$ ls(按 Enter 键)
mon_report trio_ltr walrus
$ rm mon_report(按 Enter 键)
$ ls(按 Enter 键)
trio_ltr walrus
```

命令 rm 可以带选项。通常带选项“-i”可以在执行删除指定文件之前，让用户给予确认是否删除以免造成失误。

```
$ rm - i walrus(按 Enter 键)
rm: Remove walrus: y
$ ls(按 Enter 键)
trio_ltr
```

12.6 打印文件的命令

1. qprt 命令可完成多个文件的排队打印

例如：

```
$ qprt filename filename2 filename3 ....(按 Enter 键)
```

2. qchk 命令显示打印队列的当前状态

```
$ qchk(按 Enter 键)
Queue Dev Status Job Files User PP % Blks Cp Rnk
lp0 lp0 Running 99 walrus team01 1 1 1 1
```

3. qcan 命令清除打印任务

```
$ qcan - x 99(按 Enter 键)            /* 这里的 99 是运行作业的任务数 */
```

【说明】

命令“qprt -p”可以重新为用户指定一台打印机(即不同于默认值)。例如，如果系统中的默认打印机是“lp0”，用户想在打印机“lp1”上打印，则输入命令：

```
$ qprt -p lp1 filename(按 Enter 键)
```

用户可以通过命令“qprt -#j”获得所需的任务数。

UNIX 系统中与 AXI 系统命令 qprt 兼容的其他命令是：

AT&T 版	BSD 版
$ lp filename(按 Enter 键)	$ lpr filename(按 Enter 键)

下面的命令可以用于排队列表和清除打印任务：

	AT&T 版	BSD 版
列出打印排队序列	$ lpstat(按 Enter 键)	$ lpq(按 Enter 键)

【说明】

(1) 命令 qchk 可显示默认打印队列的信息。如果需获得用户系统中所有打印队列的信息列表，则用命令“qchk -A”或命令 lpstat。

(2) 命令“qcan -x”可以清除打印队列中一个欲打印的文件，也可以清除指定队列中所有的打印任务。

```
$ qcan - x - P lp0(按 Enter 键)
```

本操作将清除 lp0 打印机中的任务。

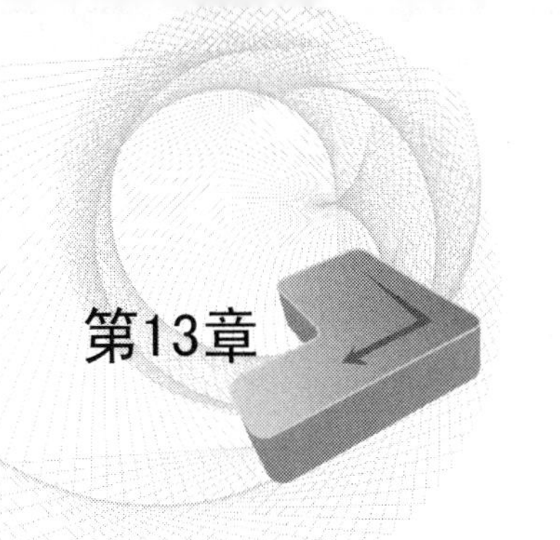

## chapter 13

文件的访问权限

本章介绍文件的访问权限以及如何用八进制数或符号改变基本文件的访问权限。

13.1 显示文件的长信息

命令“ls -l”能显示一个目录中所有文件更为详细的信息(与第一单元所介绍的文件显示命令一样)。

命令“ls -d”可以列出指定目录的相关信息,它把目录当作普通文件一样对待。

```
  $ ls -l(按 Enter 键)
drwxrwxr-x 2 team01 staff 1024 Aug 12 10:16 c
drwxrwxr-x 2 team01 staff 512 Feb 18 09:55 doc
-rwxrwxr-x 1 team01 staff 320 Feb 22 07:30 suba
-rwxrwxr-x 2 team01 staff 144 Feb 22 16:30 test1
    ↑文件的访问权限(Permission bits)
```

有关文件的访问权限已经在第一单元 UNIX 操作系统的章节中做了较详细的介绍。

13.2 文件访问权限的有关定义

在 AIX 系统中,文件或目录与三个用户有关,控制这三个用户对文件的访问权限(r——读、w——写、x——执行)来达到对文件的保护。

rwx	rwx	rwx
文件的属主	文件的同组人	系统中的其他用户

【说明】

系统中的每个用户都可能对一个文件或目录拥有读(read)、写(write)、执行(execute)的访问权限。

1. 访问权限的划分

1）普通文件的访问权限

r：可阅读文件的内容。

w：可修改或删除文件的内容。

x：可把文件作为一个命令来执行（当然，同时需要具有读权限）。

2）目录文件的访问权限

r：可以查找目录中的文件。

w：能建立/删除目录中的文件（同时需要执行权限）。

x：表明对该目录具有访问权限（也就是说，可以用命令 cd 改变目录或访问目录中的文件）。

2. 权限的含义

对文件来说，如果文件具有读(r)访问权限，用户可阅读文件；如果文件具有写(w)访问权限，用户可以修改其内容；如果用户对脚本(script)文件具有执行(x)权限，也应该具有读(r)访问权限；如果文件内容包含执行代码（即是一个二进制代码的文件），它应该具有执行(x)权限，不过，读(r)权限则没必要。

对于目录来讲，由于需要访问其中的文件或子目录，它必须具有执行(x)访问权限，同样也应该具有写(w)权限。否则用户不能进入该目录，无法对其中的文件进行操作（包括建立文件或删除文件）。

要实现删除目录中的文件，仅需写(w)和执行(x)访问权限。

13.3 改变文件（目录）访问权限的命令

13.3.1 符号模式

符号模式就是在命令 chmod 中通过符号来定义用户对文件或目录的访问权限。

语法（命令格式）：

chmod mode filename

下面以文件 newfile 为例，说明利用命令 chmod 对该文件的访问权限进行修改的过程。

(1) 利用命令"ls -l"查看该文件的访问权限等相关信息。

```
$ ls - l newfile(按 Enter 键)
- rw - r- - r- - 1 team01 staff 58 Apr 21 16:06 newfile
```

从上面所显示的信息发现，只有文件属主对该文件具有读(r)、写(w)访问权限，而同组和其他用户对该文件仅有读(r)访问权限。

(2) 利用命令 chmod 对文件 newfile 的同组用户和其他用户增加写(w)的访问权限。

```
$ chmod go + w newfile(按 Enter 键)
```

(3) 再利用命令"ls -l"查看访问权限被修改后的相关信息。

```
$ ls - l newfile(按 Enter 键)
- rw - rw - rw -  1 team01 staff 58 Apr 21 16:06 newfile
```

从上面所显示的信息中发现,同组用户和其他用户对文件 newfile 已增加写(w)的访问权限。

(4) 对文件 newfile 的所有用户增加执行(x)的访问权限。

```
$ chmod a + x newfile(按 Enter 键)
```

(5) 再利用命令"ls -l"查看访问权限被修改后的相关信息。

```
    $ ls - l newfile(按 Enter 键)
- rwxrwxrwx 1 team01 staff 58 Apr 21 16:06 newfile
```

从上面所显示的信息中发现,该文件的所有用户对其都具有读(r)、写(w)和执行(x)的访问权限。

(6) 取消其他用户对该文件的读(r)、写(w)和执行(x)的访问权限。

```
$ chmod o - rwx newfile(按 Enter 键)
```

(7) 再利用命令"ls -l"查看文件 newfile 访问权限被修改后的相关信息。

```
$ ls - l newfile(按 Enter 键)
  - rwxrwx - - -  1 team01 staff 58 Apr 21 16:06 newfile
```

从上面所显示的信息中发现,该文件的其他用户对其已不具有读(r)、写(w)和执行(x)的访问权限。

【说明】

(1) 通过符号法,用户可以对一个文件或目录的访问权限进行增加(+)或减少(-)。

(2) 命令 chmod 中,一次可以指定多个符号模式,其间用逗号(,)隔开;指定的符号模式中不能有空格出现,执行的顺序是从左到右。

(3) 当用户用符号模式指定访问权限时,首先选择的访问权限参数如下。

u:文件属主。

g:文件同组人。

o:系统中的其他用户。

a:包括文件属主、文件同组人和系统中的其他用户。

选项 ugo 与选项 a 的功能相同。选项 a 是默认值。如果访问权限字段被限制,a 是默认值选项。

然后是对文件的访问权限进行精确的指定。

-:移去原指定的文件访问权限。

+：增加所指定的文件访问权限。

=：清除原指定的文件访问权限，并按用户现在所指定的文件访问权限进行设置。如果所指定的访问权限不跟等号(=)，命令 chmod 从所选择的访问权限字段中移去(减去)所有的访问权限。

命令 chmod 所选择的参数如下。

r：读。

w：写。

x：执行。

这里所指的执行权限是：对文件是执行访问权限，而对目录来讲，则是检索访问权限。

13.3.2 数字模式

通过八进制法指定文件和目录的访问权限。

八进制法的表示见表 13-1。

表 13-1 八进制法的表示

	User	Group	Other
符号	rwx	rw—	r——
二进制数	1 1 1	1 1 0	1 0 0
八进制数	4+2+1 7	4+2+0 6	4+0+0 4

例如：利用命令 chmod 和八进制数改变文件或目录的访问权限，对于文件或目录的属主(User)和同组用户具有读(read)和写(write)的访问权限，而系统中的其他用户仅有读(read)访问权限。

(1) 先利用命令"ls -i"查看文件 newfile 的信息。

```
$ ls -l newfile(按 Enter 键)
-rw-r--r-- 1 team01 staff 58 Apr 21 16:06 newfile
```

从上面所显示的信息发现，文件 newfile 的属主对其有读(r)、写(w)的访问权限，而同组用户和系统中的其他用户对文件仅有读(r)的访问权限。

(2) 利用命令 chmod 和八进制数改变文件或目录的访问权限(按所提出的要求)，文件属主和同组用户都应具有读(r)和写(w)访问权限，即二进制数 110，八进制数则为 6；而其他用户则仅有读(r)的访问权限，即二进制数 100，八进制数则为 4。

```
$ chmod 664 newfile(按 Enter 键)
```

(3) 利用命令"ls -i"查看文件 newfile 访问权限被修改后的信息。

```
$ ls - l newfile(按 Enter 键)
-rw-rw-r-- 1 team01 staff 65 Apr 22 17:06 newfile
```

从上面所显示的信息发现，文件 newfile 的属主和同组用户对其有读(r)、写(w)的访问权限，而系统中的其他用户对文件仅有读(r)的访问权限。

【说明】

从前面所讲的内容中，知道文件或目录九个一组的访问权限可以用二进制数 0 或 1 来表示。如：rw—r—r——，可以转换为 110100100 或八进制数 644。用较为直观的表表示，见表 13-2。

表 13-2 属主、同组、其他人的表示

user			group			others			
r	w	x	r	w	x	r	w	x	(符号表示)
1	1	1	1	1	1	1	1	1	(二进制数表示)
400	200	100	40	20	10	4	2	1	(八进制数表示)

表 13-2 所给出的文件访问权限可以通过下面的加法获得，假定文件属主和同组用户都应具有读(r)和写(w)访问权限，而其他用户则仅有读(r)的访问权限，文件 newfile 的访问权限为：

400
200
 40
 20
  4
664

命令 chmod 表示为：

```
$ chmod 664 newfile(按 Enter 键)
```

利用八进制数法，用户可以指定文件的最终访问权限。

【说明】

有时，八进制数格式会产生安全信息(即提示信息)。例如，如果用户是文件的属主，对此文件又无访问权限(例如 000)，用户又想删除此文件，可以根据系统的提示来回答以确定是否删除该文件。如果用户是同组人(group)也可以利用这种方法来操作。

13.3.3 文件的默认访问权限

在 AIX 系统中，对于新建立的文件和目录的访问权限默认值为：

对象名称	访问权限符号法	访问权限八进制法
文件	-rw-r--r--	**644**
目录	drwxr-xr-x	**755**

从上面的符号表示法中可以发现，这个文件是一个普通文件（因为表示文件的类型为“—”）；而所给出的第二个文件的类型则是目录文件（即第一个符号是 d）。它们的访问权限是不同的，普通文件的默认访问权限是 644，而目录文件的默认访问权限是 755。

文件和目录的访问权限默认值都可以通过命令 umask 进行更改。

13.3.4 umask 命令

掩码（umask）的含义在《辞海》中是这样描述的：①用一组字符组去控制保留或删除另一字符组的某些部分；②实现屏蔽的字符组。

在 UNIX/AIX 操作系统中，当建立文件或目录时，系统利用 umask 命令将对其设置一个八进制的访问权限默认值，用以确定被建立文件或目录的最初访问权限值。通常，umask 的默认值为 022。

新目录（New directory）777-022 ＝ 755 →rwxr-xr-x

新文件（New file）666-022 ＝ 644 →rw-r—r—

默认值存放在/etc/security/user 文件中。对所有的用户（users）或某一特定用户来讲，都可更改默认值 022。

【说明】

对访问权限为 644 的新建文件还是访问权限为 755 的新建目录来讲，这是由 022 umask（掩码）值所指定的。

如果希望一个文件的访问权限为 666（即所有用户对此文件都具有读（r）、写（w）访问权限）或当一个目录的访问权限为 777（所有用户对此目录都具有读（r）、写（w）和执行（x）访问权限→rwx）时，可以把掩码值设置为 000。

对于安全程度要求高的文件或目录来讲，其访问权限的掩码值可以设置为 027 或 077。也就是说，如果掩码值设置为 027，文件/目录的访问权限则为：文件属主有读（r）、写（w）和执行权限，同组用户有读（r）和执行权限，而其他用户则无任何访问权限；如果掩码值设置为 077，文件/目录的访问权限则为：文件属主有读（r）、写（w）和执行（x）权限，同组用户和其他用户则无任何访问权限。

通常，对于一个文件来讲，执行（x）访问权限是不设置的。

八进制数表示的访问权限是：

0	0	0→无访问权限
1	1	1→执行
2	2	2→写
4	4	4→读
user	group	others

文件或目录的访问权限是可以通过命令 chmod 来赋予的，它意味着（2＋4）、（4）、（4）或（w＋r）、（r）、（r）。

13.3.5 目录的写访问权限

首先,利用命令“ls -l”查看目录/home/team01 的相关信息:

```
$ ls - ld /home/team01(按 Enter 键)
drwxrwxrwx 2 team01 staff 512 July 29 9:40 team01
```

从所显示的信息中发现,这是一个所有用户都具有读(r)、写(w)和执行访问权限的目录。也就是说,所有用户都可以对该目录进行查看、拷贝和删除等操作。

利用命令“ls -l”查看目录/home/team01 目录中的文件 file1 的相关信息:

```
$ ls - l /home/team01/file1(按 Enter 键)
- rw - r - - r - - 1 team01 staff 1300 July 30 10:30 file1
```

从所显示的信息中发现,这是一个文件属主具有读(r)、写(w)而同组用户和其他用户具有读(r)的访问权限的文件。

现在查看当前用户是用户名:

```
$ whoami(按 Enter 键)
team02
$ Vi /home/team01/file1
file1: The file has read permission only
```

文件 fiel1 有读权限,这说明,用户 team02 要编辑(修改)用户 team01 的文件,系统是给予禁止操作的。

```
$ Vi myfile1(按 Enter 键)                /* 利用全屏幕编辑器 Vi 对文件进行编辑 */
Ha! Ha! I changed this file. Figure out how.
$ mv myfile1 /home/team01/file1(按 Enter 键)
```

利用命令 mv 将文件 myfile1 的内容覆盖/home/team01/file1 文件的内容。

```
override protection 644 for file1? Y
```

系统提示:用户是否越过文件的保护权限 644,用户以 Y 或 N 回答。

利用命令 cat 显示文件 file1 的内容:

```
$ cat /home/team01/file1(按 Enter 键)
Ha! Ha! I changed this file. Figure out how.
```

【说明】

如果用户对一个文件没有写(w)访问权限,也就不能修改此文件;然而,如果对一个存放在具有写(r)访问权限的目录中的文件进行操作,则可以进行。

通过移动和重新命名 team01 主目录中的文件,team02 能修改/home/team01/file1 文件中的内容。由于在 team01 的/home/team01 目录中具有写(w)的访问权限,所以 team02 能执行命令 mv。

切记:允许对目录具有写(w)访问权限是非常危险的。

各个命令所要求的功能和访问权限见表 13-3。

表 13-3 命令所要求的功能和访问权限

命令	源目录	源文件	目的文件
cd	x	N/A	N/A
ls	r	N/A	N/A
ls -l	r, x	N/A	N/A
mkdir	xw(父目录)	N/A	N/A
rmdir	xw(父目录)	N/A	N/A
cat	x	r	N/A
pg	x	r	N/A
more	x	r	N/A
mv	x, w	NONE	x, w
cp	x	r	x, w
touch	x, w *	NONE	N/A
rm	x, w	NONE	N/A

【说明】

当调用命令 touch 来建立一个长度为零的文件时，写(w)访问权限是需要的。如果用命令 touch 对一个已存在的文件修改其日期，可以不需要写(w)访问权限。

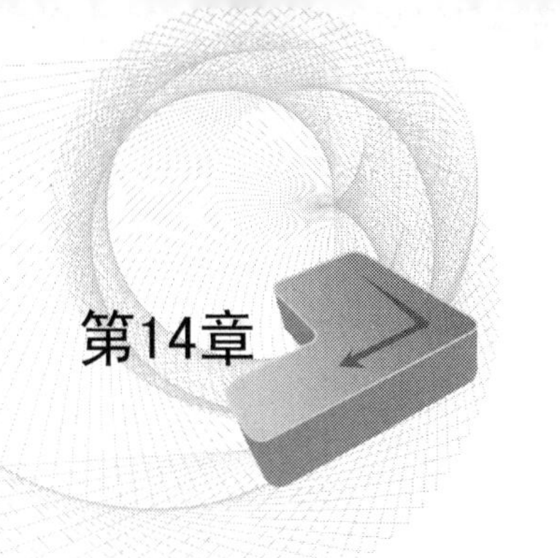

第14章　chapter 14

shell　基　础

通过本章 shell 的常用功能的介绍，使读者了解 shell，以便调用 shell 所支持的相关命令。

14.1　shell 的种类

在前面的章节中已对 UNIX 操作系统所配置的 shell 做了较详细的介绍（所涉及的内容基本上是大同小异），这里只对 AIX 系统中的 shell 做简单的叙述。这里主要涉及的内容是：

(1) 在 AIX 系统中，可以将 shell 设置为 Korn(ksh)、Bourne(bsh)或 c(csh)shell；

(2) 命令解释程序；

(3) 实现多任务；

(4) shell 程序设计语言。

【说明】

shell 是用户与 AIX(UNIX)操作系统之间的主要界面。AIX 系统中的标准 shell 是 korn shell(ksh)。

Shell 的作用是解释用户命令来启动应用，调用系统应用来管理用户数据。

shell 能实现前/后台的独立操作。

通过利用 shell 提供的相关变量来组合命令序列，可以编写出 shell script 文件。

14.2　元字符与通配符

如下字符在 shell 中是有特殊意义的：

```
<>|;!*?[]$\"',
```

通配符是元字符的一个子集，用来检索文件。例如：

```
*?![][-]
```

上面的字符不能用于文件（目录）名的任一部分。

“—”符号可以出现在文件名中，但不能作为文件名的第一个字符。假设有一文件名为“—l”，则命令“ls -l”中也有与文件名相同的部分，这就容易引起混淆。

14.3 文件名中的字替换

1. 通配符＊ ?

单字符比较：通配符“?”只能替换光标处的一个字符。

```
$ ls ne?(按 Enter 键)
net new
$ rm ?e?(按 Enter 键)
few net new
```

多字符比较：通配符“＊”能替换光标处开始的多个字符。

```
$ cp n＊ /tmp(按 Enter 键)
ne net new nest
$ qprt ＊w(按 Enter 键)
new few
$ echo test1＊(按 Enter 键)
test1 test1.2 test1.3
```

文件名中的字符替换如图 14-1 所示。

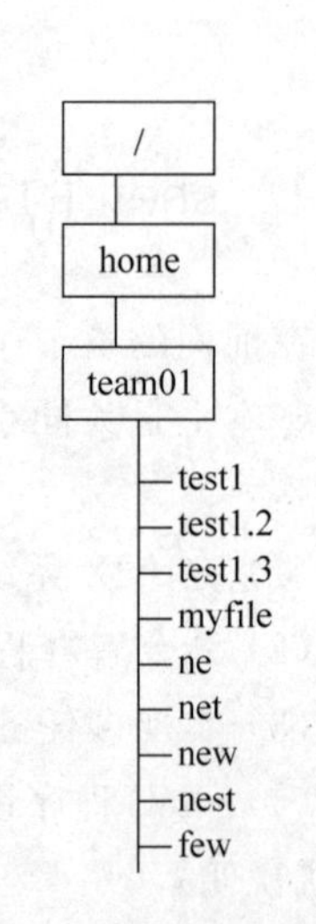

图 14-1 文件名中的字符替换

【说明】

(1) 通配符“?”可以替代文件名中的任一字符，但它不能替代第一个字符为“.”(例如：隐含文件，有的书也称为隐藏文件)的文件名。

(2) 通配符“＊”可以替代文件名中的任何字符，除了隐含文件外，符号“＊”将替代当前目录中的任何文件名。

(3) 在进行删除文件的操作时，应尽量少使用通配符“＊”来替代文件名。因为“rm ＊”是删除所有文件。

2. 文件名中其他字的替换

符号：[ ] ! [-]

```
$ ls ne[stw](按 Enter 键) /＊列出文件名为三个字符，其结尾是 s、t 或 w 的文件＊/
net new
$ rm [fghjdn]e[tw](按 Enter 键)
/＊删除文件名开头含有第一个方括符“[ ]”给出的字符、其中含有字符 e 而结尾有第二个方括符“[ ]”给出的字符的文件＊/
few net new
$ ls ＊[1 - 5](按 Enter 键)
/＊列出当前目录中文件名结尾含有 1～5 中任一数字的文件＊/
test1 test1.2 test1.3
```

```
$ qprt [!tn] * (按 Enter 键)/ * 打印文件名开头不含有字母 t 或 n 的文件内容 * /
myfile few
$ cat ?[!y] * [2 - 5](按 Enter 键)
/ * 显示文件名开头不含有字母 y 而文件名结尾含有 2~5 中任一数字的文件 * /
test1.2 test1.3
```

14.4 标准文件

在系统中,每个进程都必须打开**标准输入**(standard input)、**标准输出**(standard output)**和标准错误**(standard error)三个文件。

标准输入可缩写为 stdin,这是一个命令所等待的输入,通常是指键盘。

标准输出(缩写为 stdout)和标准错误(缩写为 stderr)是命令的输出,通常是指屏幕。

在 AIX(UNIX)操作系统中,可以调用输入输出重定向操作符(<、<<和>、>>)来改变来自键盘的输入(标准输入)或将命令的输出送到其他地方(如某一文件中)而不是送到屏幕的默认值。

AIX 系统中 shell 的标准文件如图 14-2 所示。

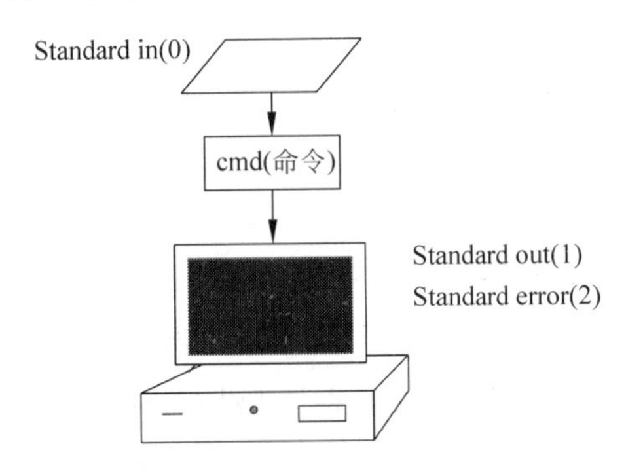

图 14-2 AIX 系统中 shell 的标准文件

【说明】

shell 是用户与 AIX 操作系统的主界面,AIX 系统的标准 shell 是 korn shell。

14.5 文件描述

当程序启动时,由 shell 赋予三个描述:

```
standard in: < 0
standard out: > 1
standard error: 2 > 2
```

【说明】

在 AIX 系统中,并不是所有的文件名都涉及实数据文件。某些文件可能是特殊文件,它们是系统中某些设备的指针(例如:/dev/tty0、/dev/hdc1、/dev/cdrom 等)。

14.6 输入重定向

1. 默认标准输入

下面以发邮件为例来介绍输入重定向的含义。

```
$ mail team01(按 Enter 键)
Subject: Letter
This is a letter.
<ctrl - d>
Cc:
$ _
```

上面是进入邮件的环境，通过键盘(标准输入)来完成命令 mail 的操作。

2. 一个文件的重定向输入 <

还是以命令 mail 为例，只是将标准输入(键盘)改从一个文件中得到。

```
$ mail team01 < letter(按 Enter 键)
$ _
```

【说明】

在重定向例子中，文件的内容可以通过编辑软件或字处理软件得到。文件内容可以替代命令 mail 所需要的标准输入(而不是从键盘上得到)。

在命令 mail 中应用重定向操作符，屏幕上就没有“Subject：”或“Cc：”提示。用户必须使用如下语法格式：

```
mail  - s subject  - c Address(es) Address
```

符号“<”告诉命令 mail 所需的输入内容是从文件中得到来取代标准输入(键盘)。命令 mail 所产生的标准输出有别于其他命令。

14.7 输出重定向

1. 默认标准输出

```
$ ls(按 Enter 键)
file1 file2 file3
```

这里所显示的内容是用户要运行一个命令后，其执行结果应该在标准的设备上输出(通常，把显示器设置为默认的标准输出设备)。

2. 一个文件的输出重定向输出：>

```
   $ ls > ls.out(按 Enter 键)
/ * 把命令 ls 所产生的应该送到屏幕显示的标准输出结果重定向到文件"ls.out"中保存 * /
   $ _
```

3. 把重定向输出附加在一个文件的末尾：>>

```
$ who >> whos.there(按 Enter 键)
  / * 把命令 who 所产生的应该送到屏幕显示的标准输出结果附加到文件"whos.there"的
末尾 * /
$ _
```

【说明】

重定向允许将标准输出转到屏幕(默认)以外的地方。在上例中,标准输出被重定向到文件“ls.out”中保存。

在本例中,文件描述符应取如下值:

```
0(unchanged)        STDIN
1 (changed)         ls.out
2 (unchanged)       STDERR
```

重定向能改写一个已存在的文件内容。“>>”可将命令所产生的输出重定向到一个已存在的文件中。两个大于符号“>>”间没有间隔。

本例中,文件描述符取值如下:

```
0 (unchanged)       STDIN
1 (changed)         whos.there
2 (unchanged)       STDERR
```

14.8 用命令 cat 建立一个文件

(1) 命令 cat 可以列出文件内容,再加上重定向就可以建立文件。

```
   $ ls(按 Enter 键)
letter acctfile file1
   $ cat file1(按 Enter 键) / * 显示文件 file1 的内容 * /
This is a test file.
The file has 2 lines.
   $ _
```

(2) 利用命令 cat 加重定向操作符“>”来建立一个新文件 newfile。

```
   $ cat > newfile(按 Enter 键)          / * 建立一个新文件 * /
This is line 1 of the file.
This is the 2nd line.
```

```
And the last.
<ctrl-d>                                    /* 结束键盘输入 */
   $ ls(按 Enter 键)
   letter acctfile file1 newfile
```

上面所建立的文件 newfile 已存在于当前目录中。

【说明】

用户可以利用命令“cat”来建立小型文本文件。

在 cat > newfile 例子中，文件描述符应取值为：

```
0 (unchanged)        STDIN
1 (changed)          newfile
2 (unchanged)        STDERR
```

14.9 错误重定向

下面是默认标准错误：

```
    $ cat filea fileb(按 Enter 键)
This is output from filea.
    cat: cannot open fileb
```

重定向错误输出到一个文件 2>中（如果要附加到文件的末尾则用 2>>）：

```
    $ cat filea fileb 2 > errfile(按 Enter 键)
This is output from filea
    $ cat errfile(按 Enter 键)
cat: cannot open fileb
    $ cat filea fileb 2 > /dev/null(按 Enter 键)
This is output from filea
```

【说明】

2 和>间无间隔。

特殊文件/dev/null 是一个容量非常大，可以将不需要的数据都通过重定向操作送到此处。/dev/null 特殊文件的唯一特性是永远是空的。它通常起到一个存储桶的作用。

上面例子中，第一个文件的描述符如下：

```
0 (unchanged)        STDIN
1 (unchanged)        STDOUT
2 (changed)          errfile
```

第二个文件的描述符如下：

```
0 (unchanged)        STDIN
1 (unchanged)        STDOUT
2 (changed)          /dev/null
```

14.10 组合重定向

1. 组合重定向

```
$ command > outfile 2 > errfile < infile(按 Enter 键)
$ command >> appendfile 2 >> errfile < infile(按 Enter 键)
```

2. 相关例子

```
$ command > outfile 2 >&1(按 Enter 键)
```

【注意】下面的命令行与上面的命令行是不同的。

```
$ command 2 >&1 > outfile(按 Enter 键)
```

【说明】

(1) 在组合例子中,所指定的重定向是有效的。在第一个例子中,组合文件的描述符1指定为outfile。而例子有关的描述符2与文件描述符1相同(outfile)。

(2) 在第二个例子中,如果重定向符相反,则文件描述符2应与最终(标准输出)结果组合,而文件描述符1应与文件指定的outfile组合。

(3) 在组合例子中,错误被重定向到与标准输出的相同位置。由于在这点上标准输出尚无被重定向,这样,在屏幕上将显示默认值。所以,错误信息将重定向到屏幕。

(4) 记住:默认错误信息是被送到屏幕。

3. 这里以命令"ls"为例,说明组合的相关操作

(1) ls −l / > ./list.file 2>&1

```
0 (unchanged)        STDIN
1 (changed)          ./list.file
2 (changed)          ./list.file
```

(2) ls −l / 2>&1 > ./list.file

```
0 (unchanged)        STDIN
1 (changed)          ./list.file
2 (unchanged)        STDOUT
```

14.11 管道

有关管道(pipe)内容,在UNIX的章节中已经做了一定的叙述。在此只对AIX系统中的管道做简单的介绍。

由一根竖线"|"隔开的一系列命令被称为一个管道(pipe)。每个命令的标准输出成

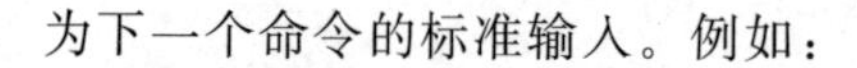

为下一个命令的标准输入。例如：

```
$ who | wc -l(按 Enter 键)
 4    /* 显示目前有 4 个用户登录系统 */
```

本例中，命令 who 产生一个标准输出(列出登录系统的用户)，通过管道操作符"|"送给命令 wc 作为其输入，计算出当前登录系统的用户数，然后删除临时文件(即 pipe 文件)。上述的例子如果不调用管道操作符"|"就复杂多了。例如：

```
$ who > tempfile(按 Enter 键)          /* 命令 who 的输出通过重定向到文件 tempfile */
$ wc - l tempfile(按 Enter 键)         /* 对 tempfile 进行记数 */
  4 tempfile
$ rm tempfile(按 Enter 键)             /* 删除临时文件 tempfile */
```

从以上的例子中可以发现，AIX(UNIX)操作系统的管道操作功能是非常有用也是非常简洁易懂的。所以，管道操作在日常的工作应用得较多。

【说明】

在一个命令行中，两个以上的命令能通过管道操作符"|"隔开。要求命令行中管道左边的命令必须送出标准输出，而管道右边的命令将其作为标准输入。

14.12 过滤器

过滤器(filters)是一个从标准输入读取数据的命令。在某些方面，变换输入并写到标准输出中。例如：用户可以利用下面的命令组合完成自己所要求的操作。

```
ls - l | grep "^d" | wc -l
1 - - - -2 - - - -3 - - - -
```

上述命令行实际上由三部分组成。

第一部分：列出当前目录中的所有文件。

```
ls - l
- rwxr - xr - x … file1
drwxr - xr - x …dir1
- rwxr—r - -  …file2
```

第二部分：检索以 d 开头的文件信息。

```
grep "^d"
drwxr - xr - x…dir1
```

第三部分：计算有多少行。

```
wc -l
```

在整个命令行中，应用了两个管道操作符"|"。用户所要操作的内容就简单多了。

【说明】

(1) 如果一个命令既能从标准输入中读取其内容,又能在某些方面对标准输出(文件)写其输出,这个命令就是一个过滤器,它可以作为命令和管道之间的过滤器。

(2) 在上面的例子中,过滤器与一长串管道中的命令一起使用。命令“ls -l”列出当前目录中的所有文件信息,然后管道将这些信息传到命令 grep。在此过程中,命令 grep 掩盖了更多的细节。命令 grep 与 "^d"(目录)查找所有行开头为 d 的文件信息(即列出目录文件)。命令 grep 的输出通过管道送到命令“wc -l”,计算出符合查找条件的文件数。

(3) 在本例中,命令 grep 起到了一个文本过滤器的作用。

(4) 在 AIX 系统中,有三个完成文本过滤作用的命令:

egrep fgrep grep。其中:第一个命令是 grep 的扩展,而第二个则是快速的 grep 命令。

命令 grep 的操作:

```
$ pwd(按 Enter 键)
/usr/bin
$ ls -il grep [ef] grep(按 Enter 键)
35341 -r-xr-xr-x 3 bin bin 20434 Jan 12 2003 egrep
35341 -r-xr-xr-x 3 bin bin 20434 Jan 12 2003 fgrep
35341 -r-xr-xr-x 3 bin bin 20434 Jan 12 2003 grep
```

14.13 分离输出

命令 tee 可以完成读标准输入,并将其数据传送到标准输出和文件。例如:

```
ls | tee /tmp/ls.save | wc -l
```

命令“tee”的分离输出(Split Outputs)示意图如图 14-3 所示。

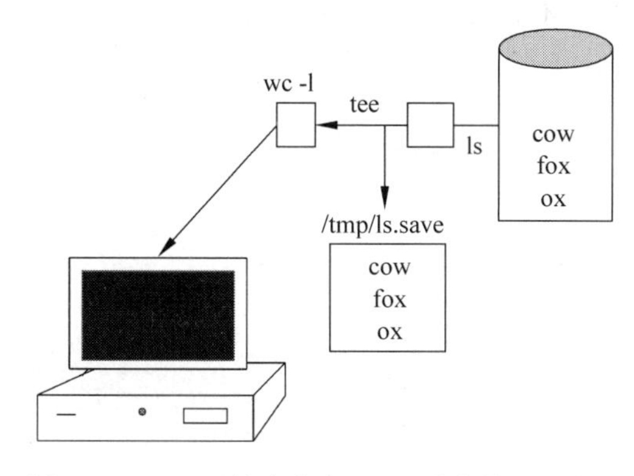

图 14-3 AIX 系统中命令 tee 的分离输出示意图

【说明】

(1) 命令 tee 是一个过滤器,它捕获通过管道的信息。

(2) 命令 tee 把文件中的数据进行拷贝,把其作为标准输出一样用于下一个命令。

(3) 命令 tee 不更改数据。

14.14 命令组合

1. 多个命令的输入

在同一行,可以输入多个命令,各命令间用分号“;”隔开。

```
$ ls -R > outfile ; exit(按 Enter 键)
```

上面的例子中,首先是命令“ls -R”列出当前目录中的文件,并将这些信息通过重定向操作符“>”送到文件 outfile 保存,然后执行命令 exit。如果不用逗号就分为如下的过程:

```
$ ls -R > outfile(按 Enter 键)
$ exit(按 Enter 键)
```

2. 行连续

在分隔(行)中,符号“\”可以用于连接一个命令。第二个提示符“>”由 shell 指明为行连续(line continuation)。例如:

```
cat /home/mydir/mysubdir/mydata \
> /home/yourdir/yoursubdir/yourdata
```

【说明】

(1) “\”必须是行的最后一个字符,其后紧跟一个 Enter 键。

(2) 不能把此连接提示符“>”与重定向符混淆。

(3) 第二个提示符“>”不是整个命令行的一部分。

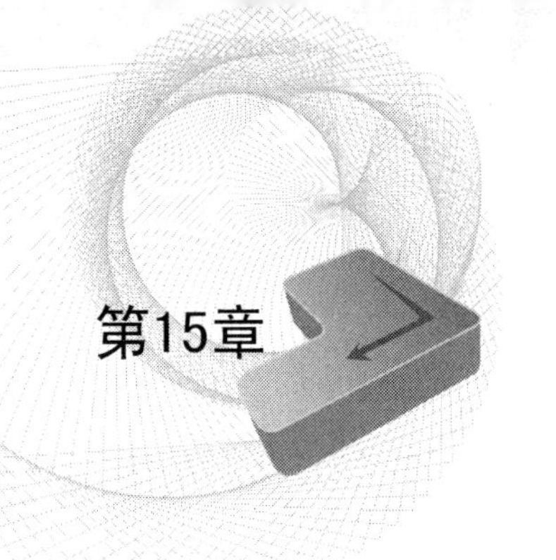

第15章 chapter 15

shell变量的调用

本章介绍 shell 的相关变量。

15.1 变量类型

在 AIX 系统中，shell 变量有以下功能。

(1) 变量所表示的值是可变的。

(2) shell 变量定义用户的工作环境，例如：

HOME 目录(如：/home/team01)

TERM 终端类型(如：ibm3151)

PATH 搜索工作路径(如：/bin:/usr/bin:/etc:.)

能定义附加变量。

(3) 在 shell 中，变量的名通常是大写字符，变量是由系统设置的；而小写字符的变量值则是由用户设置。

【说明】

在 shell 中，每个变量名都有特殊的含义。如 HOME 与 home 所表达的含义是不一样的。

15.2 变量值

```
$ set(按 Enter 键)          /* 用户可以调用命令 set 来了解变量的设置 */
HOME = /home/team01
PATH = /bin:/usr/bin:/etc:/home/team01/bin:.
PS1 = $
PS2 = >
SHELL = /usr/bin/ksh
TERM = ibm3151
xy = day
$ _
```

【说明】

(1) 命令 set 列出所有变量的当前值。

(2) 命令 set 是 shell 的一个内部命令,而 set 所列出的变量值取决于开始运行的 shell。通常是 Bourn shell(Bshell)或 Korn shell(Kshell)。

15.3 设置和调用 shell 变量

(1) 为一个 shell 变量赋值:

```
name = value
```

(2) 调用一个变量,其变量名前用符号"$"作前缀:

```
$ xy = "hello world"(按 Enter 键)      /* 把 hello world 值赋予变量 xy */
$ echo $ xy(按 Enter 键)               /* 调用命令 echo 显示变量 xy 的值 */
hello world
```

(3) 用命令 unset 删除一个变量:

```
$ unset xy(按 Enter 键)
$ echo $ xy(按 Enter 键)
$ _
```

【说明】

命令 echo 显示文本中一串标准输出(默认到屏幕)。

设置一个变量,使用"="两边无空格。一旦变量被定义,变量名前用一符号"$"就可以调用所定义的变量值。符号"$"与变量名之间不能有空格。

15.4 shell 变量举例

```
$ xy = day(按 Enter 键)                      /* 把值 day 赋予变量 xy */
$ echo $ xy(按 Enter 键)                     /* 显示变量值 */
day
$ echo Tomorrow is Tues $ xy(按 Enter 键)    /* 在命令行的参数中调用已经赋予值的变量 */
Tomorrow is Tuesday
$ echo There will be a $ xylong meeting(按 Enter 键)
There will be a meeting
$ echo There will be a $ {xy}long meeting(按 Enter 键)
There will be a daylong meeting
```

【说明】

(1) 变量名为 xy。在上面的例子中,如果 $ xy 和 long 之间无空格,则 shell 去查找变量名为 xylong 的变量,由于不存在,则所显示的内容中没有该输出。

(2) 在句子中调用变量时,应将变量名用大括号"{}"括起来。

15.5 引证字符

(1) ' '单引号:

```
$ echo ' $ HOME'(按 Enter 键) /* 仅显示单引号包括的内容 */
$ HOME
```

(2) " " 双引号:

```
   $ echo " $ HOME"(按 Enter 键)              /* 仅显示调用变量的定义值 */
/home/team01
```

(3) \ 斜杠:

```
$ echo \ $ HOME(按 Enter 键)                  /* 仅显示调用变量名 */
$ HOME
$ _
```

用户可以用斜杠"\"来停止 shell 对括起来的内容的解释。例如:

```
$ echo "This is a double quote \""(按 Enter 键)
This is a double quote "
```

15.6 命令替换

变量='一个命令的输出'

```
   $ date(按 Enter 键)
Wed 11 Jul 11:38:39 2003
   $ now = $ (date) (or now = 'date')(按 Enter 键)
   $ echo $ now(按 Enter 键)
Wed 11 Jul 11:38:39 2003
   $ HOST = $ (hostname) (or HOST = 'hostname')(按 Enter 键)
   $ echo $ HOST(按 Enter 键)
sys1
   $ echo "Today is 'date' and 'who | wc - l' users \(按 Enter 键)
> are logged in"(按 Enter 键)
Today is Wed 11 Jul 11:45:27 2003 and 4 users are logged in
```

【说明】

(1) 可以将某个命令或一组命令的输出通过后置引号赋给一个变量。例如上面的例子中,命令 data 和 who 的输出就保存在变量中。

(2) bourne shell, C shell 和 Korn shell 都支持后置引号。$ (command) 是 Korn shell 专门指定的。

15.7 命令行分析

```
$ ls $dir/*.? 2>/dev/null | tee filelist.txt(按 Enter 键)
```

上面的命令行中可分为四部分：

(1) 命令执行部分——这就是命令 ls 和命令 tee；

(2) 命令和可变替代——这就是 $ var，$ (cmd)；

(3) 重定向和管道——这就是>，>>，2>，|；

(4) 通配符——这就是 *，?，[ ]。

【说明】

(1) 当 shell 分析一个命令行时，它把命令行分解成一系列词。其中的一部分确定哪个命令将执行。另一部分则是穿过所有命令的信息(例如：文件名、选项等)。剩下的则是 shell 的指令(例如：重定向符)。

(2) shell 读和处理命令的顺序是从左到右进行。

(3) 它的逻辑顺序是重定向、命令、变量替换、通配符，然后是命令的执行。

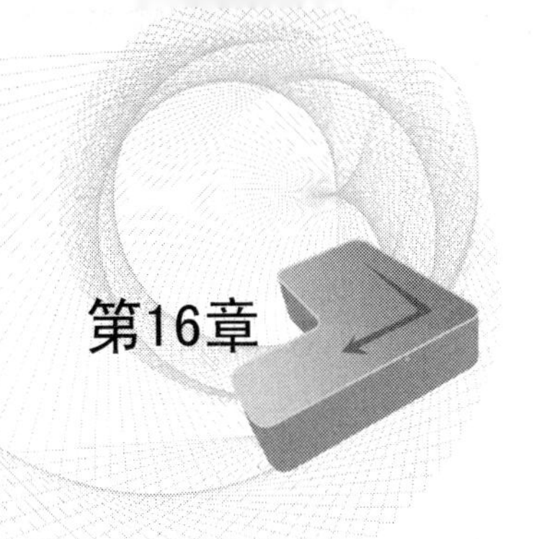

chapter 16

进　　程

本章将介绍 AIX 操作系统的进程，讨论父进程与子进程间的关系，建立和调用 shell scripts。

16.1　进程概述

(1) 每个程序都允许在一个进程中包括如下信息：

进程环境

Program(程序)；User and group id(用户和组标识符)；

Data (数据)；Process id (PID)(进程标识符)；

Open files (打开文件)；

Parent Process id (PPID)(父进程标识符)；

Current directory(当前目录)；

Program variables(程序变量)。

(2) 变量“$ $ ”显示当前 shell 的进程标识符 id：

```
$ echo $ $ (按 Enter 键)
4712
```

(3) 命令“ps”显示正在运行的所有进程相关的信息：

```
$ ps -u team01(按 Enter 键)
```

【说明】

(1) 通常在系统中运行的一个程序或一个命令实际上是一个进程在运行(多用户操作系统)。

(2) AIX 同时能运行多个不同的进程(例如：vi)。

(3) 进程标识符 PID 是从进程表中获得的。

(4) 在 shell 环境中，PID 存储在变量“$ $ ”中。

(5) 命令 ps 可显示正在运行的进程。

例如：

```
$ ps -u team01(按 Enter 键)
```

显示用户 team01 中正在运行的所有进程。

16.2 登录环境

假定用户是在 AIX 操作系统环境中，它的 PID=202，使用的是 ksh。

```
login: john(按 Enter 键)
john's Password:xxxxxx(按 Enter 键)
$ _
```

进程环境

program(程序)：/usr/bin/ksh。

uid(用户)：john。

gid(同组用户)：staff。

files(文件)：/dev/tty1。

PID(进程标识符)：202。

图 16-1 较简单清晰地表达了 AIX 系统中父、子进程间的关系。

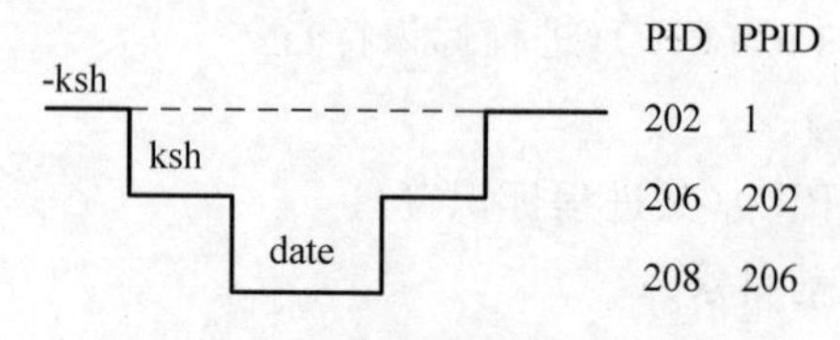

图 16-1 父进程与子进程的关系

【说明】

(1) 当用户登录系统时，AIX 启动一个新进程(例如：PID=202)，并装载程序/usr/bin/ksh 到此进程。这个 shell 程序称为登录 shell(login shell)。

(2) PID 是由 AIX 系统的内核(kernel)随意分配的。

16.3 进程环境

当用户登录系统后，即可执行所需的程序或命令。例如：用户利用命令 cat 显示文件：

```
$ cat kfile1(按 Enter 键)
```

要完成上面的任务，需要如下运行环境(AIX 系统环境)：

program：/usr/bin/cat。

uid：john。

gid：staff。

files：　/dev/tty1。

　　　　kfile。

parent：－ksh。

PID：310。

PPID：202。

PID＝202 －ksh。

PID＝310 cat。

【说明】

(1) 进程存在于等级森严的父/子进程环境中。一个进程是由程序或命令中父进程来启动的，子进程是由父进程所产生的。

(2) 一个父进程有若干个子进程，而一个子进程仅有一个父进程。

(3) 在上面的例子中，用户执行命令 cat kfile，shell 调用 PATH 变量查找程序 cat，此程序驻留在目录/usr/bin 中。

(4) 接下来 shell 启动一个新进程(PID＝310)，并将程序/usr/bin/cat 装入这个新进程。

16.4 父进程与子进程

```
$ echo $ $(按 Enter 键)            /* 显示父进程的标识数 */
202
$ ksh (按 Enter 键)                /* 产生一个 subshell */
$ echo $ $(按 Enter 键)            /* 显示所产生子进程的标识数 */
206
$ date(按 Enter 键)                /* 运行一个命令 */
Tue Jan 4 11:18:26 GMT 2000
$ <ctrl - d>                       /* 退出 subshell */
```

再查看系统中，当前进程的信息为：

```
$ echo $ $(按 Enter 键)
202
```

从上面所显示的信息，可以看到父进程与子进程在系统中的运行情况。从图 16-1 中可以了解父进程与子进程的变化情况。

【说明】

(1) PID 是 shell 为了区别不同进程时所使用的标识数。

(2) PID 1 是 init 进程，它是第一个 AIX 进程，在引导进程的过程中被启动。

(3) PPID 是父进程标识符，也就是启动这个进程的 PID。

(4) 特殊环境变量＄＄是用于 shell script 的变量描述。

(5) 命令 echo 可建立在 shell 中，运行 echo 时不需要建立子 shell(subshell)。

(6) 在上面的例子中，第二个 ksh 是举例说明父/子进程间的相互关系；如果要运行指定的 shell script 或程序，就应启动不同的 shell(例如 csh)。

16.5 变量与进程

变量是进程环境的一部分。进程不能访问或者改变另一个进程中的变量。

```
$ x = 4(按 Enter 键)
$ ksh(按 Enter 键)
$ echo  $ x(按 Enter 键)          / * subshell * /
$ x = 1(按 Enter 键)
$ < ctrl - d >
$ echo  $ x(按 Enter 键)
4
```

【说明】

(1) 每个进程运行在自己的进程环境中。在已启动的子 shell(subshell)中，变量 $ x 是未知的。

(2) 通过变量进入一个子 shell(subshell)，必须执行命令 export，此命令给出下一步操作。

图 16-2 简单地描述了在 shell 中变量的执行情况。

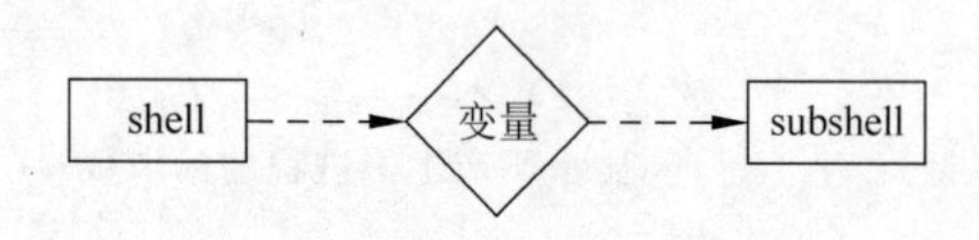

图 16-2　shell 中变量的执行

16.6 上机操作

【说明】

这个操作可以指导学生执行输出命令。

(1) 登录系统(login to the system)。

(2) 记下当前 shell 的 PID(write down the process ID of your current shell)。

(3) 定义如下的两个 shell 变量 vartest1、vartest2(define two shell variables vartest1 and vartest2 in the following way:)。

```
$ vartest1 = "moon"(按 Enter 键)
$ vartest2 = "mars"(按 Enter 键)
$ export vartest2(按 Enter 键)   / * 报告变量 vartest2 所赋予的值 * /
```

仅对变量 vartest2 执行命令 export;

(4) 打印变量 vartest1 和 vartest2 的值(Print the value of vartest1 and vartest2)。

```
$ echo $ vartest1(按 Enter 键)
$ echo $ vartest2(按 Enter 键)
```

(5) 启动一个新的 shell(Start a new shell:)。

```
$ ksh(按 Enter 键)
```

(6) 记下 subshell 的进程标识符(Write down the process ID of the subshell.)。

```
Process ID:
```

(7) 如果在 subshell 中已定义了变量 vartest1 和 vartest2,可用命令"echo"进行查看(Check if the variables vartest1 and vartest2 are defined in your subshell.)。

```
$ echo $ vartest1
$ echo $ vartest2
```

(8) 在 subshell 中修改变量 vartest2 的值(In your subshell change the value of variable vartest2:)。

```
$ vartest2 = "jupiter"(按 Enter 键)
```

(9) 退出 subshell 并打印出变量 vartest2 的值(Exit your subshell and print out the value of vartest2.)。

```
$ echo $ vartest2(按 Enter 键)
```

父 shell 中的变量是否变化(Has the variable been changed in the parent shell)?

(10) 请扼要回答这个上机操作的问题(Please answer the following question to summarize this activity):

通过变量进入 subshell,必须要执行上面所讲的命令(To pass variables into a subshell, which command must be executed)?

16.7 shell script

shell script 就是存储在文本文件中的命令集。人们可以利用全屏幕编辑器 Vi 来编辑 shell script。例如:

```
$ vi hello(按 Enter 键)
echo "Hello, John. Today is: $ (date)"
pwd
ls
~
~
~
```

```
:wq
$ _
```

【说明】

(1) shell script 是一个简单的文本文件,它包含了许多 AIX 系统的命令。

(2) 当执行一个 shell script 时,shell 一次从文件中读一行,对这一行中的一系列命令进行处理。

(3) shell script 的任何 AIX 命令都能运行。

(4) 任何 AIX 编辑器都能创建 shell script。

16.8 调用 shell script

1. 调用一

下面以刚才建立的 shell script 为例,介绍 AIX 系统中怎样调用 shell script。首先显示 shell script 文件 hello 所包含的内容:

```
$ cat hello(按 Enter 键)
echo "Hello, John. Today is: $(date)" (1)
pwd                                   (2)
ls                                    (3)
调用 ksh 来执行 shell script 文件 hello:
$ ksh hello(按 Enter 键)
-----------------------------------------------
Hello, John: Today is: Wed Sep 13 19:34 (1)
/* 这实际上是调用一个 subshell */
/home/john                              (2)
books letter1 text2sarah                (3)
-----------------------------------------------
$ _
```

上面给出了调用 shell script 的过程。

【说明】

(1) 例子给出了 shell script 文件 hello 的内容。

(2) 为了执行此文件,启动了程序 ksh:

```
$ ksh hello
```

(3) ksh 从 hello 文件中读出所给出的命令,然后逐行执行这些命令。

2. 调用二

上面的例子是通过启动 ksh 来执行 shell script 文件 hello 的。现在可以先利用命令 chmod 改变文件 hello 的访问权限,然后在系统提示符下直接输入文件名 hello 就可以执行了。

```
$ cat hello(按 Enter 键)
echo "Hello, John. Today is: $(date)" (1)
pwd                                   (2)
ls                                    (3)
```

调用命令 chmod 来增加 shell script 文件 hello 的执行权限。

```
$ chmod +x hello(按 Enter 键)
$ hello(按 Enter 键)                   /* 实际上是执行一个 subshell */
/* Shell 利用变量 PATH 来查找可执行的程序 */
Hello, John: Today is: Wed Sep 13 19:34 (1)
/home/john                            (2)
books letter1 text2sarah              (3)
$ _
```

【说明】

(1) 这里给出了调用 shell script 的另一个方法,就是利用命令 chmod 改变用户先前建立的 shell script 文件的访问权限。

(2) 通过命令 chomd 的处理,用户就可以直接执行所建立的 shell script 文件。

(3) shell 利用变量 PATH 来查找可执行的程序。

(4) 在执行中,如果系统给出如下错误信息:

```
$ hello
ksh: hello: not found
```

用户就需要检查 PATH 变量。因为存储 shell script 文件的目录必须用 PATH 变量定义。

3. 调用三

下面再通过一个 shell script 文件,进一步介绍调用 shell script 的过程:

```
$ cat set_dir(按 Enter 键)
dir1 = /tmp                   /* 变量 dir1 所设置的值为一个临时目录"/tmp" */
dir2 = /usr                   /* 变量 dir2 所设置的值为一个用户目录"/usr" */
$ . set_dir(按 Enter 键)       /* .(点): 在当前 shell 环境中执行 */
$ echo $dir1(按 Enter 键)
/tmp
$ echo $dir2(按 Enter 键)
/usr
```

读者可以思考:如果调用的 set_dir 前面没有.(点),dir1 和 dir2 变量的值应是什么?

【说明】

(1) 在 subshell 中,每个 shell script 文件被执行。subshell script 中所定义的变量(dir1、dir2)是不能返回到父 shell 中的。

(2) 如果用.(点)调用 shell script,所运行的环境是当前 shell。所以定义的变量(dir1、dir2)是在当前的 shell 中。

16.9 从命令行中返回的代码

(1) 一个命令返回一个退出值到父进程：

```
0 = 成功
1 - 255 = 另一种情况
```

(2) 环境变量“$?”包含最后一个命令的退出值：

```
    $ cd /etc/security(按 Enter 键)
ksh: /etc/security: Permission denied
    $ echo $?(按 Enter 键)
    1
```

【说明】

(1) 每个命令给父进程返回一个退出状态值。0 表示成功，非 0 则是另一种情况。

(2) 为了查看所执行命令的返回状态值，可调用命令“echo $?”，例如：

```
$ date(按 Enter 键)              /* 查看当前日期 */
$ echo $?(按 Enter 键)           /* 显示命令 date 是否执行成功 */
0                                /* 返回值为 0,说明命令 date 是执行成功的 */
$ _
```

16.10 上机操作

从建立 shell script 到执行等过程，用户可以按照如下步骤上机操作。

(1) 登录系统。

(2) 建立一个计算当前目录中所保存的文件数的 shell script 文件 count_files：

```
echo "Number of files: "
ls | wc - w
```

(3) 建立可执行的 shell script 文件。

(4) 调用 shell script。如果 shell 没有找到所需的 shell script 文件，应该检查变量 PATH 。

(5) 再建立一个计算登录系统的用户数的 shell script 文件：

```
echo "Active users:"
who
echo "Number of active users:"
who | wc - l
```

(6) 对所建立的 shell script 文件进行访问权限的改变，然后直接执行。

小结

（1）上面叙述了调用 shell script 文件的方法：

```
$ ksh shell script 文件名（本文件必须有读权限）
$ shell script 文件名（本文件必须有读/执行权限）
$ . shell script 文件名（本文件必须有读权限）
```

（2）每个程序都运行在一个 AXI 进程中。

（3）每个进程都运行在它的初始进程、父进程这样的环境中。

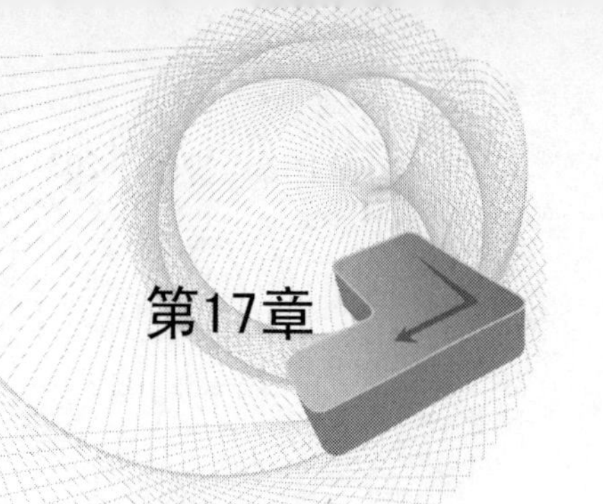

第17章

chapter 17

进 程 控 制

本章讨论对进程的监督和控制。通过本章的学习，以达到如下的目的：

(1) 描述进程监督；

(2) 调用后台进程；

(3) 终止进程；

(4) 列出进程的有用信息；

(5) korn shell 的作业控制。

17.1 监督进程

可以调用命令 ps 显示进程状态信息。

```
$ ps -f(按 Enter 键)
UID PID PPID ... TTY ... COMMAND
john 202 1 ... tty0 ... -ksh
john 206 202 ... tty0 ... ksh
john 210 206 ... tty0 ... ls -R /
john 212 206 ... tty0 ... ps -f
```

【说明】

(1) 命令 ps 仅显示用户当前终端所执行进程的信息。

(2) 选项“-e”显示系统中每个运行进程的信息。

(3) 选项“-f”显示由命令 ps 所提供的默认信息(UID、PID、PPID、TTY 和 COMMAND,也就是一个 FULL 列表信息)。

(4) 选项“-l”显示用户 UID、PPID 以及其他相关信息(也就是一个长列表)。

17.2 控制进程

1. 前台进程

通过图 17-1 可以看到前台进程的情况。

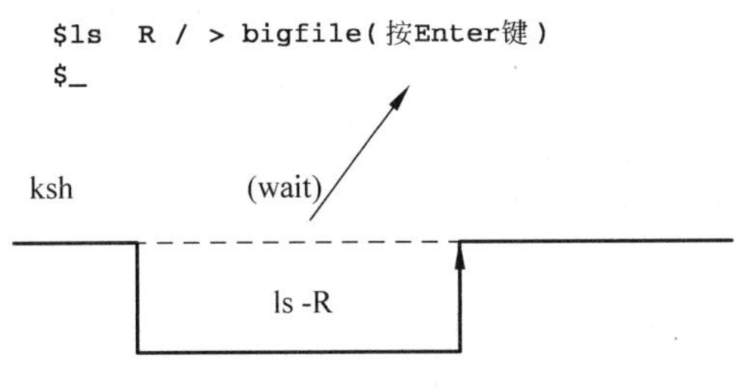

图 17-1 进程控制(前台进程)

2. 后台进程

通过图 17-2 可以看到后台操作的情况。

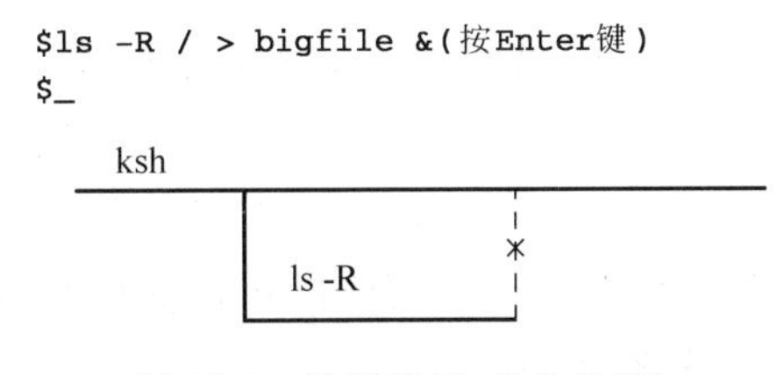

图 17-2 进程控制(后台进程)

【说明】

(1) 从终端启动的进程称为前台进程,与初始终端无关的进程称为后台进程。

(2) 后台进程通常是一些非常有用且运行时间较长的命令。

(3) 一个进程只有如下情况才能在后台运行:

① 不要求键盘输入;

② 在调用命令行的末尾跟一个符号“&”。

17.3 终止进程

1. 前台进程

```
<ctrl - c>                  /* 中断键,取消一个前台进程 */
kill                        /* 命令 kill 可以终止前台进程 */
```

2. 后台进程

```
kill                        /* 后台进程只能用命令 kill 终止 */
```

3. 终止进程

命令 kill 送一个信号给运行的进程,正常停止进程(实际上中断信号是被送到 AIX 系统的内核。当用户按下某一中断键时,信息送到内核。然后 AIX 系统发送一个信号给

进程，告诉该进程发生了中断。为了响应这个信号，用户进程终止或进行其他操作）。

```
$ ps  - f(按 Enter 键)
UID   PID  PPID ... TTY ... COMMAND
john 202   1 ...    tty0 ... - ksh
john 204   202 ...  tty0 ... db2_start
john 206   202 ...  tty0 ... find /
```

调用命令 kill 终止进程标识符为 204 的进程：

```
$ kill 204 (按 Enter 键)          /* 终止信号(Termination Signal) */
```

将进程标识符为 206 的进程杀死：

```
$ kill  - 9 206(按 Enter 键)      /* 杀死信号(Kill Signal) */
```

Termination：通知程序终止（即把正在运行的进程挂起）。

Kill：在无预告的情况下，将终止其应用（使用时一定要小心）。

【说明】

（1）如果用户终端暂停，用中断键不能清除所运行的作业，可在另一台终端上登录，并用 kill 命令来杀掉（kill）暂停终端的登录 shell。

（2）根用户（系统管理员）调用 kill 命令可停止任何进程。如果用户不是根用户，就必须启动进程才能消除所指定的进程。

（3）有时用户关闭进程时，必须用命令"kill -9"。然而，使用命令"kill -9"必须小心。如果用此命令来清除一个应用作业，有可能引起麻烦。例如：用户清除的是一个数据库服务程序进程，就可能会造成数据库内容错误。

（4）用户可以送一个终止（结束）信号来停止一个进程。

4. 信号

在 AIX 系统中，定义了如下的信号来实现进程的控制，见表 17-1。

表 17-1　信号含义

信号	含　义
01	暂停（挂起正在运行的进程）
02	中断（中断正在运行的进程，类似于按 Ctrl+C 组合键）
03	退出（退出正在运行的进程，类似于按 Ctrl+\组合键）
09	杀死信号（此信号功能非常强大，当然也是极其危险的。它清除正在运行的进程）
15	终止信号（默认值）（此信号可以通过程序来停止进程）

【说明】

（1）如果父进程需关闭一个正在运行的后台进程，可送一个挂起信号（01）给进程。

（2）当用户按中断键（按 Ctrl+C 组合键）时，就会产生一个中断信号（02）。

（3）当用户按退出键时，就产生退出（QUIT）信号（03）。

(4) 默认值是15。命令 kill 送 15 到一个进程。通过命令"kill -num PID "来完成用户所需要的操作。这里的 num 是用户所需的信号数(即 01、02、03、09 或 15)。

17.4 运行长进程

如果用户在关闭系统前调用命令 nohup,可以防止进程被清除(killed)。也就是说,用户退出系统时,其后台进程即被终止。而命令 nohup 可以使后台进程不被终止。这在用户希望退出系统后,仍然保持程序继续运行是很有用的。

```
$ nohup ls -R / > out 2 > err.file &(按 Enter 键)
[1] 59
$ _
```

如果用户不重定向输出,命令 nohup 将重定向一个输出文件"nohup. out":

```
$ nohup ls -R / &(按 Enter 键)
[1] 61
Sending output to nohup.out
$ _
```

【说明】

(1) 命令 nohup 告诉进程忽略信号 01 和信号 03(暂停和退出)。如果用户要注销系统,该命令允许进程继续运行。

(2) 由命令 nohup 启动的进程不能把输出送到用户终端。如果用户不重定向进程的输出,命令 nohup 则将输出重定向到名为"nohup. out"的文件中。

(3) 如果在当前目录中有多个进程通过命令 nohup 启动,其输出未重定向,则"nohup. out"文件中包含这些进程的所有输出(混合或附加方式)。使用命令 nohup 时,重定向输出是一个很好的方法。

(4) 如果标准错误是一个终端,所有的输出由一个已命名的命令将这些标准错误重定向为标准输出一样进行描述。

(5) 由于所有进程都要有自己的父进程,当用户注销系统时,命令 nohup 将连接 init 进程来作为父进程。

(6) 命令 nohup 主要是用于后台进程。

(7) 如果用户输入:Nohup(sleep 120;echo "job done")&(按 Enter 键),然后退出,则用户输入的命令将继续在后台执行。由于用户已退出系统,而 echo 的输出则自动保存在文件 nohup. out 中。

17.5 korn shell 的作业控制

jobs 列出正在后台运行的进程以及已停止的进程。

按 Ctrl+Z 组合键暂停前台任务。

fg %jobnumber 前台执行作业。

bg %jobnumber 在后台执行作业。

【说明】

(1) 用户可以按 Ctrl+Z 组合键停止一个前台进程。当用户要停止某一进程后还想重新启动该进程时,可按 Ctrl+C 组合键。

(2) 命令 bg 重启一个暂停的后台进程。

(3) 命令 fg 把一个暂停的后台进程交给前台运行。

(4) 命令 jobs 列出暂停的后台作业。

(5) 命令 bg、fg、kill 可以带一个作业号。

例如,用户要注销第 3 号作业,可用命令:

```
Kill %3
```

(6) 如果用户已退出系统后又返回系统,命令 jobs 不能列出由命令 nohup 启动的作业。如果用户用命令 nohup 来启动一个作业后没有退出系统,可以用命令 jobs 列出作业的信息。

17.6 作业控制举例

```
$ ls -R / > out 2 > errfile &(按 Enter 键)                /* 启动作业 */
[1] 273
$ jobs(按 Enter 键)                                       /* 列表作业 */
[1] + Running ls -R / > out 2 > errfile &
$ _
$ fg %1(按 Enter 键)                                      /* 前台 */
ls -R / > out 2 > errfile
<ctrl-z>                                                 /* 暂停 */
[1] + Stopped (SIGTSTP) ls -R / > out 2 > errfile &
$ _
$ bg %1(按 Enter 键)                                      /* 后台 */
$ jobs(按 Enter 键)                                       /* 列表作业 */
[1] + Running ls -R / > out 2 > errfile &
$ _
$ kill %1(按 Enter 键)                                    /* 终止 */
[1] + Terminate ls -R / > out 2 > errfile &
$ _
```

上面的例子说明了在 korn shell 中,作业控制命令的执行情况。

17.7 进程的守护神

AIX 系统提供了一个专门用于控制诸如打印机队列等系统资源管理的程序——daemons,daemons 被称为进程的守护神。在 AIX 系统启动时,此程序就启动一直到系统关闭时才退出的进程。

qdaemon 是 daemon 的一个例子。qdaemon 命令跟踪所要求的打印作业并完成打印机的操作。qdaemon 命令保持一系列特殊的要求并在适当的时机将这些要求送到适当的设备中。

进程的守护神(daemons)如图 17-3 所示。

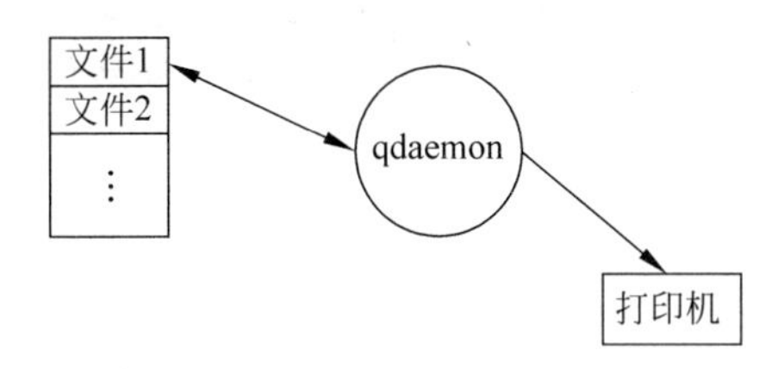

图 17-3　作业守护神(daemon)

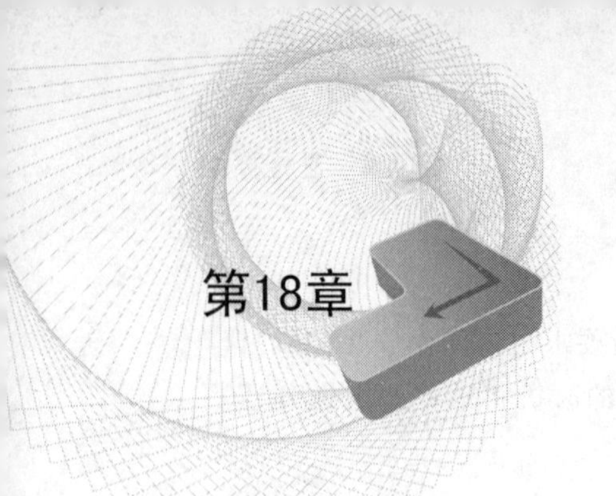

## chapter 18

用户环境的设置

本章讨论怎样设置用户的工作环境。通过对登录文件的调用、PATH 和 PS1 变量的修改，以达到熟练设置用户环境的目的。

18.1 登录文件

图 18-1 给出了用户的登录过程。

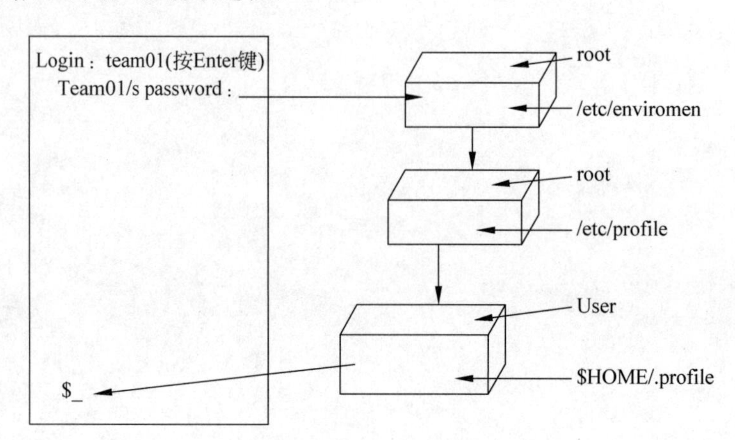

图 18-1　登录文件的执行

【说明】

(1) 用户登录操作系统时第一个使用的文件是/etc/environment。这个文件中包含了为所有进程基本环境所指定的变量，而这些变量仅能由系统管理员来改变。

(2) 第二个使用的文件是/etc/profile。这个文件中包含了诸如邮件信息、终端类型等系统变量。

(3) 接下来是读入文件. profile。此文件在用户的登录目录中，分别对每个用户设置工作环境。. profile 文件跨越命令而运行，其变量由/etc/profile 文件输出设置。

(4) 然后是建立新的变量(诸如：MAIL、PS1、PS2 等)。

18.2 /etc/environment 文件举例

用户调用命令 cat 显示环境文件的内容：

```
$ cat /etc/environment(按 Enter 键)
# WARNING: This file is only for establishing environment
# variables. Execution of commands from this file or any
# lines other than specified above may cause failure of the
# initialization process.
PATH = /usr/bin:/etc:/usr/sbin:/usr/ucb:/usr/bin/X11:/sbin:
/usr/java131/jre/bin:/usr/java131/bin
TZ = EST5EDT
LANG = en_US
LOCPATH = /usr/lib/nls/loc
NLSPATH = /usr/lib/nls/msg/ % L/ % N:/usr/lib/nls/msg/ % L/ % N.cat
```

【说明】

(1) /etc/environment 文件包含每个进程的默认变量设置。只有系统管理员才能进行修改。

(2) PATH 是一个设置 shell 定位命令(程序)时所要查找的目录名。例如：PATH=:/bin:/usr/bin。AIX 系统通常把要执行的文件存放在目录 bin 中。用户可以建立自己的 bin 目录并把可执行的文件存放在该目录下。如果把用户目录 bin 加到变量 PATH 中,shell 查找命令时,如果在标准目录中未查询到,则会到 PATH 变量所设置的用户目录中查找。

假设用户把可执行的文件都存放在目录 fycdir 中,而 fycdir 子目录是 HOME 目录的子目录。若要将它加到变量 PATH 中,就可这样输入：

```
PATH = :/bin:/usr/bin: $ HOME/fycdir(按 Enter 键)
```

(3) TZ 是时区信息。

(4) LANG 是当前正有效的本地变量名。

(5) LOCPATH 是定位一个语言的全路径名。

(6) NLSPATH 是信息的全路径名。

18.3 /etc/profile 文件举例

利用命令"cat"查看文件"/etc/profile"：

```
$ cat /etc/profile(按 Enter 键)
.
.
# System - wide profile. All variables set here may be
# overridden by a user's personal .profile file in their # $ HOME directory. However all
```

```
commands here will be   # executed at login regardless.
trap "" 1 2 3
readonly LOGNAME
# Automatic logout (after 120 seconds inactive)
TMOUT = 120
# The MAILMSG will be printed by the shell every MAILCHECK # seconds (default 600) if there
is mail in the MAIL
# system mailbox.
MAIL = /usr/spool/mail/ $ LOGNAME
MAILMSG = "[YOU HAVE NEW MAIL]"
# If termdef command returns terminal type (i. e. a non # NULL value), set TERM to the
returned value, else set # TERM to default lft.
TERM_DEFAULT = lft
TERM = 'termdef'
TERM = ${TERM: - $TERM_DEFAULT}
.

.
export LOGNAME MAIL MAILMSG TERM TMOUT
trap 1 2 3
```

【说明】

文件“/etc/profile”包含了环境变量和命令的设置。当用户登录系统时,这些设置被调用。任何设置都可以通过一个用户文件.profile进行存取。也就是说,文件.profile中包含了用户环境的所有设置。

18.4 环境变量

LOGNAME:这里存放的是许多命令读取的用户登录名,此值是不能修改的(是一个只读变量)。

TMOUT:这里存放的是由系统注销的终端前,长时间不活动的终端值。

MAIL:存放的是用户邮件往何处发送的一个文件名。

TERM:用户使用的终端型号,以适应像Vi等全屏幕编辑程序。

【说明】

(1) MAIL是邮件系统使用的文件名,搜寻新邮件的到达。如果用户要把邮箱设置为/usr/team01/mybox,就应该输入MAIL=/usr/team01/mybox(按Enter键)。

(2) 在/etc/profile文件中,用户可以通过设置TMOUT变量强制注销某一台终端一段时间。

(3) MAILCHECK变量以秒为单位设置shell检索由MAILPATH或MAIL参数指定的文件的修改时间。默认时间为600秒。

(4) MAILMSG变量中存放的是告诉用户新邮件已接收的信息。

(5) LOGNAME是存放用户的登录名。

18.5 .profile 文件举例

1. 首先显示.profile 文件的内容

```
$ cat .profile(按 Enter 键)
PATH = /usr/bin:/etc:/usr/sbin:/usr/ucb: $ HOME/bin:/usr/bin/X11:/sbin:.
    PS1 = ' $ PWD => '
    ENV = " $ HOME/.kshrc"
    /* 每次执行这个文件,都将启动一个新的 korn shell */
    export PATH PS1 ENV
    if [ -s " $ MAIL" ]
    then
echo " $ MAILMSG"
fi
```

【说明】

(1) 系统启动时,shell 要查看/usr/spool/mail/ $ LOGNAME 是否有新邮件。如果有新邮件,则显示 MIALLOG。在平时的操作中,shell 定时查看是否有新邮件。

(2) 只要直接启动新的 korn shell,变量 ENV = " $HOME/. kshrc" 将调用 $HOME/. kshrc 文件。

(3) 用户登录系统时,只读. profile 文件。

2. 环境变量(续)

PATH：列出 shell 搜索命令用冒号(：)隔开的目录：

PATH=/usr/bin:/etc:/usr/sbin:/usr/ucb: $HOME/bin:/usr/bin/X11:/sbin:。

PS1：主提示符(默认为 $),此变量中含有主机名、当前目录名。

例如：

(1) PS1=" $(hostname), "' $PWD: '

ENV：指定一个含有当前 korn shell 设置的文件。例如：

```
ENV = " $ HOME/.kshrc"
```

(2) 在 PATH 变量中,当前目录可由两个冒号中的点来指定。

例如：/usr/bin:/etc:.:/home/nick

这点(.)就代表当前目录。

18.6 .kshrc 例子

下面介绍. kshrc 文件：

```
$ cat .kshrc(按 Enter 键)
# set up the command recall facility set -o vi
```

```
# set up a few aliases
    alias ll='ls -l'
    alias p='ps -f'
  alias up='cd ..'
```

上面的例子中,把命令分别赋给不同的变量。

【说明】

(1) 启动一个新的shell时,ENV变量每次都指定一个korn shell script。在此例中,shell script是.kshrc文件。

(2) .profile与.kshrc是有区别的。.kshrc每次读一个衍生的subshell,而.profile文件仅在登录时读一次。

(3) 用户可在$HOME/.profile文件中设置如下变量:

```
EDITOR=/usr/bin/vi
export EDITOR
```

此变量与"set -o vi"功能相同。

18.7 ksh的别名特性

1. 定义别名

在ksh中,用户可以给命令设置别名。

```
$ alias p='ps -ef'(按Enter键)
$ alias ll='ls -l'(按Enter键)
$ alias(按Enter键)                                  /* 显示所定义命令的别名 */
history='fc -l'
ll='ls -l'
p='ps -ef'
r='fc -e -'
```

2. 使用别名

```
$ ll(按Enter键)    /* 别名 ll=ls -l */
-rw-r--r-- 1 joe staff 524 Sep 19 11:31 fleas
-rw-r--r-- 1 joe staff 1455 Jan 23 17:18 walrus
$ unalias ll(按Enter键)                              /* 注释所定义的别名 */
$ ll(按Enter键)
ksh: ll: not found
```

由于已经将定义的别名给予注释,所以ksh无法查找到。

18.8 ksh的history特性

在AIX系统中,最后的128个命令是存放在$HOME/.sh_history中。下面用图18-2来说明ksh的history特性。

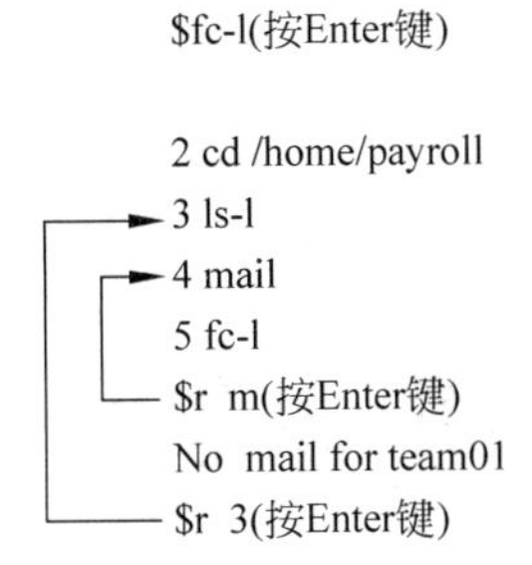

$history

-rw-r—r-- 1 joe staff 524 Sep 19 11:13 fleas
-rw-r—r—1 joe staff 1455 Jan 23 17:18 walrus

图 18-2 ksh 的 history 特性

【说明】

(1) 前面所提到的命令文本是从终端输入的，被存放在 history 文件中。通常文件 .sh_history 作为默认值存放在用户的 $ HOME 目录中。

(2) fc -l 命令读默认文件并允许用户显示最后 16 个命令。“fc -l”可以替代命令 history。

(3) fc 命令允许对.sh_history 文件中的最后 128 个命令进行检查和修改。

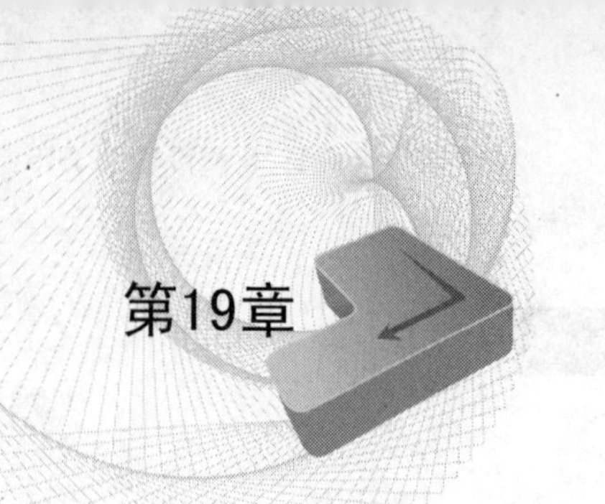

## chapter 19

AIX的实用命令

本章介绍一些 AIX 系统的常用命令。这些命令与第一单元中 UNIX 系统的命令有类似的功能。

19.1 find 命令

本命令具有如下功能：

(1) 按用户指定的参数搜寻多个目录结构；

(2) 显示指定文件的内容或执行指定的文件。

命令语法(格式)：

```
find    path      expression
```

【说明】

(1) find 命令按指定的路径搜寻每个目录，以查寻符合布尔表达式的文件。查找的范围是以递归方式进行的，它包括指定目录下的文件以及所有子目录内的文件。Path 是指定目录的名称，它是由多个目录组成，其间用空格分隔。如果用户需从当前目录开始查找，可以用“.”表示；如果从根目录开始查找，则用符号(/)表示。

(2) expression 是用户指定的查找条件，这些条件包括被查找文件的时间、日期等数据。

(3) find 命令的输出取决于最终所指定的参数。

19.2 目录结构

图 19-1 给出了 AIX 系统的目录结构。为了给读者建立起 AIX 系统目录结构的概念，这里仅列出了根目录下其中的一个用户主目录 home 以及目录 home 下的子目录 joe 等。实际上，AIX 系统的根目录下应该有若干个目录。本图所列的目录结构将是后面所举例子的基础。

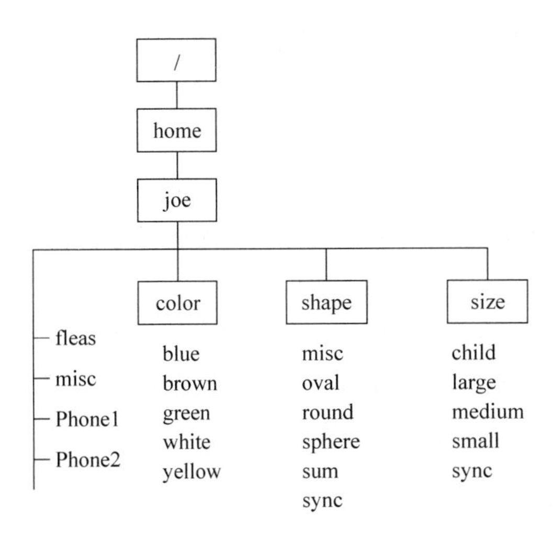

图 19-1 目录结构

19.3 命令 find 的调用

1. 查找目录

(1) 从当前目录开始查找文件名为 sum 的目录结构：

```
$ find . -name sum(按 Enter 键)
./color/sum
./shape/sum
```

(2) 在许多版本的 UNIX 系统中，用户必须在命令的最后带“-print”参数(否则将不显示或打印 find 命令所执行的结果)：

```
$ find . -name sum -print(按 Enter 键)
./color/sum
./shape/sum
```

【说明】

(1) 通常，-print 选项是一个默认值。

(2) 早期版本的 AIX 和 UNIX 系统中，-print 选项是用于显示结果或管道中。

2. 查找文件

按给定的条件查找文件，通过选项 exec 来执行一个命令：

```
$ find . -name 'm*' -exec ls -l { } \;(按 Enter 键)
-rw-r--r-- 1 joe staff 83 Jan 11 15:55 ./shape/misc
-rw-r--r-- 1 joe staff 21 Jan 11 16:01 ./size/medium
-rw-r--r-- 1 joe staff 38 Jan 11 15:34 ./misc
```

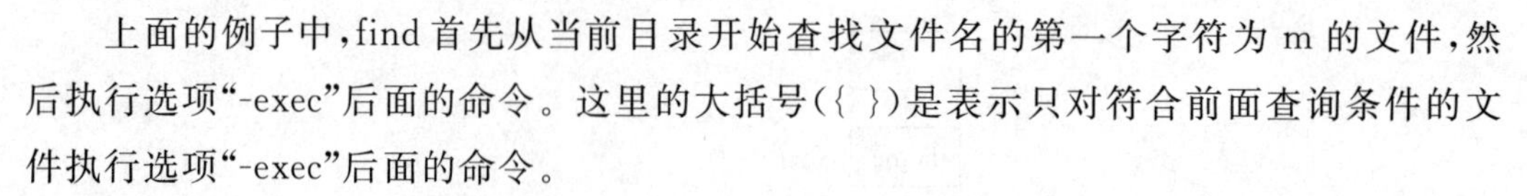

上面的例子中，find首先从当前目录开始查找文件名的第一个字符为m的文件，然后执行选项"-exec"后面的命令。这里的大括号({ })是表示只对符合前面查询条件的文件执行选项"-exec"后面的命令。

【说明】

(1) -exec选项不影响find命令的执行。在此例子中，-exec选项后面跟的是命令"ls -l"，是列出文件名中第一个字符为m的文件。

(2) { }代表所查找到的符合条件的文件名({ }中无空格，不能省略)。

(3) 在find命令行的最后，如果用-exec选项和-ok选项就必须有"\"。

(4) find命令行中也可以用"-ls"选项：

```
$ find . - name 'm' - ls(按 Enter 键)
```

19.4 交互命令的执行

Ok选项可以对find命令所查找到的文件进行交互操作：

```
$ find . - name m\ *  - ok rm { } \;(按 Enter 键)
<rm ... ./shape/misc >? y
<rm ... ./size/medium >? y
<rm ... ./misc >? n
```

在上面的例子中，是对查找到的文件进行删除操作，系统在屏幕上给出提示，询问用户是否删除文件(y/n)。用户可以用y或n回答以确定文件的删除或保存。

19.5 find命令的附加选项

下面给出了命令find的选项，用户可以根据自己的需要来选择。

1. find命令的动作选项

```
- print            打印查找到的每个文件路径名
- exec command\;   对查找到的文件执行紧跟的命令
- ok command\;     在执行命令之前要求用户确认
```

2. find命令行中的其他选项

find命令行中的其他选项见表19-1。

表 19-1 find 命令行中的其他选项

-type(类型)	f d	f 普通文件 d 目录文件
-size(文件大小以"块"为单位,512B)	+n -n n	大于 n 块 小于 n 块 等于 n 块
-mtime	+x	大于 x 天之前修改过的文件
-perm	onum mode	给出的 onum 访问权限(即文件的绝对访问权限) 给出的访问模式(例如：rwx)
-user	user	查找属于 user 的文件
-o		逻辑"或"
-newer	Ref. file	用户查询比给出文件更新的文件(用户给定一个参考文件)

19.6 shell 中的 find 命令

1. 利用命令 ls 查找以 c 字母打头的文件

```
$ ls c*(按 Enter 键)                    /* shell 功能扩展通配符 */
c1 c2
```

2. 利用命令 find 查找以 c 字母打头的文件

```
$ find . - name 'c*'(按 Enter 键)        /* find 命令中的通配符 */
./c1
./c2
./dir1/c3
./dir1/c4
./dir1/dir2/c5
./dir1/dir2/c6
```

shell 与 find 命令中的通配符如图 19-2 所示。

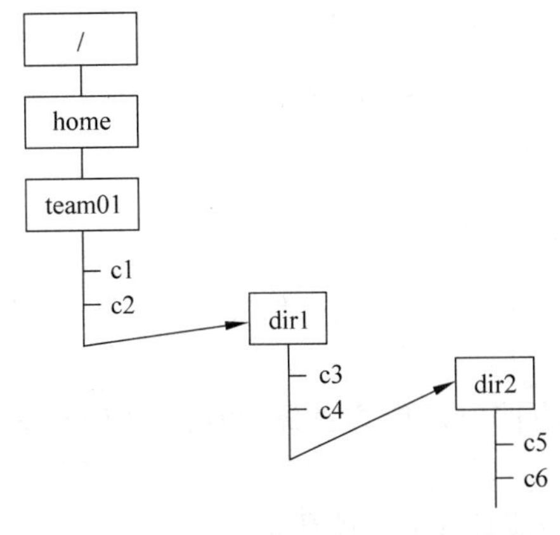

图 19-2 shell 与 find 命令中的通配符

3. 可以利用如下命令来查找文件

```
$ ls c*  */c*  */*/c*(按 Enter 键)
$ ls -R c*(按 Enter 键)
```

【说明】

(1) 第一个例子是 shell 扩充通配符。

(2) 第二个例子是 find 命令扩充通配符。

19.7 find 命令举例

1. 查找以 s 打头、类型为普通的、大于 2 块的文件，并执行"ls -l"命令

```
$ find . -name 's*' -type f -size +2 -exec ls -l { } \;(按 Enter 键)
-rwxr-xr-x 1 joe staff 1512 Jan 11 15:43 ./color/sum
-rwxr-xr-x 1 joe staff 2148 Jan 11 15:57 ./shape/sum
```

2. 查找访问权限为 644、修改时间大于 4 的文件并显示其路径名

```
$ find . -perm 644 -mtime +4 -print(按 Enter 键)
./shape/misc
```

3. 查找文件名为 fleas 或 misc 的文件

```
$ find . -name fleas -o -name misc(按 Enter 键)
./misc
./shape/misc
./fleas
```

4. 查找文件为 security 的文件，并显示路径名，然后将错误信息重定向到文件 errfile 中保存

```
$ find / -name 'security' -print 2>errfile(按 Enter 键)
/var/security
/usr/lpp/bos.sysmgt/inst_root/var/security
/usr/lib/security
/etc/security
```

【说明】

(1) 第一个例子是从当前目录中查找文件名含 s 字符、文件内容大于 2 块的文件，紧接着执行命令"ls -l"。

(2) 第二个例子是从当前目录中查找访问权限为 644、文件修改时间大于 4 天的文件。

(3) 第三个例子是从当前目录中查找 fleas 或 misc 文件。

(4) 最后一个例子是从当前目录中查找含有 security 字符串的文件作为其路径名部分，这些路径名被显示在屏幕上，而任何错误信息将写到文件 errfile 中。

19.8 grep 命令

本命令在文件中查找指定的模式(结构)。如果找到了指定模式，则在用户终端显示包含指定模式的行。

命令语法(格式)：

```
grep  [option]  pattern  [file1 file2 … ]
```

这里的“pattern”可以是：

(1) 简单文本；

(2) 正规的表达式。

1. 下面给出了 grep 例子数据文件，可以利用 grep 命令进行检索

```
电话 1:
As of: 1/31/2000
Anatole                              389 - 8200
Avis            etty             817 422 - 8345
Baker           John                 656 - 4333
Computer Room   CE phone             689 - 5790
Dade Travel     Sue                  422 - 5690
Hotline         HW               800 322 - 4500

电话 2:
As of: 2/15/2000
Anatole                              389 - 8200
Avis            Betty            817 422 - 8345
Baker           John                 656 - 4333
Computer Room   CE phone             592 - 5712
Dade Travel     Sue                  422 - 5690
Hotline         HW               800 322 - 4500
```

从上面的数据文件中查找所需内容：

```
$ grep 800 phone1(按 Enter 键)
Hotline HW 800 322 - 4500
$ grep 800 phone *(按 Enter 键)
phone1:Hotline HW 800 322 - 4500
phone2:Hotline HW 800 322 - 4500
```

【说明】

(1) grep 命令检索指定的模式(结构)并将找到的每个模式行写到标准输出文件中。

(2) grep 命令可以检索简单的文本或一个字符串，也可以查看正规表达式的逻辑结构。

2. grep 命令中的正规表达式

```
grep 'regular_expression' file
```

grep 命令中的有效字符介绍如下。

- .：任一字符。
- *：出现在字符前的字符(零或更多)。
- [aA]：a 或 A。
- [a-f]：在 a 到 f 范围内的任一字符。
- ^a：a 字符开头的所有行。
- z$：a 到 z 结束的所有行。

【说明】

当 grep 命令行中用 * 指定一个正规表达式时，命令将比较出现在字符前的字符(零或更多)。如果还要用它作为一个通配符，可以用一点(.)来替代，这意味着任一字符。

3. 命令 grep 与 shell 的区别

表 19-2 给出了 grep 命令和 shell 中所使用的字符，读者可以从中了解到它们之间有何不同。

表 19-2　命令 grep 与 shell 的区别

grep	grep 解释	shell	shell 解释
^	行头	^	原 Bourne 管道符号
$	行尾	$	变量
.	单字符	?	单字符
.*	多字符	*	多字符
[−]	单字符	[−]	单字符

4. grep 例子

```
$ps -ef | grep team01(按 Enter 键)
team01 10524 13126 0 09:27:45 pts/1 0:00 -ksh
$grep '^B' phone1(按 Enter 键)                    /*^B'开始*/
Baker John 656 - 4333
$grep '5$' phone1(按 Enter 键)
Avis Betty 817 422 - 8345
$grep '^[DH]' phone1(按 Enter 键)                 /*[DH]查找范围*/
Dade Travel Sue 422 - 5690
Hotline HW 800 322 - 4500
$grep '^A.*0$' phone1(按 Enter 键)                /*查找范围为一个或多个*/
```

```
As of: 1/31/2000
Anatole 389 - 8200
```

上面给出了 grep 命令的不同例子。

(1) 在这个例子中,通过 team01 启动,grep 命令从标准输入中读取数据并过滤所有进程。

(2) 在这个例子中,grep 命令以字符 B 开始从 phone1 中查找符合条件的电话并打印。

(3) 在这个例子中,grep 命令从 phone1 中查找电话号码中有数字 5 的并打印。

(4) 在这个例子中,grep 命令从 phone1 中查找用户姓名中有 D 或 H 字母的并打印。

(5) 在最后的例子中,grep 命令从 phone1 中查找用户姓名或电话号码中含有指定的字符(A)或数字(0)并打印。

5. grep 命令的选项

- -v:显示与模式不匹配的行。
- -c:显示每个文件中包含匹配模式的行。
- -i:匹配时忽略大小写。
- -l:显示包含匹配模式的文件名,不显示具体的行。
- -n:在每个输出行前显示行号。
- -w:执行一个字的检索。

6. 其他的 grep 命令

(1) 仅适应快速查找的 fgrep 命令

```
$ fgrep 'HW' phone1(按 Enter 键)
Hotline HW 800 322 - 4500
```

(2) 允许多个条件的 egrep 命令

```
$ egrep '800|817' phone1(按 Enter 键)
Avis Betty 817 422 - 8345
Hotline HW 800 322 - 4500
```

【说明】

(1) egrep 命令由于要执行"|"操作符,所以比 grep 命令要慢。

(2) fgrep 比较快。

(3) grep、egrep 和 fgrep 具有相同的 i 节点而工作在不同的命令中。

```
$ cd /usr/bin
$ ls - lai *grep
6235 - r - xr - xr - x 3 bin bin 19174 Sep 16 02:49 egrep
6235 - r - xr - xr - x 3 bin bin 19174 Sep 16 02:49 fgrep
6235 - r - xr - xr - x 3 bin bin 19174 Sep 16 02:49 grep
```

19.9 sort 命令

sort 命令排序行并将结果写到标准输出文件中。

命令语法格式：

```
sort  [-t 定界符][+字段][.列][选项]
```

下面对该命令中的选项作说明。

-d：按字典排序。在排序过程中只比较字母、数字和空格。

-r：按指定的次序排降序。

-n：按算术值排序数字字段。

-t：告诉 sort 命令，用什么字母分离字段。

sort 例子：

```
$ cat animals(按 Enter 键)
dog.2
cat.4
elephant.10
rabbit.7
$ sort animals(按 Enter 键)                              /* 默认序 */
cat.4
dog.2
elephant.10
rabbit.7
$ cat animals | sort +0.1(按 Enter 键)                   /* 按第二个字符排序 */
rabbit.7
cat.4
elephant.10
dog.2
$ cat animals | sort -t. -n +1(按 Enter 键)
dog.2
cat.4
rabbit.7
elephant.10
-t: 定界符 "."
-n: 数字序
+1: 按第二列排序
```

19.10 head 和 tail 命令

1. head 命令

本命令能用于显示一个或多个文件的头几行。

命令语法格式：

```
head [ - number_of_lines] file(s)
$ head  - 5 myfile(按 Enter 键)
$ ls  - l | head  - 12(按 Enter 键)
```

2. tail 命令

tail 命令把一个文件的从指定部分开始到文件结束的内容写到标准文件中。

```
tail [ - number_of_lines |  + starting_line_number] file(s)
$ tail  - 20 file(按 Enter 键)
$ tail  + 20 file(按 Enter 键)
```

【说明】

(1) tail 命令中的参数可正可负。

(2) tail -f 命令可跟踪一个文件被另一个进程写的过程。

(3) -f 选项使 tail 命令连续从作为变量的输入文件中读取附加行。例如：

```
tail  - f accounts
```

此命令将连续从 accounts 文件中读取最后 10 行，并将其附加在 accounts 文件中直到按 Ctrl+C 组合键为止。

19.11 传送 DOS 数据文件

下面给出了在 AIX 系统下调用 DOS 系统文件的有关命令。

```
$ dosdir  - l
```

列 DOS 磁盘的内容。

```
$ dosread file1.doc file1
```

从磁盘上拷贝一个文件到 AIX 系统。

```
$ doswrite file1 file1.doc
```

从 AIX 系统拷贝一个文件到 DOS 磁盘。

```
$ dosread  - a letter.txt letter
```

将一个 AIX 系统环境下的文件转换为 DOS 文件格式。

```
$ doswrite  - a letter letter.txt
```

将 DOS 文件转换成 AIX 系统的文件格式。

```
$ dosdel filez
```

在 AIX 系统环境下，从 DOS 盘上删除一个文件。

【说明】

(1) DOS的默认驱动器是A即/dev/fd0。AIX文件的默认位置是当前目录。

(2) dosdir命令列磁盘文件。-l选项列出文件的大小和修改时间。

(3) 如果没有为dosread命令指定目标,则文件被写到标准输出。

(4) 格式化DOS磁盘用dosformat命令,而格式化AIX磁盘则用format命令。

19.12 tn远程登录主机命令

tn命令可以完成远程登录的工作。

```
$ tn miami(按Enter键)                  /* 调用命令tn,登录到远程主机miami */
Trying ...
Connected to miami
...
AIX Version 5
(C) Copyright by IBM and others 1982, 1996
login: team01
```

【说明】

tn (telnet)命令允许登录一个远程系统。这个命令工作在各种不同的TCP/IP网络和所有的UNIX操作系统以及其他的操作系统环境下。为了登录,用户必须提供一个用户名(即存在于远程系统中)和正常的密码。当成功登录后,在远程系统上将启动一个shell。

19.13 ftp命令

本命令可实现主机间传输文件。

1. 例子

```
$ ftp miami(按Enter键)
Connected to miami
220 FTP server ready
Name (miami: team01): team05
Password required for team05.
Password:
230 User team05 logged in.
ftp>                                   /* 这是ftp命令的提示符,等待用户输
                                          入命令 */
```

【说明】

(1) ftp命令能用于网络中的文件复制,也可以用于其他的TCP/IP网络中。

(2) 在远程登录中,必须要指定用户名和用户的密码。

2. ftp 命令的子命令

下面是 ftp 命令的执行过程：

```
ftp> pwd
ftp> cd RemoteDir
ftp> dir (or) ls -l
ftp> get RemoteFile [LocalFile]
ftp> put LocalFile [RemoteFile]
ftp> help [subcommand]
ftp> quit
```

【说明】

所有的 ftp 子命令，只有在 ftp 命令提示符下使用上面所列出的相关子命令。例如：

```
ftp> get file1 /tmp/file1(按 Enter 键)
200 PORT command successful
150 Opening data connection for file1 (179 bytes)
226 Transfer complete
ftp> put /subdir1/test1.c c_test.c(按 Enter 键)
200 PORT command successful
150 Opening data connection for c_test.c(201 bytes)
226 Transfer complete
ftp> quit(按 Enter 键)
221 Goodbye
```

19.14 备份与恢复文件

AIX 系统提供了备份/恢复文件的命令 tar。此命令可以完成文件的归档和恢复。主要用于磁带备份（/dev/rmt0）、一个软盘文件备份(/dev/fd0)或硬盘备份(/tmp/file1.tar)。此命令与 UNIX 系统的 tar 命令非常类似。图 19-3 给出了命令 tar 对文件的备份和恢复。

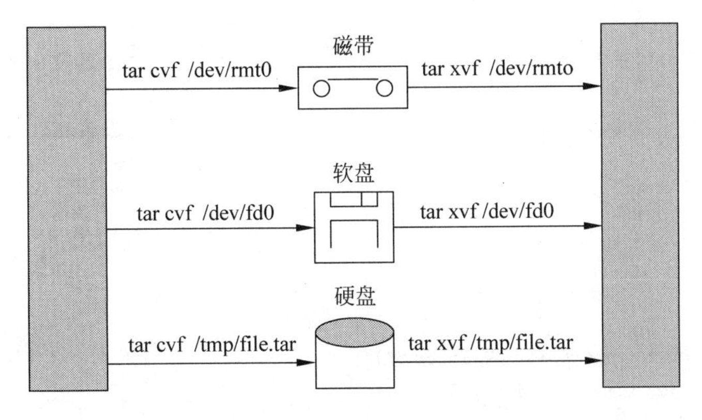

图 19-3 备份与恢复文件

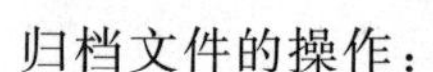

归档文件的操作：

```
tar -cvf /dev/rmto  或 /dev/fd0
```

下面列出 tar 命令的选项。

-c（creat）：建立一个新的存档文件，从该存档文件头开始进行写操作。

-t（table of contents）：列出存档文件中所有被打包的文件名。

v（verbose）：提供打包文件的附加信息。

-f file（archive file name）：使用下一个参数作为存档文件的存放位置。

-r（extend archive）：添加文件到存档文件尾。

-x（extract）：从存档文件中还原被打包的文件。

19.15 xargs 命令

本命令是从标准输入(stdin)读一组自变量；执行带有自变量的一组 AIX 命令。

```
$ cat oldfilelist(按 Enter 键)
file1
file2
file3
file4
$ cat oldfilelist | xargs -t rm(按 Enter 键)
rm file1 file2 file3 file4
```

【说明】

(1) xargs 命令可在一个命令行中完成最大的工作量。

(2) 在上例中，把 oldfilelist 中含有一批文件从系统中删除而不是多次调用 rm 命令或通过 find 命令和通配符检索到后删除。cat 命令通过 xargs 命令列表文件并允许 xargs 命令通过调用 rm 命令对这些文件进行删除。

(3) 命令行中的-t 选项起到跟踪模式和反馈命令行结构执行前的标准错误。

xargs 例子：

```
$ ls > printlist(按 Enter 键)          /* 把 ls 命令的输出重定向到 printlist
                                          文件中 */
$ vi printlist(按 Enter 键)            /* 利用 Vi 编辑软件对 printlist 文件进
                                          行编辑 */

file1
file2
file3
:
file10
$ xargs -t qprt < printlist(按 Enter 键)
qprt file1 file2 file3 file4 file5 ... file10
------------------------------------------------
$ ls | xargs -t -I { } mv { } { }.old(按 Enter 键)
```

```
mv apple apple.old
mv banana banana.old
mv carrot carrot.old
```

【说明】

(1) 在第一个例子中,将显示一个目录中的一批文件。首先是把 ls 命令的输出重定向到一个文件中,然后删除不需要的文件。

(2) xargs 命令将运行多个 qprt 命令直到读完文件中的每行。

(3) 在第二个例子,大括号{ }允许在命令行的中间插入文件名。这个命令连续给当前目录中的所有文件重新命名(即在文件名末尾加.old)。

(4) -I 选项告诉 xargs 命令在 ls 命令执行的目录中插入每一行列出所发生的内容。

19.16　xargs、find 和 grep 命令的使用

1. xargs、find 和 grep 命令的联合使用

```
$ find . -type f -mtime +30 | xargs -t rm(按 Enter 键)
rm ./file1 ./file2 ./file3 ./file4
$ find . -type f | xargs -t grep -l Hello(按 Enter 键)
grep -l Hello ./file5 ./file7 ./file10
./file7
```

【说明】

(1) 第一个例子中,在当前目录中查找修改日期大于 30 天的文件并给予删除。

(2) 在 find 命令中,如果不用 xargs 命令,则上面的命令行如下:

```
$ find . -type f -mtime +30 -exec rm {} \;(按 Enter 键)
```

如果在命令行中有 xargs 命令更有效。

(3) 第二个例子中,在当前目录 find 命令将一个文件列表交给 xargs 命令处理,xargs 命令请求 grep 命令在文件中查找含有 Hello 的文件。

2. find 命令与选项-links

```
$ find /home -type f -links +1 | xargs ls -li(按 Enter 键)
127 -rw-r—r— 3 team01 staff 156 luly 24 12:22 /home/team01/myfile
127 -rw-r—r— 3 team01 staff 156 luly 24 12:22 /home/team01/youfile
127 -rw-r—r— 3 team01 staff 156 luly 24 12:22 /home/team01/akafile
 ↑                  ↑                  ↑
相同的 i 节点      相同的链接数      相同的长度
```

【说明】

-links +1 列出链接数大于 1 的相关文件。

19.17 alias 与 find 命令

alias 的功能是给某一变量赋予不同的值，这些值可能是命令或命令行。

```
$ cat $ HOME/.kshrc(按 Enter 键)                    /* ENV = $ HOME/.kshrc */
alias mylinks = 'find . - type f - links + 1 | xargs ls - li'
alias myrm = 'find . - type f - mtime + 30 | xargs rm'
$ mylinks(按 Enter 键)
127 - rw - r -- r -- 3 team01 staff ... /home/team01/myfile
127 - rw - r -- r -- 3 team01 staff ... /home/team01/yourfile
127 - rw - r -- r -- 3 team01 staff ... /home/team02/akafile
$ myrm
```

19.18 which、whereis 和 whence 命令

下面给出了这三个命令的调用：

```
$ which find grep(按 Enter 键)
/usr/bin/find
/usr/bin/grep
$ whereis find grep(按 Enter 键)
find: /usr/bin/find
grep: /usr/bin/grep
$ whence - pv find grep(按 Enter 键)
grep is /usr/bin/grep
find is /usr/bin/find
```

【说明】

如果用户正在用 grep 命令写一个程序时，又必须在其命令行中给出全路径名，这是有一定困难的。不过，如下三个命令可以确定其路径。

（1）which 命令列出程序名，当这些程序名是在命令行中给出时，便跟踪其运行。如果使用 C shell，将检查一个. cshrc 文件。

（2）whereis 命令从一批标准位置搜寻所需程序。

（3）whence 命令是一个 Korn shell 的特定命令。非常类似于 which 命令。

19.19 file 命令

本命令用于确定文件类型。其操作过程如下：

```
$ file /usr/bin/Vi(按 Enter 键)                 /* 确定 Vi 的类型 */
/usr/bin/Vi:executable (RISC System/6000) or object module
/* 系统给出/usr/bin/Vi 是可执行的或是目标模式 */
$ file c1(按 Enter 键)                          /* 确定 c1 文件的类型 */
```

```
c1: ascii text                              /*c1是ascii文本文件*/
$ file /usr/bin(按 Enter 键)                /*确定/bin的类型*/
/usr/bin: directory                         /*目录*/
$ ls > filenames(按 Enter 键)
$ cat filenames(按 Enter 键)
c1
dir1
$ file - f filenames(按 Enter 键)
c1: ascii text
dir1: directory
```

19.20 文件的比较命令

1. diff 命令

本命令首先分析文本文件，然后报告两个文件的不同。

该命令的语法格式：

```
diff [ - options] file1 file2
```

读者可以通过图 19-4 给出的两个文本文件进行比较来了解命令 diff 的应用。

读者可以利用命令 diff 来对两个文件进行比较。

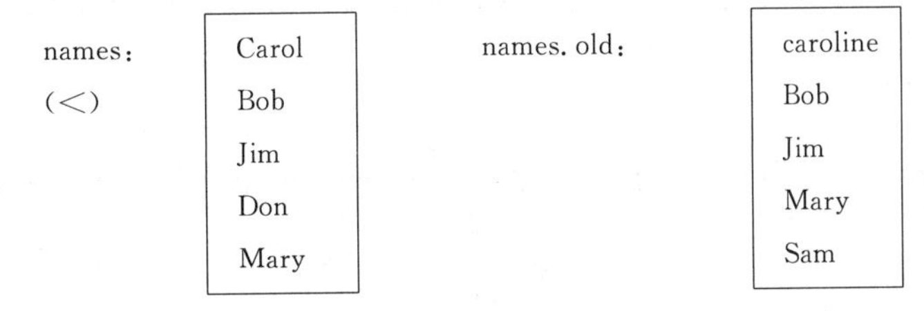

图 19-4 命令 diff 的应用

利用命令 diff 对两个文件进行比较：

```
$ diff names names.old(按 Enter 键)
1c1
< Carol
…
> Caroline
4d 3
< Don
5a 5
> Sam
```

【说明】

diff 命令仅用于文本文件的比较。Diff 命令的输出中，由“<”开始的是第一个文件的相关内容，而“>”是第二个文件的相关内容。

2. cmp 命令

与 diff 命令不一样,cmp 命令可以比较所有类型的文件。该命令读取两个文件直到发现第一个不同处,并精确地告诉不同的字节。

```
$ cmp names names.old(按 Enter 键)
names names.old differ: byte 6, line 1
$ cmp -l names names.old(按 Enter 键)
6 12 151
7 102 156
8 157 145
⋮
cmp: EOF on names
```

【说明】

(1) 在第一个例子中,首先被确定的两个文件间第一个不同是第一行的字节 6 上。可以带选项-l 得到更详细的比较。

(2) 第一列是第一文件字节数的十进制数,第二列是第一个文件字节的八进制数,而第三列是第二个文件字节的八进制数。

(3) 在第二个例子中,第六字节的 names 的八进制数是 12,而“names. old”的八进制数是 151。

(4) 对于文本文件,其内容的八进制数是通过 ASCII 字符集来表示的。

3. dircmp 命令

利用 dircmp 命令,可以对目录进行比较。下面对主目录中的/team01 和/team02 进行比较:

```
$ dircmp -d /home/team01 /home/team02(按 Enter 键)
Fri Jan 21 10:31:10 CDT 2000 /home/team01 only and /home/team02 only
./dir1                                                  ./b1
./dir1/c3
./dir1/c4
./dir1/dir2                                             /* 列出每个目录的唯一文件 */
./dir1/dir2/c5
./dir1/dir2/c6
Fri Jan 21 10:31:10 CDT 2000 Comparison of /home/team01 and /home/team02
directory .
same ./.profile                                         /* 列出相同名字的文件 */
different ./.sh_history
different ./c1
same ./c2
Fri Jan 21 10:31:10 CDT 2000 diff of ./c1 in /home/team01 and /home/team02
1c1
< Now is the time for all good men
```

```
---                                        /* 显示公用文件的不同部分 */
> Now is the time for all good women
```

【说明】

(1) dircmp 命令对两个指定的目录进行比较,并显示有关信息。首先列出每个目录的唯一文件。然后,列出两个目录中相同名字的文件,使用户了解其内容是否相同。接下来介绍两个版本中每个公用文件名中的不同文件内容。

(2) 所显示的格式类似于 diff 命令。

(3) -d 选项列出最后的 diff 输出。

(4) 为了确保 dircmp 命令对 pg 或 more 命令的管道输出,将产生多个页面输出。

4. 目录结构举例

还是以目录 home、team01 和 team02 中的内容来说明 AIX 系统的目录结构。图 19-5 给出了不同的目录中可以有同名的文件。

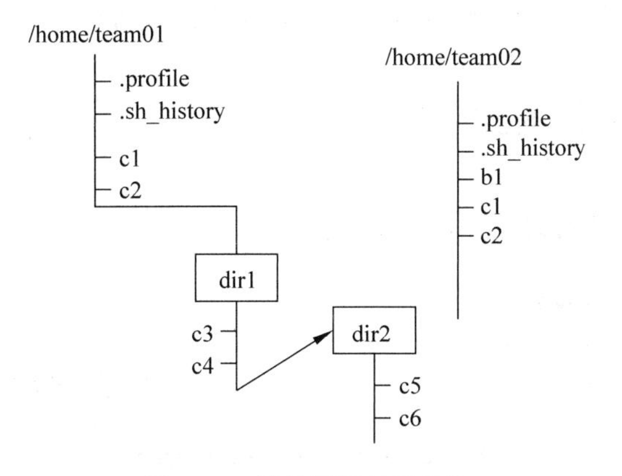

图 19-5 举例说明目录结构

19.21 文件的压缩/解压及 zcat 命令

```
$ ls -l file1(按 Enter 键)                  /* 列出 file1 文件的相关信息 */
-rw-r--r-- 1 team01 staff 13383 July 26 10:10 file1
$ compress -v file1(按 Enter 键)            /* 对 file1 文件进行压缩 */
file1: Compression 56.99 % file1 is replaced with file1.Z
```

上面所显示的信息说明 file1 文件被压缩 56.99%,被压缩后的文件为 file1.Z。

```
$ ls -l file1.Z(按 Enter 键)                /* 列出 file1.Z 文件的信息 */
-rw-r--r-- 1 team01 staff 5756 July 26 10:10 file1.Z
```

从上面所显示的信息看出,原文件的长度 13 383 压缩到 5756。

```
$ zcat file1.Z(按 Enter 键)                 /* 显示压缩文件 file1.Z */
(output is the normal output of the uncompressed file)
```

```
$ uncompress file1.Z(按 Enter 键)                /* 对压缩文件进行解压(复原) */
$ ls -l file1(按 Enter 键)
-rw-r--r-- 1 team01 staff 13383 July 26 10:10 file1
```

通过解压后,file1 文件被恢复为原来的长度。

【说明】

(1) compress 命令通过压缩数据来减少文件的长度。每个被压缩的文件的文件名由原文件名附加一个".Z"替代。

(2) 压缩文件保持与原文件相同的属性、模式和修改时间。

(3) 如果压缩不能减少原文件的长度,将显示一个标准错误信息,而原文件不能被替代。

(4) -v 选项显示正在进行压缩操作的百分比。

(5) zcat 命令扩展和打开一个未解压的文件而不更名或删除.Z 文件。只将扩展的输出写到标准输出中。

(6) uncompress 命令恢复被 compress 命令压缩的文件。

19.22 非打印字符的显示

1. 显示文件中的非打印字符

```
$ cat myfile(按 Enter 键)
This file has tabs and spaces and ends with a return
$ cat -vte myfile(按 Enter 键)                /* cat 命令的选项"-vte"可以显示文件
                                                 的非打印字符 */
This^Ifile^G has tabs^Iand spaces and^Iends with a^Ireturn $
```

下面介绍 **cat** 命令的选项。

-v:显示非打印字符为可见字符(Display non-printing characters as visible characters)。

-t:显示制表符为^I(Display tab characters as ^I)。

-e:在每行的末尾显示一个 **$** (Display a **$** at the end of each line)。

2. 目录中的非打印字符的显示

```
$ ls(按 Enter 键)
greatfile myfile
$ rm greatfile(按 Enter 键)
No such file
$ ls | cat -vt(按 Enter 键)
^Ggreatfile
Myfile
```

这里给出了三种方法:

```
①rm ^Ggreatfile
②mv ^Ggreatfile greatfile
ls - i
130 ^Ggreatfile 127 myfile
③find . - inum 130 - exec rm {} \;
```

对于固定文件，可以使用上述方法中任一种来删除文件。

【说明】

（1）有时用户在操作计算机时，可能会出现这样的情况，就是在对一个目录进行列表文件时，发现有自己需要的文件却不能访问它。问题可能出在建立文件名时偶然按了某一个控制键。用户可以把ls命令的输出通过管道送给cat命令来了解目录的内容。

（2）如果用户不能用前两种方法删除文件，则可以调用find命令带选项“-inum”来查找文件的i节点。

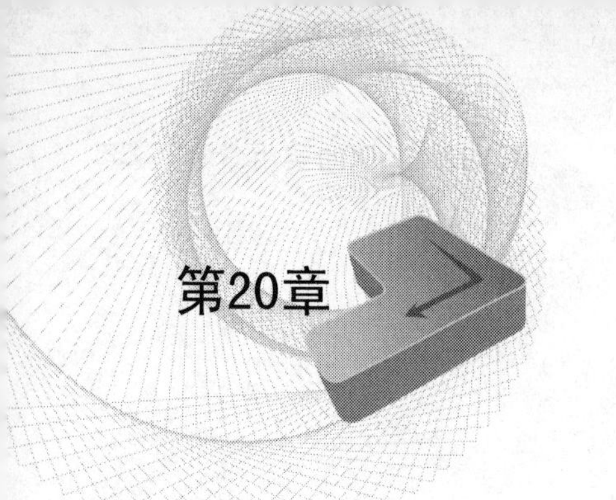

chapter 20

shell的实用命令

本章将介绍 shell 的重要变量和相关命令。

20.1 重要的 shell 变量

在 AIX 系统的 shell 中，用户会遇到如下变量。

$ $：进程标识符(Process ID (PID))。

$0：shell script 文件名(Shell script name)。

$ #：shell script 的自变量(Number of arguments passed to the shell script)。

$ *：shell script 文件中命令行的所有自变量(All command line arguments passed to the script)。

$?：最后一个命令的退出值(Exit value of the last command)。

$!：后台进程的进程标识符(Process ID of last background process)。

【说明】

(1) 这些变量是通过 shell 或 shell script 设置，由用户或 shell script 调用的。

(2) $ $ 包含当前正在执行进程的进程标识符。

(3) $0 包含当前正在执行的 shell script 文件名。

(4) $ # 是一批 shell 中的位置参数，不包含 shell 自身产生的变量名。

(5) $ * 包含 shell 中所有的位置参数值，不包含 shell 自身产生的变量的值。

(6) $? 是最后执行命令的退出值。这个值是一个十进制字符串。对于多数命令来讲，0 表示成功执行。

(7) $! 是运行在后台的最后进程的进程标识符。

20.2 设置参数

shell script 命令行中的参数(Parameters)是作为自变量进行调用的。

例如：

```
$1, $2, ..., $9
${10}, ${11}, ..., ${n} (Korn Shell only)
```

下面可以通过例子了解变量的作用：

```
$ cat para_script(按 Enter 键)
echo First Parameter entered was $1
echo Second Parameter entered was $2
echo Third Parameter entered was $3
        $0   $1 $1 $2
$ para_script Good Day Sydney(按 Enter 键)
First Parameter entered was Good
Second Parameter entered was Day
Third Parameter entered was Sydney
```

【说明】

(1) 在 Bourne shell 中，一次最多定义 9 个自变量。

(2) shell script 命令行的参数可作为自变量。这些变量是通过 $n 进行定义的。这里的 n 表示命令行中命令的位置。

20.3 expr 命令

1. 本命令可以执行整型运算

expr 命令支持如下操作符：

\ *：乘法(multiplication)。

/：整除(integer division)。

%：余数(remainder)。

+：加(addition)。

-：减(也作为一目减算符号)(subtraction—also unary minus sign)。

2. expr 例子

下面先为两个变量赋值，然后进行运算。

```
$ var1 = 6(按 Enter 键)
$ var2 = 3(按 Enter 键)
$ expr $var1 / $var2(按 Enter 键)
2
$ expr $var1 - $var2(按 Enter 键)
3
=> Use \( \) to group expressions:
$ expr \( $var1 + $var2 \) \* 5(按 Enter 键)
45
=> Use command substitution to store the result in
a variable:
$ var3 = $(expr $var1 / $var2) (按 Enter 键)
$ echo $var3(按 Enter 键)
2
```

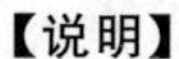

【说明】

上面给出了 expr 的一些子命令。

如果用户不按默认优先进行计算，就必须组合表达式。如果用户需把 expr 命令的结果放在一个变量中，用户就必须调用一个 expr 命令的子命令。

3. 有条件的 expr 命令

通常，一个命令或者一组命令的退出值可以确定是否执行下一个命令。这非常类似 C 语言中的 if-then 语句。

```
command1 && command2
if (command1 successful) then do (command2)
/* 如果命令 1 成功，则执行命令 2 */
$ ls s* && rm s* (按 Enter 键)
command1 || command2
if (command1 not successful) then do (command2)
/* 如果命令 1 不成功，则执行命令 2 */
$ cd /dir1 || echo Cannot change to /dir1(按 Enter 键)
```

【说明】

(1) 当且仅当管道返回一个 0 退出值，&& 才执行后面的命令。

(2) 当且仅当管道返回一个非 0 退出值，||才执行后面的命令。

20.4 test 命令

test 命令允许用户带条件执行：

```
test expression or [ expression ] or [[ expression ]]
```

test 命令对表达式进行测试，并返回一个 true(真)或 false(假)的结果。

下面给出了 test 命令执行中的一些情况：

```
Operator:                    Returns true, if:
$ string1 =  $ string2       Strings are equal
$ string1 != $ string2       Strings are not equal
$ number1 -eq $ number2      Numbers are equal
$ number1 -ne $ number2      Numbers are not equal
-a $ file                    File exists
-d $ file                    File is a directory
-r $ file                    File is readable
-w $ file                    File is writable
```

上面左边给出了 test 命令可能要进行的运算，这些运算是逻辑的。也就是说，左边的式子成立，就会返回 true。

【说明】

(1) test 命令有一批不同的格式。如果用中括号[ ]，则括号左右与表达式之间应该有空格。

(2) 在新版的 Korn shell scripts 中,经常用到[[ ]],它是 test 命令的扩充。

20.5 if 命令

1. 下面给出了条件语句 if-then-else 的例子

```
if condition is true
then
carry out this set of actions
else
carry out these alternative actions    }可选
fi
$ cat active(按 Enter 键)
USAGE = " $ 0 userid"
if [[  $ #  - ne 1 ]]
then
echo "Proper Usage:  $ USAGE"
exit 1
fi
if who | grep  $ 1 > /dev/null
then
echo " $ 1 is active"
else
echo " $ 1 is not active"
fi
exit
$ cat check_user(按 Enter 键)
USAGE = " $ 0 username"
if [[  $ #  - ne 1 ]]
then
echo "Proper usage:  $ USAGE"
exit 2
fi
grep  $ 1 /etc/passwd >/dev/null
if [[  $ ?  - eq 0 ]]
then
echo " $ 1 is a valid user"
exit 0
else
echo " $ 1 is not a valid user"
exit 1
fi
```

【说明】

(1) else 语句是不经常需要的。如果程序中只有一个 if 语句,else 语句也只能有一个。

（2）一旦找到 true 表达式，便执行命令所对应的程序块。接下来连续执行 fi 语句内的程序。

（3）exit 语句用于中断一个进程。如果 shell script 执行成功，则返回一个 0 值。如果退出代码不等于 0，则表明存在一个错误。

（4）shell 中的 $？变量显示用户 shell script 的退出值。

（5）用户可以利用后面给出的两个 shell script active 和 check_user 文件进行上机练习。

2. 上机练习

下面给出了 if 语句的相关条件，用户可利用所给出的条件编写一个 shell script 文件。

```
if
$0 $1
exit -ne
-eq
$?
```

20.6 read 命令

read 命令从标准输入读取一行，并为一个 shell 变量的每个字段赋值。

```
$ cat delfile(按 Enter 键)
# Usage: delfile
echo "Please enter the file name:"
read name
if [[ -f $name ]]
then
rm $name
else
echo "Error: $name is not an ordinary file"
fi
```

【说明】

（1）read 命令可以给一个以上的变量赋值。

（2）在 shell script 文件中，# 表明后面的语句是一个注释。

20.7 for 循环语句

for 语句是 shell 中常用的一种循环结构语句。下面给出了 for 变量的调用格式：

```
for variable in list
do
```

```
command(s)
done
$ cat count(按 Enter 键)
for var in file1 file2 file3
do
wc -l $var
done
$ count(按 Enter 键)
18 file1
20 file2
12 file3
$ cat rm_tmp(按 Enter 键)
for FILE in /tmp/*
do
echo "Removing $file"
rm $FILE
done
```

【说明】

(1) 在执行过程中，for 语句是否进入循环体不是由条件的真假来决定的。for 语句是一种对一个列表的所有项的内容进行重复操作的机制。

(2) for 语句格式中，将 list 中的每个值依次赋给 variable、do 和 done 之间的所有命令都会被执行。

(3) variable 是 for 语句结构的变量，它可以是用户给定的任一名字，list 是名字表，在循环中按顺序对名字表中的每个字循环执行一次。依次从名字表中取出一个字赋给循环变量 variable，作为循环变量值执行一次循环。

(4) for 命令从 word 或位置参数列表中设置每个变量为真(true)，并执行命令块。当 word 或位置参数列表终结才结束执行。

(5) 上面给出的两个例子都用了 for 循环结构。在 rm_tmp script 中使用了通配符。

(6) 在后面的 for 循环结构执行过程中，通配符被 shell 扩展。在/tmp 目录的所有文件将被删除。

20.8 while 循环语句

While 语句格式：

```
while expression
do
command(s)
done
```

在上面的格式中，while 语句首先执行 expression(条件)并检查它的出口状态。如果状态为 0，则执行 do 和 done 之间的循环体中的命令，然后再执行 expression 并检查出口状态。如果出口状态还为 0，则重复执行循环体，直到 expression 执行到返回非 0 的出口状态才终止 while 语句的执行。

下面给出了调用 while 语句的例子：

```
$ cat information(按 Enter 键)
x=1
while [[ $x -lt 9 ]]
do
echo "It is now $(date)"
echo "There are $(ps -e | wc -l) processes running"
echo "There are $(who | wc -l) users logged in"
x=$(expr $x + 1)
sleep 600
done
```

【说明】

(1) 只有 expression 的值判定为真(true)，while 循环体才被执行。

(2) while 命令通过使用 true 自变量来执行一组命令直到 shell script 文件中断(例如：通过按 Ctrl+C 组合键)为止。

(3) sleep 命令可以暂停一个进程执行若干秒。

20.9 命令检索顺序

图 20-1 给出了 AIX 系统中命令的检索顺序。

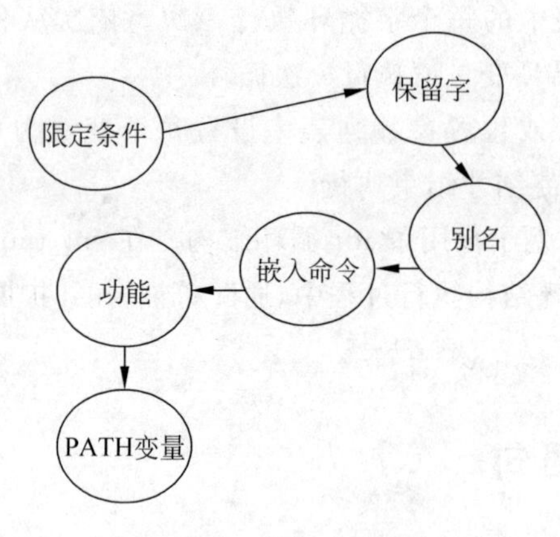

图 20-1 命令检索顺序

【说明】

(1) 图 20-1 给出了准备执行一个命令时的 shell 过程。

(2) 这里所保存的字具有 shell script 的含义。例如：if、then、else、while 等。

(3) cd、pwd、umask、read 和 echo 是 shell 的内部命令。

(4) PATH 变量是最后检索的，由系统的默认值确定。在 PATH 变量中，当前目录是最后检索的。

20.10 .profile 文件例子

```
PATH=/bin:/usr/bin:/etc:$HOME/bin:.
PS1='$PWD =>'
ENV=$HOME/.kshrc
if [ -s "$MAIL" ]
then
mail
fi
echo "Enter Terminal Type (Default:ibm3151):\c"
read a
if [ -n "$a" ]
then
TERM=$a
else
TERM=ibm3151
fi
echo "It is now $(date) "
echo "There are $(ps -e | wc -l) processes running"
echo "There are $(who | wc -l) users logged in"
export PATH ENV TERM PS1
```

【说明】

(1) PATH 变量是命令和可执行的 shell script 设置的目录检索路径。在本例中,仅包括/bin, /usr/bin, /etc, $HOME/bin 和当前目录(.)。

(2) PS1 变量是命令行的 shell 主提示符。本例子中,是在当前目录跟一个箭头,例如: /home/team01 =>。

(3) ENV 变量为 Korn shell 的用户目录和文件设置一个别名。

(4) if-then 结构通过 MAIL 检索邮件的存在。如果有邮件,则 mail 命令自动执行并立即将用户置为邮件对话平台。

(5) .profile 例子为用户提供一个交互式的终端类型。如果用户给出一个终端类型,则 TERM 变量设置其值。例如: TERM=$a…。如果用户不提供终端类型,TERM 变量将 ibm3151 作为默认值。

接下来,系统给出当前日期,当前运行的进程数以及所有登录系统的用户。

本 shell script 的最后部分是报告所设置的变量以及有关的子进程。

附　　录

附录 1　命令汇集

1. 启动、退出和关机相关的命令

Login：用户在此输入自己的 UID 登录 UNIX 系统。

<Ctrl>d (exit)：退出系统(或当前 shell)。

shutdown：关机，所有进程被中止。如果是单用户，用户可以用"shutdown -F" 命令快速关机，也可以带选项"-r"重新启动系统。这里所谓的用户应该是超级用户(系统管理员，即通过 root 登录)。

2. 与目录相关的命令

① mkdir：建立目录(Directories)。
② cd：改变目录(默认值是 $HOME 目录)。
③ rmdir：删除一个目录。
④ rm：删除文件(选项-r 删除目录和所有文件及子目录)。
⑤ pwd：显示工作目录。
⑥ ls：列表文件，可带如下选项。

- all——列出所有文件。
- long——长格式显示文件的详细信息。
- d——目录信息。
- -r——以字母反序列出文件。
- -t——按文件的修改时间排序来列出文件。
- -C——用多列格式列出文件。
- -R——循环列出子目录的内容。
- -F——在每个目录名后加斜杠"/"，在执行文件后加星号"*"。

3. 与文件(基础部分)相关的命令

cat：列文件内容。

本命令可以打开一个新文件，例如 cat > newfile。按 Ctrl＋D 组合键结束输入。

chmod：改变文件或目录的访问权限。

① chmod =+－:可以通过本命令和运算符(=+－改变文件或目录的访问权限)。

② (r,w,x = permissions and u, g, o, a = who)。

③ 能用+或－授予或撤销指定的访问权限。

④ 也能使用数字代表访问权限 4 = 读、2 = 写、1 = 执行。

可以用数字集中定义文件或目录的访问权限,首先是文件属主,其次是同组用户,最后是其他人。

例如："chmod 746 file1" ,文件属主 = rwx,同组用户= r, 其他用户=rw

chown:改变文件属主。

chgrp:改变文件的同组用户。

cp:拷贝文件。

del:交互式删除文件 (rm 命令没有提示)。

mv:移动和重新命名文件。

pg:在屏幕上每次一页显示文件。下面给出了本命令的有关操作键：

h:帮助。

q:退出。

cr:下一页 pg。

f:跳 1 页。

l:下一行。

d:下一 1/2 页。

$:最后页。

p:以前的文件。

n:下一个文件。

. :重显当前页。

. :当前目录。

..:父目录。

rm:删除文件(-r 选项删除目录和所有文件以及子目录)。

head:显示一个文件的数行。

tail:显示一个文件的最后几行。

wc:报告一个的行数 (-l)、字数(-w)和字符数(-c),如果不带选项,仅给出行、字和字符数。

su:更换用户。

id:显示用户标识符(UID)。

tty:显示当前激活的设备。

4. 与文件(提高部分)相关的命令

awk：可编程的文本编辑器。

banner：显示标题。

cal：日历命令（例如：cal [month] year）。

cut：从一个文件的每行中剪除指定字段。

diff：比较两个文件。

find：按用户给出的路径在磁盘上检索文件。

下面给出了 find 命令的选项：

```
- name fl (file names matching fl criteria)
- user ul (files owned by user ul)
- size + n (or - n) (files larger (or smaller) than n blocks)
- mtime + x ( - x) (files modified more (less) than x days ago)
- perm num (files whose access permissions match num)
- exec (execute a command with results of find command)
- ok (execute a command interactively with results of find
command)
- o (logical or) - print (display results. Usually included)
```

find 语法格式：

```
find path expression action
• for example, find / - name " * .txt" - print
• or find / - name " * .txt" - exec li - l {} \;
(executes li - l where names found are substituted for {});
indicates end - of - command to be executed and \ removes
usual interpretation as command continuation character
```

grep 在文件中检索指定模式，下面给出了本命令的选项：

```
- c (count lines with matches, but don't list)
- l (list files with matches, but don't list)
- n (list line numbers with lines)
- v (find files without pattern)
expression metacharacters
• [ ] matches any one character inside.
• with a - in [ ] will match a range of characters.
• &and. matches BOL when &and. begins the pattern.
• $ matches EOL when $ ends the pattern.
• . matches any single character. (same as ? in shell).
• * matches 0 or more occurrences of preceding character.
```

【注意】

在 shell 中，". * " 等同于 " * "。

```
- r (reverse order); - u (keep only unique lines)
```

5. 文本编辑器

ed：行编辑程序。

Vi：屏幕编辑程序。

INed：LPP 编辑程序。

emacs：屏幕编辑程序。

6. shells，重定向和管道

＜(read)：重定向标准输入。

例如，command ＜ file 命令从一个文件中读取输入。

＞(write)：重定向标准输出。

例如，command ＞ file 命令将其输出覆盖到一个文件中。

＞＞(append)：重定向标准输出。

例如，command ＞＞ file 命令将其输出加到一个文件的末尾。

2＞：重定向标准错误(命令“command 2＞＞ file”把标准错误加到一个文件)，下面给出了组合重定向标准例子：

① command ＜ infile ＞ outfile 2＞ errfile

② command ＞＞ appendfile 2＞＞ errfile ＜ infile

|：管道操作符(一个命令的输出是另一个命令的输入)。

例如：ls | cpio －o ＞ /dev/fd0　所完成的是把 ls 命令的结果作为 cpio 命令的操作对象拷贝到磁盘上。

tee：分离输出，读标准输入并传送到标准输出和一个文件两者中。

例如：ls | tee ls.save | sort 所完成的是将 ls 命令的结果输出到 ls.save 文件中并管道到 sort 命令。

7. 元字符

*：表示任何多个字符(0 或一个以上)。

?：表示任一字符。

[abc]：列出[ ]中的任一字符。

[a-c]：从列表中查找[ ]指定范围的任一字符。

;：命令终结符，用于命令行中各个命令间的分隔。

&：命令优先，运行在后台模式。

#：注释字符。

$：优先变量名，指出变量的设置值。

8. 变量

=：设置一个变量。例如：d=day 完成对变量 d 的设置。

HOME：主目录。

PATH：检索的路径。

SHELL：所使用的 shell。

TERM：所使用的终端。

PS1：主提示符，通常是＄ 或 ＃。

PS2：次提示符，通常是＞。

＄?：最后执行命令的返回码。

set：显示当前所设置的局部变量。

export：输出变量，也就是子进程所继承的变量。

env：显示所继承的变量。

echo：回显一条信息。

9．与磁带和磁盘有关的命令

format：格式化一个磁盘的 AIX 命令。

backup：备份文件，下面给出了本命令的选项。

-i：从标准输入读文件名。

-v：列备份文件。例如：backup -iv -f/dev/rmto file1，file2。

-u：在指定的级别上备份文件系统。例如：backup -level -u。

restore：从备份中恢复文件的命令。其选项包括以下内容。

-x：使用备份命令"backup -i"时恢复文件所用选项。

-v：恢复操作时列表文件。

-T：列表存储在磁带或软盘上的文件(list files stored of tape or diskette)。

-r：使用命令" backup -level -u"建立备份后要恢复文件系统所用选项。

例如：restore -xv -f/dev/rmt0。

cpio：从 I/O 设备中拷贝文件。

-o：从标准输入中读取文件路径名列表，将这些文件、路径名及状态信息一起拷贝到标准输出上。

-i：从标准输入上提取以前由 cpio -o 模式产生的文件。

-t：显示输出的内容表(table of contents)。

-v：显示文件名清单。

-u：无条件地进行拷贝。例如：cpio -o ＞ /dev/fd0 file1 file2。

按 Ctrl＋D 组合键或 cpio -iv file1 ＜ /dev/fd0。

tar：备份和恢复文件，即将归档文件存入软盘或从软盘中恢复文件。

pax：可以交替完成命令 cpio 和 tar 命令的功能。

10．与传输数据有关的命令

mail：发送和接收邮件。其选项包括以下内容。

d -delete；

s -append；

q -quit；

enter -skip；
m -forward。
mailx：高等级的 mail 程序。
uucp：UNIX 对 UNIX 通信。
uuto/uupick：公用目录转送和回收文件。
uux：远程系统上执行程序。例如：UNIX 对 UNIX 执行。

11. 系统管理(供系统管理员使用)

df：显示文件使用情况。
installp：安装程序。
kill (pid)：杀去用户指定通过命令 ps 所查找到进程(PID)。
kill -9 (PID)：无条件绝对杀去进程。
ps -ef：显示进程状态。
smit：系统管理接口工具。

12. 杂项命令

banner：显示标题。
date：显示当前日期和时间。
newgrp：变更现有组。
nice：对后面的命令指定较低优先级 例如：nice ps -f。
passwd：修改当前口令。
sleep n：睡眠(暂停)n 秒。
stty：显示或设置终端。
touch：建立一个 0 长度的文件。
wall：发送一条信息给所有登录系统的用户。
who：显示当前所有登录系统的用户。
man,info：显示系统手册。

13. 系统文件

/etc/group：组列表。
/etc/motd：在登录中显示日期信息。
/etc/passwd：列表用户和符号开始信息。
/etc/profile：在登录中执行系统用户的 profile。

14. shell 编程命令

1) 变量

var=string：设置变量等于字符串(无空格)，空格必须用引号括起。所指定字符串

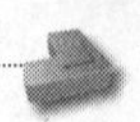

中内容必须要用单引号括起。

管道操作符（|）、重定向操作符(＜，＜＜，＞，＞＞)，和后台执行符 & 不解释。

$ var：给出复合命令行中的 var 的值。

echo：回显 var 的值。例如，echo $ var。

HOME：用户主目录。

MAIL：mail 文件名。

PS1：主提示符，通常为 $ 或 #。

PS2：次提示符，通常为 ＞。

PATH：搜索路径。

TERM：终端类型。

export：报告环境变量。

env：显示所设置的环境变量。

$ {var:-string}：给出命令的 var 值 。

$ 1 $ 2 $ 3...：shell script 文件中的位置参数。

$ *：shell script 文件中所用的全部自变量。

$ #：shell script 文件中的自变量号码。

$ 0：shell script 文件名。

$ $：进程标识符 (pid)。

$?：从一个命令最后的返回码。

2）命令

#：注释指示器。

&&：逻辑与(logical-and)。

||：逻辑或(logical-or)。

expr：算术表达式。

语法格式：expr expression1 操作符 expression2

操作符：+ 、－、*（乘）、/（除）、%（百分比）

(1) for 循环结构(for loop)，例如：

```
do
command
done
```

- if-then-else 条件测试表达式(if test expression)

```
then command
elif test expression
then command
else
then command
fi
```

read：从标准输入中读取数据。

test：条件测试。通常有两种格式：

```
if test expression (for example, if test $ -  - eq 2)
if [ expression ]
(for example, if [ $ # - eq 2 ]) (spaces req'd)
integer operators:
- eq ( = )
- lt (<)
- le ( =<)
    - ne (<>)
- gt (>)
- ge ( =>)
string operators:
=
!= (not eq.)
- z (zero length)
file status (for example, - opt file1)
- f (ordinary file)
- r (readable by this process)
- w (writable by this process)
- x (executable by this process)
- s (non - zero length)
```

(2) while 循环结构(while loop)测试表达式

```
do
command
done
```

3) 杂项命令

sh：在 sh shell 中执行的 shell script 文件。

15. Vi 编辑器

1) 进入 Vi

vi file：所编辑文件的文件名。

vi file file2：连续编辑多个文件。

.exrc：包含 vi profile 的文件。

vi -r：列表已保存的文件。

2) 读、写、退出

:w：写缓冲区内容。

:w file2：将缓冲区内容写到文件 file2。

:w >> file2：将缓冲区内容写到文件 file2 的末尾。

:q：退出正在编辑的对话平台。

:q!：退出正在编辑的对话平台并丢弃所做的任何修改。

:r file2：把 file2 的内容读到缓冲区的当前光标处。

:r! com：将 shell 命令 com 的结果读到光标处。

:!：退出 shell 命令。

:wq 或 ZZ：写编辑内容并退出编辑平台。

3）添加文本

a：在光标处右边添加文本(按 Esc 键结束)。

A：在当前行尾添加文本(按 Esc 键结束)。

i：在光标处左边添加文本(按 Esc 键结束)。

I：在当前行的第一个非空格处左边添加文本。

o：在当前行后加一行。

O：在当前行前加一行。

<Esc>：回到命令模式。

4）删除文本

<Ctrl>w：undo entry of current word。

@：kill the insert on this line。

x：删除当前字符。

dw：从当前字删除到结束。

dW：从当前字删除到结束(忽略标点符号)。

dd：删除当前行。

d：从光标处擦除到行的结尾(与 d$ 功能相同)。

d)：删除当前句子。

d}：删除当前段。

dG：从当前行开始删除到缓冲区末尾。

d&and.：删除到行的起始位置。

u：取消最后的变化命令。

U：在修改前，将当前行保存为原始状态。

5）替代文本

ra：用 a 替代当前字符。

R：替代所有字符直到按 Esc 键为止。

s：删除当前字符并进行测试直到按 Esc 键为止。

s/s1/s2：用 s2 替代 s1 (仅在同一行)。

S：删除一行的所有字符并进行测试文本。

cc：整行替代(与 S 功能相同)。

C：从光标处开始替代直到行的结尾。

附录2 AIX系统的习题与答案

1. 与操作系统直接交互的是硬件吗?

正确答案:

kernel

2. 用户与操作系统交互的是哪部分?下面给出了选择。

a. shell

b. kernel

正确答案:

a

3. UNIX操作系统中用得最多的编辑程序是哪一种?

正确答案:

Vi

4. 写出两个AIX操作系统的图形用户接口。

正确答案:

① AIXwindows;

② Common Desktop Environment (CDE)。

5. 判断:AIX操作系统仅支持硬盘上的文件系统。

正确答案:

否。AIX操作系统支持磁盘文件系统、CD-ROM文件系统、网络文件系统。

6. 在AIX操作系统中,下面哪一个命令格式是正确的?

a. $ mail newmail -f

b. $ mail f newmail

c. $ -f mail

d. $ mail -f newmail

正确答案:

d

7. 用于发送mail的命令是什么?

正确答案:

mail username

8. 与其他用户通信的命令有哪些?

正确答案:

talk, write and wall

9. 如下的命令中,哪个命令可以查找登录系统的用户?

a. $ who am i

b. $ who

c. $ finger everyone

d. $ finger username

正确答案:

b, d

10. 什么命令可以显示在线电子手册？

正确答案：

man

11. 完整下列句子：AIX V5.2 在线文件编制安装在一个________________。在网络中，任何一台安装了合适的 web-browser 软件的计算机都能成为一台________________。

正确答案：

document server

document client

12. 在树(tree)形目录结构中，/home 是用户的当前目录，写出查找文件 suba 的相对路径和绝对路径。

正确答案：

Relative path name：team03/pgms/suba

Fill path name：/home/team03/pgms/suba

13. 当指定一个路径名时，"."与".."有什么区别？

正确答案：

. Specifies current directory(当前目录)

.. Specifies parent directory(父目录或称为上一级目录)

14. cd ../.. 命令所完成的操作是什么？

正确答案：

Move you up two directories

15. 成功执行 rmdir 命令的条件是什么？

正确答案：

① 目录必须空；

② 必须是上一级目录(父目录)才能删除下一级目录(子目录)。

16. 写出命令 ls 选项的功能。

a. -a　提供文件的长列表

b. -i　列出隐文件

c. -d　列出子目录及其内容

d. -I　显示 i 节点数

e. -R　显示一个目录的信息

正确答案：

a,d,e

17. 下面哪些是有效的文件名？

a. 1　　b. aBcDe　　c. -myfile　　d. my_file

e. my.file　　f. my file　　g. .myfile

正确答案：

a, b, d, e, g

18. 下面命令的功能是什么?

$ cd /home/team01

$ cp file1 file2

正确答案:

命令 cp 建立一个新文件,文件 file2 是从文件 file1 中拷贝得到的。每次拷贝都将有一个不同的文件名,例如:文件 file1 和 file2。每次拷贝都是独立的。如果一个文件被修改,它不等同于第二个文件。

19. 下面命令的功能是什么?

$ cd /home/team01

$ mv file1 newfile

正确答案:

将文件 file1 重新命名为文件 newfile。文件 file1 存在时间很短就被文件 newfile 替代。

20. 下面命令的功能是什么?

$ cd /home/team01

$ ln newfile myfile

正确答案:

命令"ls -l"列出两个文件。

命令"ls -l"列出两个文件共享相同的节点数。

注意,在磁盘上实际仅有一个文件。

如果改变文件 newfile,也将改变文件 myfile。

21. 写出显示文件内容的命令。

正确答案:

cat, pg, more

22. 下面给出了一个文件 reporta 的访问权限:

rwxr-xr-x

写出用八进制表示文件的访问权限。

正确答案:

755

23. 利用符号模式将文件的访问权限改变为 rwxr- - r- -。

正确答案:

chmod go-x reporta

24. 用八进制表示文件 reporta 的访问权限。

正确答案:

chmod 744 reporta

25. 在列表的基础上，假定目录 jobs 中有文件 joblog。

```
$ ls -lR
total 8
drwxr-xr-x 2 judy finance 512 June 5 11:08 jobs
./jobs:
total 8
-rw-rw-r-- 1 judy finance 100 June 6 12:16 joblog
```

问题：Can Fred 作为文件的同组用户，他能修改文件 joblog 吗？

正确答案：

可以，因为他对文件具有写的访问权限，同时对目录具有执行的权限。

26. 本问题基于如下的列表。假定目录 jobs 中含有子目录 work，而该子目录中有文件 joblog。

```
$ ls -lR
total 8
drwxrwxr-x 3 judy finance 512 June 5 11:08 jobs
./jobs:
total 8
drwxrw-r-x 2 judy finance 512 June 5 11:10 work
./jobs/work:
total 8
-rw-rw-r-- 1 judy  finance 100 June 6 12:16 joblog
```

问题：Can Fred 是同组用户(finance group)，他能修改文件 joblog 吗？

正确答案：

不能，因为他对中间目录 work 没有执行权限。

27. 本问题基于如下的列表。假定目录 jobs 中含有子目录 work，而该子目录中有文件 joblog。

```
$ ls -lR
total 8
drwxr-xr-x 3 judy finance 512 June 5 11:08 jobs
./jobs:
total 8
drwxrwxrwx 2 judy finance 512 June 5 11:10 work
./jobs/work:
total 8
-rw-rw-r-- 1 judy finance 100 June 6 12:16 joblog
```

问题：Can Fred 是同组用户(finance group)，他能将文件 joblog 拷贝到他的主目录吗？

正确答案：

Yes

28. 当使用 Vi 编辑软件时,有哪两种操作模式?

正确答案:

文本模式和命令模式(text mode and command mode)

29. 在使用 Vi 编辑软件时,怎样转到命令模式?

正确答案:

按 Esc 键

30. 下面给出的 Vi 编辑软件的子命令,哪个子命令能进入文本模式?

a. a　　b. x　　c. i　　d. dd

正确答案:

a, c

31. 判断:在命令模式中,反复按 u 键,将取消以前输入的所有命令。

正确答案:

否。u 命令仅取消刚输入的命令。

32. 下面命令所匹配的内容是什么?

```
$ ls ???[!a-z]*[0-9]t
```

正确答案:

命令 ls 将列出所有文件名头三个任意字符、第四个字符必须不在 a 到 z 的范围内,则后面跟一组字符,其后的倒数第二个字符必须是在 0 到 9 的范围内,文件名的结尾必须跟一个字符 t 的所有文件。

33. $cat file1

(1) 标准输入(0)(standard input (0)):

(2) 标准输出(1)(standard output (1)):

(3) 标准错误(2)(standard error (2)):

正确答案:

键盘(keyboard)

屏幕(screen)

屏幕(screen)

34. $mail tim < letter

(1) 标准输入(0)(standard input (0)):

(2) 标准输出(1)(standard output (1)):

(3) 标准错误(2)(standard error (2)):

正确答案:

letter

mail program handles s/o

screen

35. $cat .profile > newprofile 2>1

(1) 标准输入(0)(standard input (0))：

(2) 标准输出(1)(standard output (1))：

(3) 标准错误(2)(standard error (2))

正确答案：

keyboard

newprofile

a file named 1

36. 写出应把命令的输出放置在文件 fileb 而错误放置在文件 filec 中的命令行。

正确答案：

```
$ cat filea > fileb 2 > filec
```

37. 写出把命令的输出放置在文件 fileb 中并丢弃任何错误信息(不显示或存放错误信息)的命令行。

正确答案：

```
$ cat filea > fileb 2 > /dev/null
```

38. $ echo "Home directory is $HOME"

正确答案：

Home directory is /home/john

39. $ echo 'Home directory is $HOME'

正确答案(为帮助学生了解单引号' '的用处)：

Home directory in $HOME

40. $ echo "Current directory is . pwd. "

正确答案：

Current directory is /home/john/doc

41. $ echo "Current directory is $(pwd)"

正确答案：

Current directory is /home/john/doc

42. $ echo "Files in this directory are * "

正确答案：

File in this directory are *

43. $ echo * $HOME

正确答案：

aa bb cc /home/john

44. $ echo \ *

正确答案：

␣(即空格)

45. 何时能使用点(.)符号执行一个 shell script 文件？

正确答案：

当用户试图修改变量的值时(When you are trying to change variable values)。

46. 什么命令能显示 subshell 中的变量值？

正确答案：

export variable_name

47. 在如下的操作步骤中，x 的值是什么？

```
$ ( … login shell … )
$ ksh
$ x = 50
$ export x
$ < ctrl - d >
$ ( what is the value of x set to now?)
```

正确答案：

变量 x 没有一个固定的值(x would not hold a value)。

48. ps 命令带何选项才能显示用户正在运行的命令的详细信息？

正确答案：

ps -f

49. 判断：一个普通用户仅能杀自己的作业而不能杀其他用户的作业。

正确答案：

真(True)

50. 什么信号能终止一个进程？

正确答案：

信号 9(signal 9)

51. 为什么在后台用 nohup 命令，总能启动长作业？

正确答案：

因为作业不锁住用户终端。

52. 哪一个文件用于设置用户的工作环境？为什么？

正确答案：

$HOME/.profile 文件 能使/etc/profile 文件暂时失效。因为它是系统定义文件。

53. 下面系统变量的值是什么？

PS1

TERM

PATH

正确答案：

PS1：主提示字串(也就是系统提示符)。

TERM：终端类型。

PATH：为了定位一个可执行的文件被搜寻的目录路径(path)。

54. 在用户系统中，哪个命令能查找文件名以“smit”开头的文件？

正确答案：

find / -name 'smit *'

55. 下面的命令能完成什么功能？

$ ps -ef | grep -w root | grep -w netscape

正确答案：

在命令行中以字符串的形式列出超级用户(root 用户)的所有进程。

56. 解释下面的命令正在执行什么？

$ ls -l /home | egrep 'txt $ | team01 $ ' | sort -r +7 | tail

正确答案：

从 home 目录中列出一个长的文件排序信息，排序的字段通过管道传送。一旦排序结束在默认状态下，将显示排序信息的最后 10 行。

57. 下面哪个命令能确定文件的数据类型？

a. cmp　　b. diff　　c. file　　d. dircmp

正确答案：

c

58. 判断：diff 命令仅能比较文本文件。

正确答案：

True

59. 判断：compress 命令将删除正在压缩的文件，并用扩展名为 .z 重新命名文件名。

正确答案：

False. 扩展名应该是大写的 .Z(The extension is an uppercase .Z)。

60. 为了显示文件或目录中的非打印字符，可以调用以下哪个命令？

a. ls -li　　b. cat -vte　　c. diff -c　　d. cmp

正确答案：

b

61. 下面每个代码段的功能是什么？

```
TERMTYPE = $ TERM
if [  $ TERMTYPE != "" ]
then
if [  - f /home/team01/customized_script ]
then
/home/team01/customized_script
else
```

```
echo No customized script available !
fi
else
echo You do not have a TERM variable set !
fi
```

正确答案：

shell script 文件对 TERM 变量设置一个变量值 TERMTYPE。在 if 语句中，将测试 TERMTYPE 变量，看它是否为空。如果不为空，接下来把一个普通文件 /home/team01/customized_script file 赋予给变量。如果为空，执行。如果文件不是一个普通文件，则给用户发送一个信息。如果初始测试失败(即 TERMTYPE 变量为空)，则再发给用户一个信息。

62. 编写一个有两个以上变量的 shell script 文件。

正确答案：

```
expr $1 \* $2
```

附录 3　OSI 各层中的基本元素

OSI 各层中的基本元素见附表 3-1。

附表 3-1　OSI 各层中的基本元素

元素名称	功　　能
协议标识符(protocol identifier)	用于在两个通信实体间建立逻辑链接时选择的协议
集中化/非集中化多端连接(centralized/decentrlized multi-endpoint connect)	使联系数据从一个端点到多个端点或从多个端点到一个端点链接的能力
多路共传(multiplexing)	一个(N)层功能，通过使用一个(N－1)连接来支持多个(N)连接
多路分传(demultiplexing)	多路化的逆操作
分裂(splitting)	一个(N)层功能，通过使用多个(N－1)连接来支持多个(N)连接
重新组合(recombining)	分裂的逆操作
流控制(flow control)	一种控制层间或层内数据流的功能
分段(segmenting)	一种(N)实体功能。映射一个(N)服务数据单元到一个(N)协议数据单元
重新汇集(reassembling)	分裂的逆操作
组块(blocking)	一种(N)实体功能。映射多个(N)服务数据单元到一个(N)协议数据单元
拆块(deblocking)	组块的逆操作
联合(concatenation)	一种(N)实体功能。映射多个(N)协议数据单元到(N－1)服务数据单元
分离(separation)	联合功能的逆操作
编序(segencing)	一种(N)层功能。保持提交来的数据单元的顺序
回答(acknowledgment)	一种(N)层功能，一个接收(N)实体通常用于回答一个来自 N 实体的协议数据单元
复位(reset)	一种(N)层功能，返回一个(N)实体响应状态，以免数据重复或丢失

OSI 服务定义和协议见附表 3-2。

附表 3-2 OSI 服务定义和协议

CCITT	ISO	内 容
X.200	7498	OSI 参考模型
X.210		OSI 服务定义协议
X.220		在 CCITT 应用中,使用 X.200 系列
X.211	8802	物理层服务定义
X.212	8886	数据链路层服务定义
X.213	8348	网络层服务定义
X.223	8878	X.25 用于 OSI 连接方式的服务
	8473	非连接网络服务
X.208	8824	抽象语义符
X.209	8825	基本编码规则
X.214	8072	传输服务定义
X.224	8073	传输协议指标
	8602	非传输协议指标
X.215	8326	会晤服务定义
X.225	8327	会晤协议指标
X.216	8822	表示服务定义
X.226	8823	表示协议指标
X.217	8649	联系控制服务定义
X.227	8650	联系控制协议指标
X.218	9066/1	可靠传输服务定义
X.228	9066/2	可靠传输协议指标
X.219	9072/1	远程操作服务定义
X.229	9072/2	远程操作协议指标

附录 4 计算机系统和网络中的常用标准

1. 标准化组织

由于网络用户终端的信息传输(也称为数据终端设备 DTE)需要与数据通信设备(DCE)通过传输介质发送数据。DTE 与 DCE 之间就应有“接口”,此接口应该是标准化的,数据通信模型如附图 4-1 所示。在制定数据通信的标准方面,有如下众多的通信标准化组织:

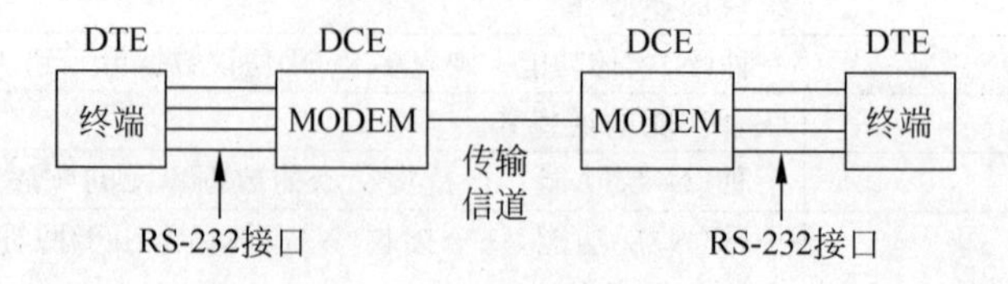

附图 4-1 数据通信模型

IEEE——电子电气工程师学会；

EIA——电子工业学会；

ANSI——美国全国标准协会；

NBS——国家标准局；

ISO——国际标准化组织；

CCITT——国际电话电报咨询委员会。

(1) IEEE：是一个由电气工程师与电子工程师组成的专业学会，该组织在局域网方面做了很多工作。制定的标准为802.X。

(2) EIA：是美国一个行业协会，该协会在电气和电子领域已制定了各种不同的400多项标准。EIA制定的标准经常被ANSI采用。目前，EIA最著名的标准是RSXXX。其中的如RS-232-C、ES-449、RS-422和RS-423等标准。RS-232定义了DTE与DCE间发送串行二进制数据的标准。

(3) ANSI：是由美国1000多家公司和贸易机构组成的民办非官方标准化组织。它制定的标准是多种多样的，从鞋到计算机字符编码标准应有尽有。它审核批准美国国家标准，代表美国参加国际标准化活动。

(4) NBS：是美国商务部的一部分，它发布那些销售给美国联邦政府的设备的信息处理标准。NBS是ISO和CCITT的代表。

(5) ISO：是由各国的标准化组织组成的。它涉及很宽的领域。ISO制定了一些非常重要的数据处理标准。例如，互联网的OSI(开放系统互连参考模式，也有人称为七层协议)。此模式力图建立一个用以比较数据网络的公共起点，从而使这些网络能够相互进行通信。

(6) CCITT：这是一个联合国条约组织。该组织由各国的邮政、电报/电话管理结构组成。美国在CCITT的代表是国务院。CCITT采用的标准在公用数据网方面所做的工作与RS-232和RS-449标准在普通电话线路方面所做的工作基本相同。CCITT的标准叫做“推荐”或“建议”。

综上所述，各标准的制定如附表4-1所示。

RS标准由EIA制定。

X.标准由CCITT制定。

V.标准由CCITT制定。

802.X标准由IEEE制定。

附表4-1 各标准的制定

标准化组织	标准或推荐	说 明
EIA	RS-232-C	定义DTE与DCE间的接口规范
EIA	RS-449	定义DTE与DCE间的接口规范，以获得比RS-232-C更高的速度和更远的传输距离
CCITT	V.35	定义在模拟网络上进行数据传输的访问标准
CCITT	X.21	定义在模拟网络上进行数据传输的访问标准(公用分组交换网络)
IEEE	802.X	定义局域网标准

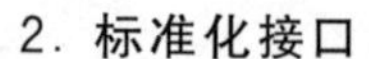

2. **标准化接口**

在DTE与DCE间的接口有RS-232-C和CCITT的X.21。

1) CCITT的v系列接口

数据传输主要是通过电话线或具有电话线标准的专用线(包括无线)来完成的。实现两个以上的终端用户的连接和通信,标准化组织公布了不少这方面的标准(协议)。在OSI七层结构中,用得最广泛的标准则是CCITT系列建议。

2) RS-232-C接口

RS是"Recommended Standard",即"推荐"之意,232是标识号,C是修改版本号。RS-232是由EIA制定的,其第一版本是于1960年5月推出,此后通过三次修改。1963年10月修改后的版本命名为RS-232-A,1965年10月和1968年8月修改后分别命名为RS-232-B、RS-232-C。平常把RS-232-C称为RS-232或EIA接口。它是一个国际标准。以CCITT推荐的V.24(功能特性)、V.28(电气特性)和ISO 2110(机械特性)的形式出现。对于物理协议应包括以下内容。

(1) 电气特性:标准接口的电气特性决定了电压变化的定时关系。DTE和DCE都必须用同样的电压电平表示相同的东西。例如,负电压代表"1",正电压代表"0",即比−3伏更低的电压电平为二进制"1"(传号),高于+3伏的电压电平为二进制"0"(空号)。

(2) 机械特性:涉及DTE和DCE的实际物理连接,即插头、信号线和控制引线。RS-232-C连接器与ISO的2110标准兼容,是一个25脚连接器。ISO建议它用于串行、并行传输的语音频带制值解调器、公共数据网络接口、电报接口及自动呼叫设备接口。

(3) 功能特性:通过指定接口上的每个插脚的含义来规定每个插脚所要完成的功能,这些功能包括数据、控制、定时、接地。

在CCITT提出的V.24建议中,定义了DTE和DCE间以及DTE和ACE(自动呼叫设备)间的接口。对DTE/DCE交换电路而言,EIA RS-232与V.24兼容。

(4) 规程特性:上述的交换电路需要按照这些规程进行二进制信息位的传输以便较高层的功能得以实现。V.24定义了交换电路间相互关系的规程,RS-232包括了有与此等效的规程。

EIA在1972年认识到RS-232-C在许多使用环境下有较大的局限性,在征得CCITT和ISO的同意后,于1977年公布了RS-449接口。

通常,PC有两个串行口,一个是9针串口(COM1),另一个是25针串口(COM2)。

RS-232-C电路如附图4-2所示。

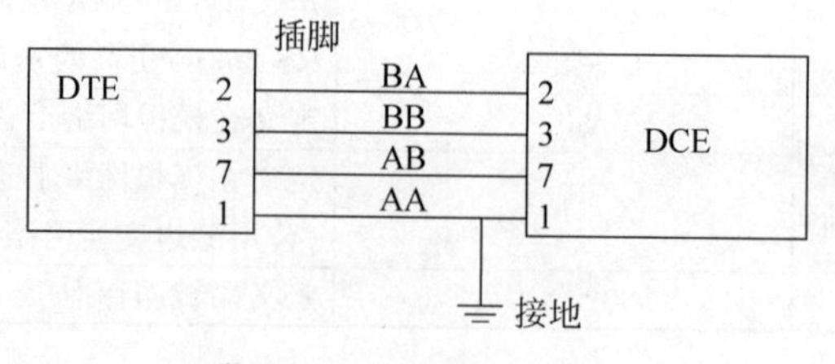

附图4-2 RS-232-C电路

【说明】

RS-232-C 接口中有 4 个常用电路。

AA(插脚 1)：保护地线，接到电源系统地线。

AB(插脚 7)：信号地线，DCE 与 DTE 之间的基本接地线。

BB(插脚 3)：接收数据线，由 DTE 接收传输的串行数据时使用。

BA(插脚 2)：发送数据线，由 DTE 发送串行数据时使用。

附录 5 SCO TCP/IP 软件的安装

1. SCO TCP/IP 版本介绍

TCP/IP 协议遵循 ISO/OSI 模型中的应用层、表示层和会晤层。TCP 协议是对应 OSI 七层模型的传输层而 IP 协议则是对应其网络层。TCP/IP 协议共包括如下子协议。

1) 传输层协议

TCP：传输控制协议。提供可靠的数据流服务。

UDP：用户数据报协议。该协议使发送方可以区分一台计算机上的多个接收者，并使它在两个用户进程之间传送数据报。

NVP：网络声音协议。提供传送数字化声音的实时控制。

2) 会晤层—应用层协议

FTP：文件传输协议。用于控制两台主机之间的文件传输。

SMTP：简单邮件传输协议。它是一个简单的面向文本的协议，实现有效、可靠的传输邮件。

TFTP：普通文件传输协议。主要用于 PC 上的文件传送。

DNS：域名服务协议。将用户的域名转换成 IP 地址。

TELNET ARPANET：标准虚拟终端协议。提供远程终端设备或终端进程交互式访问的服务。

SNMP：简单网络管理协议。是目前最为流行的网络管理协议之一，其作用是监视网络性能、检测网络管理、配置网络设备等。

3) 网络层协议

IP：网络互联协议。提供主机之间的数据服务，为上层协议提供网络互联服务，实现多个网络联成一个互联网络。

ICMP：互联网络控制报文协议。当信关(网关)设备或主机出现故障使网络阻塞或有其他任何意外情况时，ICMP 将通知主机有关 IP 的情况。

ARP：地址转换协议。将互联网地址(逻辑地址)转换为物理地址。

RARP：反向地址转换协议。若只有物理地址而没有 IP 地址时，可通过 RARP 协议得到互联网地址。

2. 在 SCO Open Sevrer 环境下的安装

1）SCO TCP/IP 提供的主要规程和模块

TCP：传输控制规程(RFC793)。

UDP：用户数据报规程(RFC768)。

IP：互联网规程(RFC791)。

ARP：地址转换规程(RFC826)。

ICMP：互联网控制报文规程(RFC792)。

RIP：路由选择信息规程。

SLIP：串行线路 STREAMS 模块。

Loopback：Loopback 回送和测试 STREAMS 模块。

NetBIOS：NetBIOS 规程(RFC1001、RFC1002)。

实用程序有 rsh、rlogin、rcp、Telnet(RFC854)、FTP(RFC959)、Inetd 等。

2）安装步骤

在安装 SCO TCP/IP 软件前，应该从网络管理员那里获得如下信息：

① 每条 SLIP 线路的两个 IP 地址和 SLIP 带宽(一条 SLIP 线路需要两个地址，因为一条 SLIP 线路的两端连接各需要一个唯一的地址)；

② 系统的主机名和域名；

③ 网络的广播地址选择项(由 0 和 1 组成)；

④ 网络的网屏蔽。

如果用户已经安装了 SCO TCP/IP 的受控版本，则应该在安装前删除此软件，同时还应该删除/etc/perms/tcprt 和/etc/perms/tcprt. UFA 文件。

完成了上述工作后，可以按下列步骤进行 TCP/IP 的安装了。

① 用 Mkdev 实用程序从内核中删除所有识配卡的驱动程序(因为此操作后才能用 Custom 程序删除受控版本软件，否则，会破坏连接包，同时会给安装 SCO TCP/IP 带来不必要的麻烦)；

② 用 Custom 实用程序安装 TCP/IP 软件；

③ 给网卡和 SLIP 安装驱动程序；

④ 配置网络接口；

⑤ 为安装而调整 Sendmail 配置文件；

⑥ 测试 TCP/IP；

⑦ 调整配置。

3. 在 UNIX 系统下安装 TCP/IP 运行版软件

在 UNIX 系统状态下，利用 Custom 实用程序安装 SCO TCP/IP 运行版软件。通常，先安装连接包(Link Kit)、操作系统的流(Streams)软件包，然后再安装 SCO TCO/IP 软件。如果用户希望使用 SCO TCP/IP 提供的 Sendmail 程序，就需要安装操作系统的 MAIL 软件包。

在安装 TCP/IP 的过程中，系统中有几个文件将被替换，这些文件的原版存放在 /usr/Custom/Lib/Save 中。在删除 TCP/IP 时，这些被替代的文件（包括/etc/networks、/usr/mmdf/mmdftailer、/etc/hosts、/etc/hots. eguiv)将得到恢复。

下面介绍其具体安装过程。

(1) 进入单用户模式：

 # syn c(按 Enter 键)

 # init 6(按 Enter 键)

在启动并显示系统提示信息时，按 Enter 键。当屏幕显示：

Type Control - d to proceed with normal startup or gine root password for system maintenance.

输入根(root)口令并按 Enter 键，系统进入单用户。

(2) 调用 custom 程序：

#custom(按 Enter 键)

(3) 从该程序的菜单中选择 Install 命令。

(4) 用户根据下列信息选择输入产品名称：

"Select a product"

选择 A New product(按 Enter 键)

(5) 用户根据软件包菜单 Entire 和 Packages 选择自己所需要安装的内容(Entire——安装所有软件包，Packages——安装部分软件)。

屏幕上有"Installing Custom Data Files…"

"Creating file lists…".

(6) 用户将保存有 TCP/IP 软件的光盘放在 CD-ROM 中，即可开始安装。

(7) 若用户选择了 Packages，屏幕提示软件包名，用户可以选择相应的项来安装所需的软件：

TCPRT——安装 SCO TCP/IP 运行版；

SENDMAIL——安装 Sendmail 运行版；

MMDFTCP——用于 MMDF 系统的网络 SMTP 接口；

NETBIOS——是 SCO LM/X 的 NetBIOS 驱动程序；

TCPMAN——安装在线手册；

ALL——安装所有文件(在此情况下，MMDF 就成了活动邮寄程序)。

(8) 屏幕显示：Extracting files…

通常，从光盘读取文件需要几分钟(若只安装 SENDMAIL 或 MMDFTCP，系统将提示"Checking file permissions"之后便返回软件包菜单)。

(9) 如果正在安装 TCPRT，系统将提示用户输入序列号：

"Enter your serial number or enter q to quit" 用户输入序列号后按 Enter 键。系统又提示用户输入激活键(activation Key)：

“Enter your activation key or q to quit”(activation Key):

“ Enter your activation key or q to quit”用户输入键后按 Enter 键。

(10) 如果安装 NETBIOS 软件包,系统将在屏幕上提示:

NETBIOS installation complete

在执行完上述操作后,屏幕显示此时保存的几个文件:

. /etc/hosts

. /etc/hosts. equiv

(11) 接着系统给出信息:

“Streams modules have been successfulls added to the kernel, Changing strearms resources for TCP/IP…”

当系统显示如下信息:

“Updating system configuration…”时,此过程尚需几分钟,然后系统又显示信息:

“Installing SCO TCP/IP Runtime System…”

当屏幕显示:

“The current system node name is X”(这里 X 是系统的节点名,提出系统名在网络中是唯一的)。接着屏幕显示:

“Do you wish to chang it? (y/n/q)” 系统询问用户是否希望要重新连接内核(如果将来只用回送(Loopback)接口或已经安装并配置了网络硬件,则需要重要新连接内核)。

如果用户按 y,系统则显示:

The UNIX Operating System will now be rebuilt . This will take a few minutes, please wait. Root for the system build is/. Relinking the kernel…”

稍后,屏幕又显示:

“The UNIX Kernel has been rebuilt. Do you want this kernel to boot by default?”

如果用户按 y 键,原来的内核则被拷贝到/UNIX. old 文件中,新内核被拷贝到/UNIX 文件中。

如果要连接内核,系统则显示信息:

“The kernel environment includes device node files and /etc/inittab. The new kernel may require changes to /etc/inittab or device nodes. Do you want the kernel environment rebuilt (y/n)?”

如果按 n 键,则显示信息:

“Device node or inittab changes associated with this new kernel have not been made. These changes should be made by running :touch /etc/. new_UNIX; /etc/conf/bin/idmkenv. ”

如果按 y 键,则显示信息:

“The kernel has been successfulls linked and installed. To activate it, reboot your system . Setting up new kernel environment…”

系统接着显示信息：

“The new kernel is installed in /UNIX.”

经过上述步骤的操作，用户可以重新启动系统，使所安装的软件处于可运行的状态。

用户再回到 Custom 软件包的菜单，选择 quit 命令退出此程序。

在安装过程中，伪 tty 的 ttyp00 到 ttyp07 自动增加。这些 tty 可使外部机器能用 telnet 或 rlogin 访问机器上的 TCP/IP。如果不需要这些增加的伪 tty，则可用系统管理命令(sysadmsh)给予删除。

附录 6　在 UNIX 操作系统下安装打印机和终端

由于 UNIX 操作系统是多用户、多任务的分时系统。在系统资源(硬件、软件)是有限的，打印机又是属于临界资源。要实现用户的 I/O 请求，就是通过系统提供的打印机假脱机功能(Spoolling)完成的。也就是当用户请求打印，系统就把这一请求记录在打印队列中，按此队列依次进行处理。如果要打印，就从假脱机中取出数据进行打印。即先将用户的打印请求放在打印队列中，当设备调度好后，再执行实际的打印操作。

UNIX 系统的打印假脱机系统负责接收用户的打印请求(任务)，并将该任务保存到前面一个任务完成之后，它向打印机再另送出一个打印任务。

1. 并行打印机的安装

在 UNIX 系统中，安装一台打印机需要进行的工作有：①将打印机连接到适当的计算机端口上，即进行硬件连接；②设置 UNIX 系统环境下的假脱机打印软件。

端口的设置是安装打印机的第一步工作。这因为打印机必须要与计算机的特定端口连接，同时也将相应的打印机驱动程序接入 UNIX 系统的内核(kernel)。

(1) 命令法

只有超级用户才能进行打印机并行端口的配置。操作步骤如下：

```
# mkdev parallel(按 Enter 键)
Parallel Port Intialization
There are no parallel ports configured:
Do you wish to:
    1. Add a parallel port
    2. Remove a parallel port
    3. Show configuration
    4. Help
Select an potion or enter q to quit: 1(按 Enter 键)

Please select the I/O address for the adapter:
1. parallel adapter at address: 378—37f
2. parallel adapter at address = 3bc—3be
3. parallel adapter at address = 278—27a
```

```
4. other configuration

Select an potion or enter q to quit: 1(按 Enter 键)
Should this port use interrupt (default [7]):   (按 Enter 键)
The device node is /dev/lp0
You must create a new kernel to effect the driver change you specified.
Do you wash to create a new kernel now?(y/n) y(按 Enter 键)
```

上面的内容说明：系统提示重新连接内核，这表明并口参数配置成功，所产生的端口设备名为/dev/lp0。接下来系统又显示：

```
    The UNIX operating system will now be rebuilt.
    This will take a few minutes, please wait.

    Root for this system build is /.
    The UNIX kernel has ben rebuilt.

Do you want this kernel to boot by default? (y/n) y(按 Enter 键)
Bbcking up UNIX to UNIX.old
Installing new UNIX on the boot file system

The kernel environment includes device node files and /etc/inittab.
The new kernel may require change to /etc/inittab or device nodes.

Do you want this kernel environment rebuilt? (y/n) y(按 Enter 键)
The kernel has been successfully linked and installed
    To activate it, reboot your system.
Setting up new kernel environment.
#_
```

上面是设置并行端口的操作过程，用户一定要按照系统的提示选择输入参数。

(2) scoadmin 程序法

用户调用 scoadmin 程序来配置一个并行端口。其过程是：首先以超级用户注册系统，然后，在系统提示符下输入 scoadmin→Hardware/Kernel Manager→Parallel Port，其操作与命令法相同。

在配置操作完成后，用户可以利用硬件配置显示命令 hwconfig 查看系统的配置情况。下面显示了某计算机系统的硬件配置。

```
#hwcofig(按 Enter 键)
name = kernel vec =-  dma =-  rel = 3.2v5.0.5 kid = 98/07/02
name = cpu vec =-  dma =-  unit = 1 family = 5 type = Pentium
name = fpu vec =-  dma =-  unit = 1 vend = GenuineIntel tfms = 0: 5: 8: 2
name = fpu vec = 13 dma =-  unit = 1 type = 80387 - compatible
name = pci base = 0xcf8 offset = 0x7 vec =-  dma =-  am = 1 sc = 0 buses = 1
name = pnp vec =-  dma =-  nodes = 2
    name = serial base = 0x3F8 offset = 0x7 vec = 4 dma =-  unit = 0 type = standard nports = 1
fifo = yes
    name = console vec =-  dma =-  unit = vga type = 0 12 screens = 68k
```

```
    name = floppy base = 0x3F2 offset = 0x5 vec = 6 dma = 2 unit = 0 type = 135ds18
    name = kbmouse base = 0x60 offset = 0x4 vec = 12 dma = -  type = keyboard mouse
    name = parallel base = 0x378 offset = 0x2 vec = 7 dma = -  unit = 0
    name = adapter base = 0x170 offset = 0x7 vec = 15 dma = -  type = IDE ctrl = secondary dvr = wd
    name = cd - rom vec = -  dma = -  type = IDE ctrl = sec cfg = mst dvr = srom -> wd
    name = disk base = 0x1F0 offset = 0x7 vec = 14 dma = -  type = w0 unit = 0 cyls = 526 hds =
255 secs = 63
# _
```

从上面所显示的内容中，可以看到第 11 行给出了打印机并口的配置信息。如果用户要验证打印机是否可以进行打印操作，可以通过：

```
# date > /dev/lp0(按 Enter 键)
```

把当前日期打印在打印机上。如果不能打印，很可能是所配置的并口地址与其他设备的地址(也称为中断向量)发生冲突。这样，就必须重新配置端口地址。

用户也可以通过命令 swconfig 了解系统的软件配置。

(3) 添加打印机

上面的操作只能是说明打印机已经接入系统，并没有将打印机纳入系统的管理中。要把打印机加入系统的管理序列，其操作如下：

```
# scoadmin(按 Enter 键)
```

用户可以按屏幕提示的菜单进行操作：

选择 printer|printer Manager|system|printer services|Local printer enable|Add Local Printer(用户在提示 name：输入打印机的型号如 epson、hp 等，如输入 epson，就选择有关 epson 的内容进行操作；Device：选择/dev/lp0，即为系统的第一台打印机)→set to default 将本打印机设置为系统默认打印机。

在 UNIX 系统中，连接本地默认打印机的接口对应三种并行设备，它们是/dev/lp0，/dev/lp1，/dev/lp2。

检查配置的并行端口是否有效，用户可以观察系统引导时，是否显示类似如下的信息：

```
% paralle 0x378—0x37A   7   -   unit = 0
```

如果用户看到有这样的信息，再进行如下操作：

```
# date > /dev/lp0(按 Enter 键)
```

如果打印机能打印出所指定的信息，说明打印机配置正确。

如果系统在引导中没有上面的信息，而配置过程又是正常的，但在利用命令 date > /dev/lp0(按 Enter 键)又无反应时，屏幕显示：cannot creae. 这说明硬件安装正确，而用户所配置的并行端口可能有冲突，需重新配置。可以将 I/O 地址值从 378—37F 改为 3BC—3BE。

用户可以调用命令 lp 来验证系统中所连接的打印机。例如：

```
# lp -d epson /tem/mv.text(按 Enter 键)
request id is epson-6 (1 file).
#_
```

命令 lp 的执行过程中，所显示的信息含义为：

① 指定的打印机名为 epson。

② 该打印命令在打印队列中的顺序号为 6(即打印请求号)。用户可以调用打印请求号查看一个正在打印的作业或撤销一个打印作业。

③ 显示用户要打印的文件数目。

如果用户在系统的默认打印机上打印作业，所输入的命令如下：

```
# lp /tem/cat.text(按 Enter 键)
request id is epson-8 (1 file).
#_
```

用户可以利用命令“lp”打印没有包含在文件的数据。命令如下：

```
# find ./ -name "*.txt" | lp(按 Enter 键)
request id is epson-10 (standard input).
#_
```

用户可以利用命令 cancel 取消打印请求。例如，用户希望取消 mv.text 文件的打印。输入命令如下：

```
# cancel epson-6(按 Enter 键)
request "epson-6" cancelled
/* 表明 ID 号为 epson-6 的打印请求已经被取消 */
#_
```

2. 终端的安装

1) 终端的数据传输参数

终端与主机之间通信所涉及的参数有以下几项。

波特率：用于选择和主机通信时所用的传输速率。

XOFF：用于选择终端是否支持 XOFF 协议及与主机通信中使用的 XON/XOFF 协议时 XOFF 发送的控制点。

奇偶校验：用于选择终端和主机通信时所用的校验方式。

数据位：用于选择终端和主机通信时所用的数据长度。

停止位：用于选择终端和主机通信时所用的停止方式。

控制方式：用于选择终端和主机通信时所用的控制规程，包括以下几项。

① XON/XOFF：终端和主机通信时所用的 XON/XOFF 协议。

② XON/XOFF-DTR：终端和主机通信时所用的 XON/XOFF 和 MODEM 共同控制。

③ DTR：终端和主机通信时所用 MODEM 共同控制。

④ 全/半双工：用于选择终端和主机通信时所用的工作方式。

通常，终端所设置的参数为：波特率 9600b/s ，八位数据位，一位停止位，无校验位，全双工，XON/XOFF 握手协议。

2）安装过程

安装终端有三个步骤：

① 连接终端；

② 设置终端；

③ 开启终端。

连接终端：就是用标准的 RS-232-C 电缆将终端与主机的串口连接起来。即终端连接口的第 2 脚连接到主机的连接口第 3 脚，终端连接口的第 3 脚连接到主机的连接口第 2 脚，终端连接口的第 7 脚连接到主机的连接口第 7 脚。

设置终端：就是设置波特率、数据位、停止位、奇偶校验位。

开启终端：就是进行如下操作。

运行 Hardware/kernel Manager 程序，从该程序的 Driver 菜单中选择 Serial Port 命令，或者：

```
#mkdev serial(按 Enter 键)
```

这样做的目的：确保 root 用户在多用户模式下登录 UNIX 系统。接下来运行命令：

```
#enable /dev/tty2a(按 Enter 键)
```

这样做的目的：启用终端，因为命令 enable 启动 getty 进程，该进程的执行结果是在终端屏幕上显示“login:”提示符。

附录 7　在 Linux 操作系统下网卡等外设的安装

由于 Linux 操作系统是多用户、多任务的分时系统。在系统资源（硬件、软件）是有限的，只有当设备调度好后，才能执行实际的操作。

安装 Linux 或者 UNIX 操作系统都会涉及到网卡和声卡配置。例如在 Red Hat Fedora Core 5 Linux 环境下安装网卡和声卡。

1. 网络卡的安装

在 Red Hat Fedora Core 5 Linux 环境下会列出本系统支持的网卡类型。

1）用户可以按照下面的步骤配置网卡

（1）如果计算机系统中安装了 Windows，就需要查看 Windows 中当前网卡使用的端口号和中断资源，以免执行安装步骤时产生硬件冲突。

（2）如果安装的是 ISA 接口网卡，需要先通过 DOS 操作系统下的设置程序将其设置为无插拔模式，并且查看当前的系统资源，检查安装情况，然后在 CMOS 中将中断号分配给 ISA 插槽。

(3) 启动 Red Hat Fedora Core 5 Linux 进行网卡的配置和安装。

2) 在 Red Hat Fedora Core 5 Linux 环境下网卡的安装过程

在 Linux 网络服务器配置中,网卡的安装是一个非常重要的环节。但是由于网卡的生产厂家、芯片、带宽、总线接口的不同,使得在安装时感到非常头痛,这些问题对于 Linux 初学者来讲更是突出。下面介绍安装网卡的一般手段与思路。

首先,必须确定自己的网卡是什么芯片:是 i8255x,还是 D-Link DE220……是什么总线接口:是 ISA 还是 PCI? 一般情况下,10/100M 自适应的网卡是 PCI 插口的,这类网卡如果在没有特殊的情况下,Linux 会自动识别,并且自动装载模块,当然是在系统支持的情况下,即就只剩下软件的配置。以国内 PC 与 Linux 玩家的经济条件来看,大多没有条件也没有必要购买 100M 的网卡,因为还需要有 100M 的集线器配套。这对于家庭或者中小型网吧来讲是没有什么必要的,除非是一些大的网络应用单位,有几百个节点的公司,需要使用 100M 的带宽。

然而 10M 网卡通常是 ISA 卡的居多,这些网卡如果在 Windows 98 下安装得很顺利,对于 Linux 那可就麻烦了。

下面以 D-link DE220 作为例子介绍安装过程。

首先写下芯片型号,然后进行以下步骤。

(1) 查看 Linux 的模块中有没有 ne.o 这个模块。如果没有就要从第(2)点开始了。如果有,那么跳过(2),(3),(4),直接从(5)开始看。

(2) 确认 Linux 的内核源代码已经安装(有些初学的朋友往往忘记这一点)。这里需要指出的是,在内核安装完成后,还不一定可以编译,因为这时系统里的编译器不一定安装了,所以一定要在安装内核时看一看内核需要的编译环境,如果不够格,需要升级或者装一个新的系统,初学者朋友最好装最新版本的 Linux,并且完全安装,这样就不会漏掉编译器了,具体的安装方法请遵照内核代码的安装与编译方面的有关资料。

(3) 重新定制内核(具体的方法请遵照内核的定制与编译方面的有关资料。这里只给出一个简单的方法)。

到/usr/src/linux 目录下,输入 make menuconfig。

在菜单定制中选择以下内容将它们标为"*"(注意,这是内核级的支持,对一些外设较多的机器来讲,不是外挂模块比较好,具体方法请查阅有关资料)。

```
.enable   modules   suport
.networking   support
.TCP/IP   networking
.network   device   support
.ethernet
.ne2000/ne1000   support
```

【说明】

第一句"让系统支持模块外挂"。

第二句“让系统支持模块外挂”。

第三句“TCP/IP 网络协议的支持”。

第四句“网络设备支持”。因为网卡就属于网络设备。

第五句“以太网支持”。这是现有大多数网络的拓扑结构。

第六句“ne2000/ne1000 支持”。指的就是网卡兼容的模块名称，就是告诉 Linux，把你的网卡当成 ne2000 网卡来用。

注意，由于内核的版本不同、网卡的型号不同，可能以上的内容不尽相同，这里只是给出一个思路。

在/usr/doc/HOWTO/Ethernet-HOWTO 文件中列出了 Linux 所支持的各种类型的以太网卡的完整列表，请仔细阅读这篇 HOWTO 文件。

下面只列出一些比较常见的网卡。

3Com：支持 3c503 和 3c503/16 以及 3c507 和 3c509。3c501 尽管也支持，但是这种网卡速度太慢，不建议使用。

Novell：支持 NE1000 和 NE2000 以及各种兼容产品。同时也支持 NE1500 和 NE2100(注：这类网卡是中国最常用的一种)。

Western：支持 Digital/SMC WD8003 和 WD8012 以及较新的 SMC Elite 16 Ultra。

Hewlett：支持 HP 27252、HP 27247B 和 HP J2405A。

D-link：支持 D-link 公司的 DE-600、DE100、DE200 和 DE-220-T。此外还支持属于 PCMCIA 卡的 DE-659-T。

DEC：支持 DE200(32k/64k)、DE202、DE100 和 DEPCA rec E。

Allied：Teliesis AT1500 和 AT1700。

参照以上的列表，对网卡的类型在内核中的支持有所帮助。

(4) 在选择以上内容之后，保存并退出，然后运行：

make dep;make clean;make zImage;

如果内核太大，除了将内核中有些东西改成模块支持外，也可以将 make zImage 改成 make bzimage。

如果编译时没有错误发生，那么新的内核 zImage 将在

/usr/src/linux/arch/i386/boot/zImage 中将其 copy 至/boot。

定制 lilo.conf 文件，使其指向这个新的文件。

运行 lilo;

重新启动。

(5) 当系统重新启动后，这个驱动程序将会被装入，这个程序将会检查{0x300，0x280，0x320，0x340，0x360}口上的网卡，可以运行"dmesg"来检查启动信息。需要注意的是，若有些 PNPISA 的卡指定的 IO 端口没有在这个范围中，那么就麻烦了。

如果安装不成功，拿出网卡驱动程序，在 DOS 下，注意最好是纯 DOS 状态，而不是 Win DOS 状态。运行 Setup 在设置中将 plug and play 设置成无效，改成 jumpless 方式。这样后面的设置 IO 端口将成为以上中的一个。

以上的这种方式是许多 ISA 的 10M 网卡安装的通用解法(包括 D-link DE220、联想的 leLegend LN-1018 ISA PnP Ethernet Card 等)。

2. 声卡的安装

在 Windows 操作系统,在其中安装声卡驱动时非常简便,基本上是一直单击“下一步”按钮就可以解决。可在 Linux 中就不是这样了,如果用的是旧式的声卡,那么可能连声卡的驱动都不用安装就可以聆听到优美的音乐,但是现在大多数人用的声卡都是新出来的,例如内核为 AC'97,所以就不得不面临安装声卡驱动的问题。在安装 Linux 或者 UNIX 操作系统都会涉及网卡和声卡等附件的配置。例如在 Red Hat Fedora Core 5 Linux 环境下,由于系统附带多种类型的声卡,因此只要声卡不是很特别,在安装系统时都能够检测到安装的声卡。如果在系统安装过程中没有配置声卡,则可以在 Red Hat Fedora Core 5 Linux 系统中选择“桌面”|“管理”|“声卡检测”命令,启动“音频设备”窗口,此时系统会自动检测声卡的类型,并自动安装声卡的驱动程序。

在“音频设备”窗口中,如果声卡配置正确并且连接好了音箱、耳机等声音输出设备,则可以单击“播放”按钮测试声音,听到测试声音后,用 y 回答系统的提示结束声音测试过程。

也可以按照下面的步骤来安装声卡。

如果是 Red Hat Linux 9.0,声卡是 ASUS P4PE-X 板载 AC'97。安装之前就得准备好声卡驱动程序包——ALSA,在 http://www.alsa-project.org 所属的 FTP 站点可以下载到最新的软件包,它可以在 Linux 下面驱动声卡设备,而且支持大多数流行的声卡,最重要的它是免费的。笔者选用的是 alsa-driver-1.0.7.tar.tar ,alsa-lib-1.0.7.tar.tar, alsa-utils-1.0.7.tar.tar 三个软件包。

为了保证安装能够顺利进行,必须用 root 用户进行登录。安装步骤如下:

(1) 确定系统中已经安装了内核源码以及 gcc 等开发工具。

(2) 解压,首先把三个软件包放到/tmp 文件夹下,然后把三个软件包的扩展名全部改为.tar.bz2,右击,在弹出的快捷菜单中选择“解压缩到这里”命令,这样就生成了 alsa-driver-1.0.7,alsa-lib-1.0.7,alsa-utils-1.0.7 三个活页夹。

(3) 安装。新建终端,命令如下:

```
#cd  /tmp
#cd  alsa-driver-1.0.7
#./configure
#make
#make  install
#./snddevices
#cd  ..
#cd  alsa-lib-1.0.7
#./configure
#make
#make  install
```

```
#cd ..
#cd alsa-utils-1.0.7
#./configure
#make
#make install
#alsaconf
#reboot
```

重启进入系统,选择"主菜单"|"声音和视频"|"音量控制器"命令,在里面设置一下,再打开音频播放器,就可以听到优美的音乐了。

可是这样还有一个缺陷:只要重新启动系统,音量就会变为最小,要听到声音必须重设音量控制器。虽然不算太麻烦,但总感觉有点不好。如何才能设好音量之后就不要再去专门改呢? 还是有办法的,新建终端,输入命令: ls /etc/rc. d/init. d,其中有"alsasound"这串文字,它就是与声卡有关系的也正是需要的东西。继续命令:chkconfig -level 2345 alsasound on,这句确定后看不出什么变化,因此需要验证一下,输入:chkconfig -list alsasound,按 Enter 键。至此一切都成功完成了,以后重启系统也可以直接听音乐,再不用改音量了。

也可以利用 Webmin 管理工具来达到同样的目的,下载地址: http://prdownloads.sourceforge.net/webadmin,这是一个功能强大、接口友好的管理工具。安装完毕进入管理系统后,选择 System 目录页,点击 Bootup and Shutdown,找到 alsasound,把它的"Start at boot"改为 Yes,就可以达到同样的目的了。

附录 8 计算机操作系统的名词解释

1. 操作系统具有层次结构

层次结构的最大特点是把整体问题局部化来优化系统,提高系统的正确性、高效性使系统可维护、可移植。

主要优点是有利于系统设计和调试;主要困难在于层次的划分和安排。

2. 多道程序设计系统

"多道程序设计系统"简称"多道系统",即多个作业可同时装入主存储器进行运行的系统。在多道系统中,必须确定一点:系统能进行程序浮动。所谓程序浮动是指程序可以随机地从主存的一个区域移动到另一个区域,程序被移动后仍不影响它的执行。多道系统的好处在于提高了处理器的利用率;充分利用外围设备资源;发挥了处理器与外围设备以及外围设备之间的并行工作能力。可以有效地提高系统中资源的利用率,增加单位时间内的算题量,从而提高了计算机系统的吞吐率。

3. 程序浮动

若作业执行时,被改变的有效区域依然能正确执行,则称程序是可浮动的。

4. 进程

进程是一个程序在一个数据集上的一次执行。进程实际上是一个进程实体，它是由程序、数据集和进程控制块（简称为PCB，其中存放了有关该进程的所有信息）组成。

进程通过一个控制块来被系统调度，进程控制块是进程存在的唯一标志。进程是要执行的，这样把进程的状态分为等待（阻塞）、就绪和运行（执行）三种状态。

进程的基本队列也就是就绪队列和阻塞队列，因为进程运行了，也就用不上排队，也就没有运行队列了。

5. 重定位

重定位即把逻辑地址转换成绝对（物理）地址。

重定位的方式有“静态重定位”和“动态重定位”两种。

1）静态重定位

在装入一个作业时，把作业中的指令地址和数据地址全部转换成绝对地址。这种转换工作是在作业开始前集中完成的，在作业执行过程中无须再进行地址转换。所以称为“静态重定位”。

2）动态重定位

在装入一个作业时，不进行地址转换，而是直接把作业装到分配的主存区域中。在作业执行过程中，每当执行一条指令时由硬件的地址转换机构转换成绝对地址。这种方式的地址转换是在作业执行时动态完成的，所以称为动态重定位。

动态重定位由软件（操作系统）和硬件（地址转换机构）相互配合来实现。动态重定位的系统支持“程序浮动”，而静态重定位则不能。

6. 单分区管理

除操作系统占用的一部分存储空间外，其余的用户区域作为一个连续的分区分配给用户使用。

1）固定分区的管理

分区数目、大小固定，设置上、下限寄存器，逻辑地址＋下限地址→绝对地址。

2）可变分区的管理

可变分区管理方式不是把作业装入到已经划分好的分区中，而是在作业要求装入主存储器时，根据作业需要的主存量和当时的主存情况决定是否可以装入该作业。

分区数目大小不定，设置基址、限长寄存器。

逻辑地址＋基址寄存器的值→绝对地址；基址值≤绝对地址≤基址值＋限长值。

3）页式存储管理

主存储器分为大小相等的“块”。程序中的逻辑地址进行分“页”，页的大小与块的大小一致。目前所使用的操作系统中，UNIX系统就是以“块”为单位计算文件大小的。

用页表登记块、页分配情况：

逻辑地址的页号部分→页表中对应页号的起始地址→与逻辑地址的页内地址部分拼成绝对地址。由页表中的标志位验证存取是否合法，根据页表长度判断是否越界。

4）段式存储管理：程序分段

每一段分配一个连续的主存区域，作业的各段可被装到不相连的几个区域中（即离散分配）。PC中把内存分为四个段：代码段（CS）、数据段（DS）、栈段（SS）和附加段（ES）。

设置段表记录分配情况：

逻辑地址中的段号→查段表得到本段起始地址＋段内地址→绝对地址（由段表中的标志位验证存取是否合法，根据段表长度判断是否越界）。

5）页式虚拟存储管理

类似页式管理将作业信息保存在磁盘上部分装入主存。逻辑地址的页号部分→页表中对应页号的起始地址→与逻辑地址的页内地址部分拼成绝对地址。

若该页对应标志为0，则硬件形成“缺页中断”先将该页调入主存（类似页式管理）。

6）段式虚拟存储管理

类似段式管理将作业信息保存在磁盘上部分装入主存。

7. 存储介质

存储介质是指可用来记录信息的磁带、硬磁盘组、软磁盘片、卡片等。存储介质的物理单位定义为“卷”。目前，主要存储介质以硬盘为主。

存储设备与主存储器之间进行信息交换的物理单位是块。块定义为存储介质上存放的连续信息所组成的一块区域。

逻辑上具有完整意义的信息集合称为“文件”。

用户对文件内的信息按逻辑上独立的含义划分的信息单位是记录，每个单位为一个逻辑记录。文件是由若干个记录组成，这种文件称为记录文件。还有一种文件是流式文件（也称为无结构文件），即一个字符就是一个记录，UNIX操作系统把所有的文件作为流式文件进行管理。

8. 文件的分类

文件可以按各种方法进行分类。

按用途：系统文件、库文件、用户文件。

按访问权限：可执行文件、只读文件、读写文件。

按信息流向：输入文件、输出文件、输入输出文件。

按存放时限：临时文件、永久文件、档案文件。

按设备类型：磁盘文件、磁带文件、卡片文件、打印文件。

按文件组织结构：逻辑文件（有结构文件、无结构文件）、物理文件（顺序文件、链接文件、索引文件）。

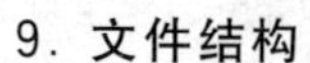

9. 文件结构

文件结构分为逻辑结构和物理结构。

1）逻辑结构

用户构造的文件称为文件的逻辑结构。如用户的一篇文档、一个数据库记录文件等。逻辑文件有两种形式：流式文件和记录式文件。

流式文件：是指用户对文件内信息不再划分的可独立的单位，如Word文件，图片文件等。整个文件是以顺序的一串信息组成。

记录式文件：是指用户对文件内信息按逻辑上独立的含义再划分信息单位，每个单位为一个逻辑记录。记录式文件可以存取的最小单位是记录项。每个记录可以独立存取。

2）物理结构

由文件系统在存储介质上的文件构造方式称为文件的物理结构。物理结构有以下几种。

(1) 顺序结构：在磁盘上就是一块接着一块地放文件。逻辑记录的顺序和磁盘顺序文件块的顺序一致。顺序文件的最大优点是存取速度快(可以连续访问)。

(2) 链接结构：把磁盘分块，把文件任意存入其中，再用指针把各个块按顺序链接起来。这样所有空闲块都可以被利用，在顺序读取时效率较高但需要随机存取时效率低下(因为要从第一个记录开始读取查找)。

(3) 索引结构：文件的逻辑记录任意存放在磁盘中，通过一张“索引表”指示每个逻辑记录存放位置。这样，访问时根据索引表中的项来查找磁盘中的记录，既适合顺序存取记录，也可以随机存取记录，并且容易实现记录的增删和插入，所以索引结构被广泛应用。

10. 作业和作业步

1）作业

把用户要求计算机系统处理的一个问题称为一个“作业”。

2）作业步

完成作业的每一个步骤称为“作业步”。

11. 作业控制方式

1）作业控制方式，包括批处理方式和交互方式

批处理控制方式：也称脱机控制方式或自动控制方式。就是一次全部交代任务，执行过程中不再干涉。

批处理作业：采用批处理控制方式的作业称为“批处理作业”。

批处理作业进入系统时必须提交：源程序、运行时的数据、用作业控制语言书写的作业控制说明书。

交互控制方式：也称联机控制方式。就是一步一步地交代任务。做好了一步，再做下一步。有的书把这种控制方式称为人机对话或人机响应。

2）批处理作业的控制

（1）按用户提交的作业控制说明书控制作业的执行。

（2）一个作业步的工作往往由多个进程的合作来完成。

（3）一个作业步的工作完成后，继续下一个作业步的作业，直至作业执行结束。

3）交互式作业的管理

（1）交互式作业的特点：交互式作业的特点主要表现在交互性上，它采用人机对话的方式工作。

（2）交互式作业的控制：一种是操作使用接口，另一种是命令解释执行。

操作使用接口包括操作控制命令、菜单技术、窗口技术。

命令的解释执行：一类是操作系统中的相应处理模块直接解释执行；另一类必须创建用户进程去解释执行。

12. 死锁

若系统中存在一组进程（两个或多个进程），它们中的每一个进程都占用了某种资源而又都在等待其中另一个进程所占用的资源，这种等待永远不能结束，则说系统出现了"死锁"。或说这组进程处于"死锁"状态。

13. 相关临界区

（1）并发进程中与共享变量有关的程序段称为"临界区"3。并发进程中涉及到相同变量的那些程序段是相关临界区。

（2）对相关临界区的管理的基本要求。

对相关临界区管理的基本原则是：如果有进程在相关临界区执行，则不让另一个进程进入相关的临界区执行。

14. 进程同步

进程的同步是指并发进程之间存在一种制约关系，一个进程的执行依赖另一个进程的消息，当一个进程没有得到另一个进程的消息时应等待，直到消息到达才被唤醒。

15. 中断

一个进程占有处理器运行时，由于自身或自界的原因使运行被打断，让操作系统处理所出现的事件到适当的时候再让被打断的进程继续运行，这个过程称为"中断"。

引起中断发生的事件称为中断源。中断源向 CPU 发出的请求中断处理的信号称为中断请求。CPU 收到中断请求后转向相应事件处理程序的过程称为中断响应。

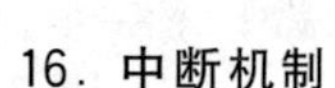

16. 中断机制

在它执行程序时，如果有另外的事件发生（比如用户又打开了一个程序），那么这时就需要由计算机系统的中断机制来处理。

中断机制包括硬件的中断装置和操作系统的中断处理服务程序。

17. 中断响应（硬件即中断装置操作）

处理器每执行一条指令后，硬件的中断位置立即检查有无中断事件发生，若有中断事件发生，则暂停现行进程的执行，而让操作系统的中断处理程序占用处理器，这一过程称为"中断响应"。计算机系统中，一般是根据 PSW 的状态（即 0 或 1）来决定是否响应中断。中断响应过程中，中断装置要做以下三项工作：

(1) 是否有中断事件发生；

(2) 若有中断发生，保护断点信息；

(3) 启动操作系统的中断处理程序工作。

中断装置通过"交换 PSW"过程完成此项任务。

18. 中断处理（软件即操作系统操作）

操作系统的中断处理程序对中断事件进行处理时，大致要做三方面的工作。

(1) 保护被中断进程的现场信息。

(2) 分析中断原因

根据旧 PSW 的中断码可知发生该中断的具体原因。

(3) 处理发生的中断事件

请求系统创建相应的处理进程进入就绪队列。

19. 中断屏蔽

中断屏蔽技术是在一个中断处理没有结束之前不响应其他中断事件，或者只响应比当前级别高的中断事件。

20. 文件的保护与保密

(1) 文件的保护是防止文件被破坏。文件的保密是防止文件被窃取。

(2) 文件的保护措施：可以采用树形目录结构、存取控制表和规定文件使用权限的方法。

(3) 文件的常用保密措施：隐藏文件目录、设置口令和使用密码（加密）等。

21. UNIX 系统结构

(1) UNIX 的层次结构

UNIX 可以分为内核层和外壳层两部分。内核（kernel）层是 UNIX 是核心。外壳层由 shell 解释程序(即为用户提供的各种命令)、支持程序设计的各种语言(如 C、PASCAL、JAVA 和数据库系统语言等)、编译程序和解释程序、实用程序和系统库等组成。

(2) UNIX 系统的主要特点

简洁有效、易移植、可扩充 、开放性。

22. 线程的概念

线程是进程中可独立执行的子任务,一个进程中可以有一个或多个线程,每个线程都有一个唯一的标识符。

进程与线程有许多相似之处,所以线程又称为轻型进程。

支持线程管理的操作系统有 Mach,OS/2,WindowsNT,UNIX 等。

23. 通道命令

通道命令规定设备的操作,每一种通道命令规定了设备的一种操作,通道命令一般由命令码/数据、主存地址/传送字节个数及标志码等部分组成。

通道程序就是一组通道命令规定通道执行一次输入输出操作应做的工作,这一组命令就组成了一个通道程序。

24. 管道机制

把第一条命令的输出作为第二条命令的输入。在 UNIX 操作系统中,管道操作符为“|”。管道分为有名/无名管道,所形成的文件就称为“管道文件”(即 P 文件)。

25. 操作系统的移动技术

移动技术是把某个作业移到另一处主存空间去(在磁盘整理中应用的也是类似的移动技术)。最大的好处是可以合并一些空闲区。

对换技术就是把一个分区的存储管理技术用于系统时,可采用对换技术把不同时工作的段轮流装入主存储区执行。

26. UNIX 系统的存储管理

(1) 对换(swapping)技术:这就是虚拟存储器在 UNIX 中的应用。在磁盘上开辟一个足够大的区域,为对换区。当内存中的进程要扩大内存空间,而当前的内存空间又不能满足时,则可把内存中的某些进程暂换出到对换区中,在适当的时候又可以把它们换进内存。因而,对换区可作为内存的逻辑扩充,用对换技术解决进程之间的内存竞争(即请求调页和页面置换来实现虚拟存储器管理)。

UNIX 对内存空间和对换区空间的管理都采用最先适应分配算法。

(2) 虚拟页式存储管理技术。UNIX 把进程的地址空间划分成三个功能区段:系统区段、进程控制区段、进程程序区段。系统区段占用系统空间,系统空间中的程序和数据

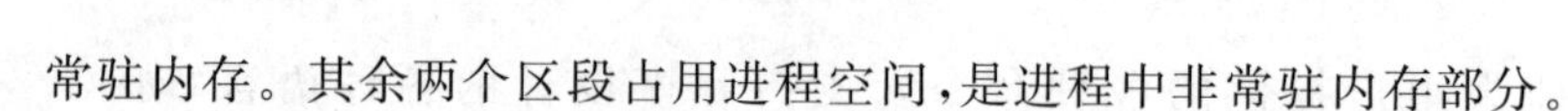

常驻内存。其余两个区段占用进程空间，是进程中非常驻内存部分。

通过页表和硬件的地址转换机构完成虚拟地址和物理地址之间的转换。

27. UNIX 系统的 I/O 系统

缓冲技术：这个技术就是虚拟设备（SPOOL 技术）在 UNIX 系统中的实际应用。UNIX 采用缓冲技术实现设备的读写操作。

28. 页式存储管理中设置页表和快表的原因

在页式存储管理中，主存被分成大小相等的若干块，同时程序逻辑地址也分成与块大小一致的若干页，这样就可以按页面为单位把作业的信息放入主存的若干块中，并且可以不连续存放。为了表示逻辑地址中的页号与主存中块号的对应关系，就需要为每个作业建立一张页表。

页表一般存放在主存中，当要按给定的逻辑地址访问主存时，要先访问页表，计算出绝对地址，这样两次访问主存延长了指令执行周期，降低了执行速度，而设置一个高速缓冲寄存器将页表中的一部分存放进去，这部分页表就是快表，访问主存时二者同时进行，由于快表存放的是经常使用的页表内容，访问速度很快，这样可以大大加快查找速度和指令执行速度。

29. 虚拟存储器

虚拟存储器是为“扩大”主存容量而采用的一种设计技巧，就是它只装入部分作业信息来执行，好处在于借助于大容量的辅助存储器实现小主存空间容纳大逻辑地址空间的作业。

虚拟存储器的容量由计算机的地址总线位数决定。如 32 位的，则最大的虚存容量为 2^{32}＝4 294 967 296B＝4GB。

页式虚拟存储器是在页式存储的基础上实现虚拟存储器的，其工作原理是：

首先把作业信息作为副本存放在磁盘上，作业执行时，把作业信息的部分页面装入主存，并在页表中对相应的页面是否装入主存作出标志；

作业执行时若所访问的页面已经在主存中，则按页式存储管理方式进行地址转换，得到绝对地址，否则产生“缺页中断”由操作系统把当前所需的页面装入主存；

若在装入页面时主存中无空闲块，则由操作系统根据某种“页面调度”算法选择适当的页面调出主存换入所需的页面（这就是请求调页/页面置换技术）。

30. 死锁的防止

（1）系统出现死锁必然出现的情况

① 互斥使用资源；

② 占有并等待资源；

③ 不可抢夺资源；

④ 循环等待资源。

(2) 死锁的防止策略：破坏产生死锁的条件中的一个就可以了。

常用的方法有静态分配、按序分配、抢夺式分配3种。

(3) 死锁的避免：死锁的避免是让系统处于安全状态，来避免发生死锁。

(4) 安全状态：如果操作系统能保证所有的进程在有限的时间内得到需要的全部资源，则称系统处于"安全状态"。

31. 银行算法避免死锁的方式

计算机银行家算法是通过动态地检测系统中资源分配情况和进程对资源的需求情况，在保证至少有一个进程能得到所需要的全部资源，从而能确保系统处于安全状态(即系统中存在一个为进程分配资源的安全状态)，才把资源分配给申请者，从而避免了进程共享资源时系统发生死锁。

采用银行家算法时为进程分配资源的方式有以下两种。

(1) 对每一个首次申请资源的进程都要测试该进程对资源的最大的需求量。如果系统现存资源可以满足它的最大需求量，就按当前申请量为分配资源。否则推迟分配。

(2) 进程执行中继续申请资源时，先测试该进程已占用资源数和本次申请资源总数有没有超过最大需求量，超过就不分配。

若没有超过，再测试系统现存资源是否满足进程尚需的最大资源量，满足则按当前申请量分配，否则也推迟分配。

总之，银行家算法要保证分配资源时，系统现存资源一定能满足至少一个进程所需的全部资源。

32. 硬件的中断装置的作用

中断是计算机系统结构一个重要的组成部分。中断机制中的硬件部分(中断装置)的作用就是在CPU每执行完一条指令后，判别是否有事件发生，如果没有事件发生，CPU继续执行；若有事件发生，中断装置中断原先占用CPU的程序(进程)的执行，把被中断程序的断点保存起来，让操作系统的处理服务程序占用CPU对事件进行处理，处理完后，再让被中断的程序继续占用CPU执行下去。所以中断装置的作用总的来说就是使操作系统可以控制各个程序的执行。

33. 操作系统让多个程序同时执行的方式(从宏观的角度看)

中央处理器(在单CPU的前提下)在任何时刻最多只能被一个程序占用。通过中断装置，系统中若干程序可以交替地占用处理器，形成多个程序同时执行的状态。利用CPU与外围设备的并行工作能力，以及各外围设备之间的并行工作能力，操作系统能让多个程序同时执行。

参考文献

[1] 蒋砚军,高占春. 实用 UNIX 教程.北京:清华大学出版社,2005.

[2] 卢守东.SCO UNIX 系统管理与解决方案.北京:国防工业出版社,2002.

[3] 金宁,夏斌.UNIX 入门教程.北京:电子工业出版社,2004.

[4] [美]Amir Afzal.UNIX 初级教程.李石君,曾平,等译.北京:电子工业出版社,2004.

[5] 冯裕中.建网技术及其在金融系统中的应用.北京:电子工业出版社,1996.

[6] 汤子赢,哲凤屏,汤小丹.计算机操作系统.西安:西安电子科技大学出版社,2005.

[7] 白晓笛,韩燕婴.XENIX 系统使用入门.北京:清华大学出版社,1990.

[8] [美]Marc J Rochkind.高级 UNIX 编程.王嘉祯,等译.北京:机械工业出版社,2006.

21世纪高等学校数字媒体专业规划教材

ISBN	书　名	定价(元)
9787302224877	数字动画编导制作	29.50
9787302222651	数字图像处理技术	35.00
9787302218562	动态网页设计与制作	35.00
9787302222644	J2ME手机游戏开发技术与实践	36.00
9787302217343	Flash多媒体课件制作教程	29.50
9787302208037	Photoshop CS4中文版上机必做练习	99.00
9787302210399	数字音视频资源的设计与制作	25.00
9787302201076	Flash动画设计与制作	29.50
9787302174530	网页设计与制作	29.50
9787302185406	网页设计与制作实践教程	35.00
9787302180319	非线性编辑原理与技术	25.00
9787302168119	数字媒体技术导论	32.00
9787302155188	多媒体技术与应用	25.00

以上教材样书可以免费赠送给授课教师,如果需要,请发电子邮件与我们联系。

教学资源支持

敬爱的教师:

感谢您一直以来对清华版计算机教材的支持和爱护。为了配合本课程的教学需要,本教材配有配套的电子教案(素材),有需求的教师可以与我们联系,我们将向使用本教材进行教学的教师免费赠送电子教案(素材),希望有助于教学活动的开展。

相关信息请拨打电话010-62776969或发送电子邮件至weijj@tup.tsinghua.edu.cn咨询,也可以到清华大学出版社主页(http://www.tup.com.cn或http://www.tup.tsinghua.edu.cn)上查询和下载。

如果您在使用本教材的过程中遇到了什么问题,或者有相关教材出版计划,也请您发邮件或来信告诉我们,以便我们更好地为您服务。

地址:北京市海淀区双清路学研大厦A座708　计算机与信息分社魏江江　收
邮编:100084　电子邮件:weijj@tup.tsinghua.edu.cn
电话:010-62770175-4604　邮购电话:010-62786544

《网页设计与制作》目录

ISBN 978-7-302-17453-0　蔡立燕　梁　芳　主编

图书简介：

Dreamweaver 8、Fireworks 8 和 Flash 8 是 Macromedia 公司为网页制作人员研制的新一代网页设计软件，被称为网页制作"三剑客"。它们在专业网页制作、网页图形处理、矢量动画以及 Web 编程等领域中占有十分重要的地位。

本书共11章，从基础网络知识出发，从网站规划开始，重点介绍了使用"网页三剑客"制作网页的方法。内容包括了网页设计基础、HTML 语言基础、使用 Dreamweaver 8 管理站点和制作网页、使用 Fireworks 8 处理网页图像、使用 Flash 8 制作动画、动态交互式网页的制作，以及网站制作的综合应用。

本书遵循循序渐进的原则，通过实例结合基础知识讲解的方法介绍了网页设计与制作的基础知识和基本操作技能，在每章的后面都提供了配套的习题。

为了方便教学和读者上机操作练习，作者还编写了《网页设计与制作实践教程》一书，作为与本书配套的实验教材。另外，还有与本书配套的电子课件，供教师教学参考。

本书适合应用型本科院校、高职高专院校作为教材使用，也可作为自学网页制作技术的教材使用。

目　　录：